U0219768

高等职业教育食品类专业教材

食品添加剂

（第四版）

主　编
彭珊珊　钟瑞敏

中国轻工业出版社

图书在版编目(CIP)数据

食品添加剂/彭珊珊,钟瑞敏主编. —4版. —北京:中国轻工业出版社,2024.5

高等职业教育“十三五”规划教材

ISBN 978-7-5184-1363-8

Ⅰ.①食… Ⅱ.①彭… ②钟… Ⅲ.①食品添加剂—高等职业教育—教材 Ⅳ.①TS202.3

中国版本图书馆CIP数据核字(2017)第074434号

责任编辑:张 靓　　责任终审:劳国强　　封面设计:锋尚设计
版式设计:王超男　　责任校对:吴大朋　　责任监印:张 可

出版发行:中国轻工业出版社(北京鲁谷东街5号,邮编:100040)
印　　刷:三河市万龙印装有限公司
经　　销:各地新华书店
版　　次:2024年5月第4版第10次印刷
开　　本:720×1000　1/16　印张:16.5
字　　数:330千字
书　　号:ISBN 978-7-5184-1363-8　定价:38.00元
邮购电话:010-85119873
发行电话:010-85119832　010-85119912
网　　址:http://www.chlip.com.cn
Email:club@chlip.com.cn

240768J2C410ZBW

本书编写人员

主　编　彭珊珊（韶关学院）
钟瑞敏（韶关学院）

副主编　李　琳（中山学院）
张俊艳（韶关学院）
徐吉祥（清远职业技术学院）

参　编　石　燕（南昌大学）
包永华（浙江经贸职业技术学院）
林朝鹏（厦门城市职业技术学院）
李平凡（广东轻工职业技术学院）
钟桂兴（清远山弘农产有限公司）

第四版前言

当今，我国人民生活水平不断提高，人们对食品提出了越来越高、越来越新的要求。一方面要求食品营养丰富，色、香、味、形俱佳；另一方面还要求使用方便、清洁卫生、无毒无害、确保安全。随着我国经济发展、科技进步，食品工业已进入了迅猛发展的新阶段。食品添加剂是食品工业发展最活跃、最有创造力的因素，它是为改善食品品质和色、香、味，以及为防腐、保鲜和加工工艺的需要而加入的。食品添加剂已成为现代食品工业不可缺少的一部分，并且已经成为食品工业技术进步和科技创新的重要推动力。

食品添加剂与人们的身体健康密切相关。食品添加剂不是食品原有成分，又随同食品一起被人所摄食，如果使用不当，就有可能对人体造成危害。为了保障人民的健康，同时适应日益发展的食品工业和国际贸易广泛交流的需要，按照国家的规定，加强对食品添加剂的学习、了解，具有十分重要的意义。

我们在本教材第一、第二、第三版的基础上，根据我国最新颁布的《食品安全国家标准　食品添加剂使用标准》（GB 2760—2014）以及《食品安全国家标准　食品营养强化剂使用标准》（GB 14880—2012），从教学实际需求出发，突出了学习目标与要求，指出了学习重点与难点，强调并增加了食品添加剂的实训内容，读者可登录中国轻工业出版社食课堂（www. qinggongchuban. com）进行在线教学。

本教材主要包括 GB 2760—2014 和 GB 14880—2012 所列入的食品添加剂的主要部分和国内外已广泛使用的重要食品添加剂类别和常用品种。书中着重介绍了食品添加剂的性状、性能、注意事项及其应用等；同时也适当介绍了国内外食品添加剂的发展动态和使用情况。通过本课程学习，让学生理解和掌握食品添加剂对改善食品品质、改进生产工艺、提高生产率、延长食品保质期的重要作用，学会在食品加工中如何正确使用食品添加剂，培养学生发现、分析、解决问题的能力，以发展食品工业，开拓食品市场，培养创新实用的新型人才。

本教材可供食品专业相关院校师生教学使用，也可供从事食品加工、食品卫生的科研人员、职工和管理人员阅读、参考。

本教材在编写的过程中得到国内许多食品专家的热情关怀和有力支持，有许多老师和学生提出了很好的修改建议，特在此表示深深的谢意。

由于编者水平有限，书中难免有疏漏、错误之处，望广大读者批评指正。

编者

目 录 CONTENTS

模块一

食品添加剂基础知识

学习目标与要求

了解食品添加剂的内容、分类、在食品工业中的作用，及食品添加剂的发展。掌握食品添加剂的毒理学评价、食品添加剂选用的原则、法规、标准。

学习重点与难点

重点：食品添加剂的毒理学评价；食品添加剂选用的原则、法规、标准。

难点：食品添加剂的毒理学评价。

学习内容

项目一 食品添加剂的定义、分类和作用

随着我国改革开放的深入、科学技术的进步和国民经济的蓬勃发展，人民的物质、文化生活水平有了显著的提高，生活节奏也明显加快，这就要求具有充足的、满足各层次人群需求的、多样化、高品质的食品。为此，必须具备充足的食品原料、品种齐全的食品添加剂和相应的食品加工技术，其中尤以食品添加剂最为重要，它对食品工业的发展起着决定性作用。

一、 食品添加剂的定义和分类

什么是食品添加剂？《中华人民共和国食品安全法》（2013 年）第一百五十条

定义："食品添加剂指为改善食品品质和色、香、味以及为防腐、保鲜和加工工艺的需要而加入食品中的人工合成或者天然物质，包括营养强化剂"。GB 2760—2014《食品安全国家标准　食品添加剂使用标准》定义："食品添加剂是为改善食品品质和色、香、味以及为防腐、保鲜和加工工艺的需要而加入食品中的人工合成或者天然物质。食品用香料、胶基糖果中基础剂物质、食品工业用加工助剂也包括在内"。

食品添加剂的种类很多，按照其来源的不同可以分为天然食品添加剂与化学合成食品添加剂两大类。天然食品添加剂是利用动植物或微生物的代谢产物等为原料，经提取所得的天然物质。化学合成食品添加剂是通过化学手段，使元素或化合物发生包括氧化、还原、缩合、聚合、成盐等合成反应所得到的物质。目前使用的大多属于化学合成食品添加剂。

按照食品添加剂功能类别的不同，也可以分成很多种类。其中比较重要的有：酸度调节剂、抗结剂、消泡剂、抗氧化剂、漂白剂、膨松剂、着色剂、护色剂、乳化剂、酶制剂、增味剂、被膜剂、水分保持剂、营养强化剂、防腐剂、稳定剂和凝固剂、增稠剂、食品用香料、食品工业用加工助剂等。

二、 食品添加剂的作用

众所周知，单纯天然食品无论是其色、香、味，还是质构和保藏性都不能满足消费者的需要，没有食品添加剂也就没有现代食品工业，食品添加剂是食品工业的灵魂。食品添加剂的发展大大地促进了食品工业的发展，其所以如此，是因为食品添加剂具有以下作用。

1. 增加食品的保藏性、防止腐败变质

使用食品添加剂对于制备新型食品很有必要。据报道，各种生鲜食品在采收后由于不能及时加工或加工不当，损失可达20% ~30%。例如果泥、果酱等，水分含量大，易发酵、霉变，因而在加工过程中必须要添加防腐剂来抑制微生物生长，延长食品的货架期，并可防止食物中毒。

而且食品添加剂对于人们的消费时尚——新鲜食品也是至关重要的。我国每年约有几十万吨水果白白烂掉，约占全国水果总产量的30%；现在推广净菜市场，要有货架期，特别要求解决叶菜类的无毒保鲜剂。若能将一些不耐贮存的水果多存放一段时间，就能延长加工期，降低生产成本；老百姓买回家，还能多放几天不致烂掉。我国出口的荔枝、龙眼等，常出现腐烂情况，造成严重的经济损失；为了保证在保质期内保持应有的品质，有利于食品保藏和运输，就需要使用防腐剂保鲜。

2. 改善食品的感官性状

食品的色、香、味、形态和质地等是衡量食品质量的重要指标。食品加工后，

有的褪色，有的变色，风味和质地也可能有所改变，如果适当使用食品添加剂，可改善食品的色、香、味，满足人们对食品风味和口味的需要。例如巧克力中添加各种香味料，就能使其风味独特，口感舒适。方火腿放久了易收缩，加入增稠剂、鲜味剂则又香又嫩。

馒头、面条、饼类、包子等面食制品，一上货架就离不开食品添加剂。由于我国面粉的面筋力差，所以要加入强筋剂；为了使产品增大体积、改善口感、不易老化、不易破皮，要加入乳化剂、稳定剂等添加剂。

3. 提高食品的品质质量，增加食品的花色品种

添加不同的食品添加剂能获得不同花色、口味的食品，促进食品生产企业不断开发出新的、档次多样的食品品种，还能极大地提高食品的商品附加值，增加经济效益。

例如肉类加工成香肠，常用的添加剂有增鲜剂、乳化剂、防腐剂、抗氧化剂、发色剂等，还有增稠剂如明胶等。如果没有使用高分子食品添加剂，就不会有果冻、软糖之类的食品出现。又如一些软糖在贮藏期间水分易损失，导致干缩、变硬等，添加一些水分保持剂就可以延迟因水分损失产生的质变。

4. 有利于生产的机械化、连续化和自动化，推动食品工业走向现代化

在食品加工中使用澄清剂、助滤剂和消泡剂等有利于加工操作。例如用葡萄糖酸 $-\delta-$ 内酯作为豆腐的凝固剂，有利于豆腐的机械化、连续化生产。又如乳化剂以其特有的表面活性作用广泛应用于方便面中，能使方便面面团中的水分均匀散发，提高面团的持水性和吸水力，有利于蒸煮时成熟。

5. 保持或提高食品的营养价值

随着经济的不断发展，人民生活水平的不断提高，人们对食品的追求有了新的要求，如营养食品、保健食品、功能食品、绿色食品等已成为消费市场的新热点，而食品添加剂对生产这些产品的品质起着至关重要的作用。如防腐剂和抗氧化剂在防止食品腐败变质的同时，对保持食品的营养价值有一定的作用。

6. 满足其他特殊需要

例如糖尿病患者不能食用蔗糖，优质的甜味剂即可满足糖尿病患者对甜味的需要。

7. 提高经济效益和社会效益

在生产过程中使用稳定剂、凝固剂、絮凝剂等食品添加剂能降低原材料消耗，提高产品率，从而降低生产成本，产生明显的经济效益。

随着社会的发展和进步，食品添加剂已经进入到粮油、肉禽、果蔬加工等各领域，包括饮料、冷食、调料、酿造、甜食、面食、乳品、营养保健品等各个食品企业。

随着食品添加剂新品种的不断开发、食品加工技术水平的不断提高和食品品种的不断丰富，食品添加剂的作用越来越大。

项目二
食品添加剂的安全性评价

食品添加剂并非食物中的自然成分，其安全使用非常重要。只有在保证添加物安全的基础上，才有添加剂的效果。理想的食品添加剂最好是有益无害的物质。特别是化学合成的食品添加剂大都有一定的毒性，所以使用时要严格控制使用量。食品添加剂的毒性是指其对机体造成损害的能力。毒性除与物质本身的化学结构和理化性质有关外，还与其有效浓度、作用时间、接触途径和部位、物质的相互作用与机体的机能状态等条件有关。因此，不论食品添加剂的毒性强弱、剂量大小，对人体均有剂量与效应的关系，即物质只有达到一定浓度或剂量水平，才显现毒害作用。

一、 食品添加剂安全性毒理学评价

根据 2010 年发布的《食品添加剂新品种管理办法》的规定，食品添加剂新品种申报时须提交安全性评估材料，包括生产原料或者来源、化学结构和物理特性、生产工艺、毒理学安全性评价资料或者检验报告、质量规格检验报告。

1. 进行毒理学安全性评价是食品添加剂使用标准的重要依据

我国现颁布实施的法规主要有 GB 15193. 1—2014《食品安全国家标准　食品安全性毒理学评价程序》。这是检验机构进行毒理学试验的主要标准依据，适用于评价食品生产、加工、保藏、运输和销售过程中所涉及的可能对健康造成危害的化学、生物和物理因素的安全性。检验对象包括食品添加剂、食品原料、辐照食品、食品相关产品以及食品污染物等。

2. 受试物的要求

（1）应提供受试物的名称、批号、含量、保存条件、原料来源、生产工艺、质量规格标准、人体推荐（可能）摄入量等有关资料。

（2）对于单一的化学物质，应提供受试物（必要时包括其杂质）的物理、化学性质（包括化学结构、纯度、稳定性等）。对于混合物（包括配方产品），应提供受试物的组成，必要时应提供受试物各组成成分的物理、化学性质（包括化学名称、化学结构、纯度、稳定性、溶解度等）有关资料。

（3）若受试物是配方产品，应是规格化产品，其组成成分、比例及纯度应与实际应用的相同。若受试物是酶制剂，应该使用在加入其他复配成分以前的产品作为受试物。

3. 食品安全性毒理学评价试验内容

（1）急性经口毒性试验　依据 GB 15193. 3—2014《急性经口毒性试验》，急性经口毒性是指一次或在 24h 内多次经口给予实验动物受试物后，动物在短时间内

出现的毒性效应，包括中毒体征和死亡。通常用半数致死剂量 LD_{50} 表示。

半数致死量 LD_{50}，是指经口一次或在 24h 内多次给予受试物后，能够引起动物死亡率为 50% 的受试物剂量。该剂量为经过统计得出的计算值。其单位是每千克体重所摄入受试物质的毫克数或克数。即 mg/kg 体重或 g/kg 体重。

观察期限一般为观察 14d，必要时延长到 28d，特殊情况下至少观察 7d。

该试验可提供在短期内受试物经口接触受试物所产生的健康危害信息；作为急性毒性分级的依据。为进一步毒性试验提供剂量选择和观察指标的依据。初步估测毒作用的靶器官和可能的毒作用的机制。

通常按大鼠口服 LD_{50}（mg/kg 体重），将受试物的急性毒性经口 LD_{50} 剂量分为 5 级；见表 1－1。

表 1－1　　急性毒性经口 LD_{50} 剂量分级表

级别	大鼠口服 LD_{50}/（mg/kg 体重）	相当于人的致死量	
		mg/kg 体重	g/人
极毒	<1	稍尝	0.05
剧毒	1～50	500～4000	0.5
中等毒	51～500	4000～30000	5
低毒	501～5000	30000～250000	50
实际无毒	>5000	250000～500000	500

急性毒性试验结果的判定：如 LD_{50} 小于人的推荐（可能）摄入量的 100 倍，则一般应放弃该受试物用于食品。不再继续进行其他毒理学试验。

（2）遗传毒性试验　遗传毒性试验能检出被认为是可遗传效应基础的 DNA 损伤及其损伤的固定。并且遗传毒性试验主要用于致癌性预测。试验内容如哺乳动物骨髓细胞染色体畸变试验、体外哺乳类细胞 TK 基因突变试验、体外哺乳类细胞 HGPRT 基因突变试验、体外哺乳动物细胞染色体畸变试验、体外哺乳动物细胞 DNA 损伤修复试验等。遗传毒性试验组合应考虑原核细胞与真核细胞、体内试验与体外试验相结合的原则。

如遗传毒性试验组合中两项或以上试验阳性，则表示该受试物很可能具有遗传毒性和致癌作用。一般应放弃该受试物应用于食品。如遗传毒性试验组合中一项试验为阳性。则再选两项备选试验（至少一项为体内试验）。如再选的试验均为阴性，则可继续进行下一步的毒性试验。如其中有一项试验阳性，应放弃该受试物应用于食品。如三项试验均为阴性，则可继续进行下一步的毒性试验。

（3）28 天经口毒性试验　依据 GB 15193.22—2014《食品安全国家标准　28 天经口毒性试验》，确定在 28 天内经口连续接触受试物后引起的毒性效应，了解受试物剂量－反应关系和毒作用靶器官，确定 28 天经口最小观察到有害作用剂量

(LOAEL) 和未观察到有害作用剂量 (NOAEL), 初步评价受试物经口的安全性; 适用于评价受试物的短期毒性作用。并为下一步较长期毒性和慢性毒性试验剂量、观察指标、毒性终点的选择提供依据。

对只需要进行急性毒性试验、遗传毒性和28天经口毒性试验的受试物, 若试验未发现有明显毒性作用, 综合其他各项试验结果可做出初步评价。若试验中发现有明显毒性作用, 尤其是有剂量-反应关系时, 则考虑进行进一步的毒性试验。

(4) 90天经口毒性试验　依据GB 15193. 13—2015《食品安全国家标准　90天经口毒性试验》, 确定在90天内经口重复接触受试物引起的毒性效应, 了解受试物剂量-反应关系、毒作用靶器官和可逆性。得出90天经口最小观察到有害作用剂量 (LOAEL) 和未观察到有害作用剂量 (NOAEL), 初步确定受试物的经口安全性; 并为慢性毒性试验剂量、观察指标、毒性终点的选择以及获得"暂定的人体健康指导值"提供依据。

根据试验所得的未观察到有害作用剂量进行评价, 原则是: 未观察到有害作用剂量小于或等于人的推荐 (可能) 摄入量的100倍表示毒性较强, 应放弃该受试物应用于食品。未观察到有害作用剂量大于100倍而小于300倍者, 应进行慢性毒性试验。未观察到有害作用剂量大于或等于300倍者, 则不必进行慢性毒性试验, 可进行安全性评价。

(5) 致畸试验　依据GB 15193. 14—2015《食品安全国家标准　致畸试验》, 致畸性是指受试物在器官发生期间引起子代永久性结构异常的性质。由于母体在孕期受到可通过胎盘屏障的某种有害物质作用, 影响胚胎器官分化与发育, 导致结构异常, 出现胎仔畸形。因此, 在受孕动物的胚胎的器官形成期给予受试物, 可检出该物质对胎仔的致畸作用。

根据试验结果评价受试物是不是实验动物的致畸物。若致畸试验结果阳性, 则不再继续进行生殖毒性试验和生殖发育毒性试验。在致畸试验中观察到的其他发育毒性, 应结合28天和 (或) 90天经口毒性试验结果进行评价。

(6) 生殖毒性试验和生殖发育毒性试验　依据GB 15193. 15—2015《食品安全国家标准　生殖毒性试验》和GB 15193. 25—2014《食品安全国家标准　生殖发育毒性试验》, 生殖毒性试验是评价受试物对雄性和雌性生殖功能或能力的损害和对后代的有害影响。生殖毒性既可发生于雌性妊娠期, 也可发生于妊前期和哺乳期。表现为受试品对生殖过程的影响。如生殖器官及内分泌的变化, 对性周期和性行为的影响, 以及对生育力和妊娠结局的影响。

发育毒性是指个体在出生前暴露于受试物、发育成为成体之前出现的有害作用。表现为发育生物体的结构异常、生长改变、功能缺陷和死亡。

生殖毒性试验目的和原理: 凡受试物能引起生殖机能障碍, 干扰配子的形成或使生殖细胞受损, 其结果除可影响受精卵及其着床而导致不孕外, 尚可影响胚胎的发生及发育, 如胚胎死亡导致流产、胎仔发育迟缓以及胎仔畸形。如果对母体造成不良影响会出现妊娠、分娩和乳汁分泌的异常，也可出现胎仔出生后发育异常。

生殖发育毒性试验目的和原理：本试验包括三代（F0、F1、F2 代）。F0、F1 代给予受试物，观察生殖毒性，F2 代观察功能发育毒性。提供关于受试物对雄性和雌性生殖功能的影响：如性腺功能、交配行为、受孕、分娩、哺乳、断乳以及子代的生长发育和神经行为情况等。毒性作用主要包括子代出生后死亡的增加，生长与发育的改变，子代的功能缺陷（包括神经行为、生理发育）和生殖异常等。

生殖毒性试验结果评价：逐一比较受试物组动物与对照组动物繁殖指数是否有显著性差异，以评定受试物有无生殖毒性，并确定其生殖毒性的未观察到有害作用剂量（NOAEL）和最小观察到有害作用剂量（LOAEL）。同时还可根据出现统计学差异的指标（如体重、观察指标、大体解剖和病理组织学检查结果等），进一步估计生殖毒性的作用特点。

生殖发育毒性试验结果评价：逐一比较受试物组动物与对照组动物观察指标和病理学检查结果是否有显著性差异，以评定受试物有无生殖发育毒性，并确定其生殖发育毒性的最小观察到有害作用剂量（LOAEL）和未观察到有害作用剂量（NOAEL）。同时还可根据出现统计学差异的指标（如体重、生理指标、大体解剖和病理组织学检查结果等），进一步估计生殖发育毒性的作用特点。

根据试验所得的未观察到有害作用剂量进行评价的原则是：未观察到有害作用剂量小于或等于人的推荐（可能）摄入量的 100 倍表示毒性较强，应放弃该受试物应用于食品。未观察到有害作用剂量大于 100 倍而小于 300 倍者，应进行慢性毒性试验。未观察到有害作用剂量大于或等于 300 倍者，则不必进行慢性毒性试验，可进行安全性评价。

（7）毒物动力学试验　依据 GB 15193. 16—2014《食品安全国家标准　毒物动力学试验》，毒物动力学是研究机体对受试物在体内吸收、分布、生物转化和排泄等过程随时间变化的动态特征。毒物动力学试验目的和原理是：对一组或几组试验动物分别通过适当的途径一次或在规定的时间内多次给予受试物。然后测定体液、脏器、组织、排泄物中受试物和（或）其代谢产物的量或浓度的经时变化。进而求出动力学参数，探讨其毒理学意义。

根据试验结果，对受试物进入机体的途径、吸收速率和程度，受试物及其代谢产物在脏器、组织和体液中的分布特征，生物转化的速率和程度，主要代谢产物的生物转化通路，排泄的途径、速率和能力，受试物及其代谢产物在体内蓄积的可能性、程度和持续时间做出评价。

（8）慢性毒性试验　依据 GB 15193. 26—2015《食品安全国家标准　慢性毒性试验》，慢性毒性是实验动物经长期重复给予受试物所引起的毒性作用。慢性毒性试验目的和原理是：确定实验动物长期经口重复给予受试物引起的慢性毒性效应。了解受试物剂量 - 反应关系和毒性作用靶器官，确定未观察到有害作用剂量（NO-

AEL）和最小观察到有害作用剂量（LOAEL），为预测人群接触该受试物的慢性毒性作用及确定健康指导值提供依据。慢性毒性试验结果评价应包括受试物慢性毒性的表现、剂量－反应关系、靶器官、可逆性，得出慢性毒性相应的 NOAEL 和（或）LOAEL。

根据慢性毒性试验所得的未观察到有害作用剂量进行评价的原则是：未观察到有害作用剂量小于或等于人的推荐（可能）摄入量的50倍表示毒性较强，应放弃该受试物应用于食品。未观察到有害作用剂量大于50倍而小于100倍者，经安全性评价后，决定该受试物可否用于食品。未观察到有害作用剂量大于或等于100倍者，则可考虑允许使用于食品。

（9）致癌试验　依据 GB 15193. 27—2015《食品安全国家标准　致癌试验》，致癌性是实验动物长期重复给予受试物所引起的肿瘤病变发生。

致癌试验目的和原理是：确定在实验动物的大部分生命长期间，经口重复给予受试物引起的致癌效应。了解肿瘤发生率、靶器官、肿瘤性质、肿瘤发生时间和每只动物肿瘤发生数。为预测人群接触该受试物的致癌作用以及最终评定该受试物能否应用于食品提供依据。

根据致癌试验所得的肿瘤发生率、潜伏期和多发性等进行致癌试验结果判定的原则是（凡符合下列情况之一，可认为致癌试验结果阳性。若存在剂量－反应关系，则判断阳性更可靠）：

①肿瘤只发生在试验组动物，对照组中无肿瘤发生。

②试验组与对照组动物均发生肿瘤，但试验组发生率高。

③试验组动物中多发性肿瘤明显，对照组中无多发性肿瘤，或只是少数动物有多发性肿瘤。

④试验组与对照组动物肿瘤发生率虽无明显差异，但试验组中发生时间较早。

二、添加剂选择毒性试验的原则

GB 15193. 1—2014《食品安全国家标准　食品安全性毒理学评价程序》还规定了对不同受试物选择毒性试验的原则。添加剂选择毒性试验的原则如下。

1. 香料

（1）凡属世界卫生组织（WHO）已建议批准使用或已制订日容许摄入量者，以及香料生产者协会（FEMA）、欧洲理事会（COE）和国际香料工业组织（IOFI）四个国际组织中的两个或两个以上允许使用的，一般不需要进行试验。

（2）凡属资料不全或只有一个国际组织批准的先进行急性毒性试验和遗传毒性试验组合中的一项。经初步评价后，再决定是否进行进一步试验。

（3）凡属尚无资料可查、国际组织未允许使用的，先进行急性毒性试验、遗传毒性试验和28天经口毒性试验。经初步评价后，决定是否需进行进一步试验。

（4）凡属用动、植物可食部分提取的单一高浓度天然香料，如其化学结构及有关资料并未提示具有不安全性的，一般不要求进行毒性试验。

2. 酶制剂

（1）由具有长期安全食用历史的传统动物和植物可食部分生产的酶制剂，世界卫生组织已公布日容许摄入量或不需规定日容许摄入量者或多个国家批准使用的，在提供相关证明材料的基础上，一般不要求进行毒理学试验。

（2）对于其他来源的酶制剂，凡属毒理学资料比较完整，世界卫生组织已公布日容许摄入量或不需要规定日容许摄入量者或多个国家批准使用，如果质量规格与国际质量规格标准一致，则要求进行急性经口毒性试验和遗传毒性试验。如果质量规格标准不一致，则需增加 28 天经口毒性试验。根据试验结果考虑是否进行其他相关毒理学试验。

（3）对其他来源的酶制剂，凡属新品种的，需要先进行急性经口毒性试验、遗传毒性试验、90 天经口毒性试验和致畸试验。经初步评价后，决定是否需进行进一步试验。凡属一个国家批准使用，世界卫生组织未公布日容许摄入量或资料不完整的，进行急性经口毒性试验、遗传毒性试验和 28 天经口毒性试验，根据试验结果判定是否需要进一步的试验。

（4）通过转基因方法生产的酶制剂按照国家对转基因管理的有关规定执行。

3. 其他食品添加剂

（1）凡属毒理学资料比较完整，世界卫生组织已公布日容许摄入量或不需规定日容许摄入量者或多个国家批准使用，如果质量规格与国际质量规格标准一致，则要求进行急性经口毒性试验和遗传毒性试验。如果质量规格标准不一致，则需增加 28 天经口毒性试验。根据试验结果考虑是否进行其他相关毒理学试验。

（2）凡属一个国家批准使用，世界卫生组织未公布日容许摄入量或资料不完整的，则可先进行急性经口毒性试验、遗传毒性试验、28 天经口毒性试验和致畸试验。根据试验结果判定是否需要进一步的试验。

（3）对于由动、植物或微生物制取的单一组分、高浓度的食品添加剂。凡属新品种的，需要先进行急性经口毒性试验、遗传毒性试验、90 天经口毒性试验和致畸试验。经初步评价后，决定是否需进行进一步试验。凡属有一个国际组织或国家已批准使用的，则进行急性经口毒性试验、遗传毒性试验和 28 天经口毒性试验，经初步评价后，决定是否需进行进一步试验。

三、 进行食品安全性评价时需要考虑的因素

依照 GB 15193. 1—2014《食品安全国家标准　食品安全性毒理学评价程序》。进行食品安全性评价时需要考虑的因素有以下几点。

1. 试验指标的统计学意义、生物学意义和毒理学意义

对试验中某些指标的异常改变，应根据试验组与对照组指标是否有统计学上

差异、其有无剂量反应关系、同类指标横向比较、两种性别的一致性及与本实验室的历史性对照值范围等，综合考虑指标差异有无生物学意义。并进一步判断是否具有毒理学意义。此外如在受试物组发现某种在对照组没有发生的肿瘤，即使与对照组比较无统计学意义，仍要给予关注。

2. 人的推荐（可能）摄入量较大的受试物

应考虑给予受试物量过大时，可能影响营养素摄入量及其生物利用率，从而导致某些毒理学表现，而非受试物的毒性作用所致。

3. 时间-毒性效应关系

对由受试物引起实验动物的毒性效应进行分析评价时，要考虑在同一剂量水平下毒性效应随时间的变化情况。

4. 特殊人群和敏感人群

对孕妇、乳母或儿童食用的食品，应特别注意其胚胎毒性或生殖发育毒性、神经毒性和免疫毒性等。

5. 人群资料

由于存在着动物与人之间的物种差异，在评价食品的安全性时，应尽可能收集人群接触受试物后的反应资料。如职业性接触和意外事故接触等。在确保安全的前提下，可考虑遵照有关规定进行人体试食试验。并且志愿受试者的毒物动力学或代谢资料对于将动物试验结果推论到人具有很重要的意义。

6. 动物毒性试验和体外试验资料

本程序所列的各项动物毒性试验和体外试验系统是目前管理（法规）毒理学评价水平下所得到的最重要的资料，也是进行安全性评价的主要依据，在试验得到阳性结果，而且结果的判定涉及受试物能否应用于食品时，需要考虑结果的重复性和剂量-反应关系。

7. 不确定系数

不确定系数即安全系数。将动物毒性试验结果外推到人时，鉴于动物与人的物种和个体之间的生物学差异，不确定系数通常为100，但可根据受试物的原料来源、理化性质、毒性大小、代谢特点、蓄积性、接触的人群范围、食品中的使用量和人的可能摄入量、使用范围及功能等因素来综合考虑其安全系数的大小。

8. 毒物动力学试验的资料

毒物动力学试验是对化学物质进行毒理学评价的一个重要方面，因为不同化学物质、剂量大小，在毒物动力学或代谢方面的差别往往对毒性作用影响很大。在毒性试验中，原则上应尽量使用与人具有相同毒物动力学或代谢模式的动物种系来进行试验。研究受试物在实验动物和人体内吸收、分布、排泄和生物转化方面的差别，对于将动物试验结果外推到人和降低不确定性具有重要意义。

9. 综合评价

在进行综合评价时，应全面考虑受试物的理化性质、结构、毒性大小、代谢特点、蓄积性、接触的人群范围、食品中的使用量与使用范围、人的推荐（可能）摄入量等因素，对于已在食品中应用了相当长时间的物质，对接触人群进行流行病学调查具有重大意义，但往往难以获得剂量－反应关系方面的可靠资料；对于新的受试物质，则只能依靠动物试验和其它试验研究资料。然而，即使有了完整和详尽的动物试验资料和一部分人类接触的流行病学研究资料，由于人类的种族和个体差异，也很难做出能保证每个人都安全的评价。所谓绝对的食品安全实际上是不存在的。在受试物可能对人体健康造成的危害以及其可能的有益作用之间进行权衡，以食用安全为前提，安全性评价的依据不仅仅是安全性毒理学试验的结果，而且与当时的科学水平、技术条件以及社会经济、文化因素有关。因此，随着时间的推移，社会经济的发展、科学技术的进步，有必要对已通过评价的受试物需要进行重新评价。

项目三

食品添加剂的使用标准及选用原则

随食品进入人体的添加剂的数量和种类越来越多，因此食品添加剂的安全使用极为重要。理想的食品添加剂应是对人身有益无害的物质，但多数食品添加剂是化学合成物质，往往有一定的毒性，所以在选用时要非常小心。

一、 食品添加剂的使用原则

选用食品添加剂时首先要充分了解我国政府制订的有关食品添加剂的法规，严格遵循 GB 2760—2014《食品安全国家标准　食品添加剂使用标准》。食品添加剂应当在技术上确有必要且经过风险评估证明安全可靠。

1. 食品添加剂使用时应符合的基本要求

（1）不应对人体产生任何健康危害；

（2）不应掩盖食品腐败变质；

（3）不应掩盖食品本身或加工过程中的质量缺陷或以掺杂、掺假、伪造为目的而使用食品添加剂；

（4）不应降低食品本身的营养价值；

（5）在达到预期目的前提下尽可能降低在食品中的使用量。

2. 可使用食品添加剂的情况

（1）保持或提高食品本身的营养价值；

（2）作为某些特殊膳食用食品的必要配料或成分；

（3）提高食品的质量和稳定性，改进其感官特性；

（4）便于食品的生产、加工、包装、运输或者贮藏。

3. 食品添加剂质量标准

按照食品添加剂使用标准的食品添加剂应当符合相应的质量规格要求。

4. 带入原则

（1）根据食品添加剂使用标准，食品配料中允许使用该食品添加剂；

（2）食品配料中该添加剂的用量不应超过允许的最大使用量；

（3）应在正常生产工艺条件下使用这些配料，并且食品中该添加剂的含量不应超过由配料带入的水平；

（4）由配料带入食品中的该添加剂的含量应明显低于直接将其添加到该食品中通常所需要的水平。

二、 食品添加剂使用标准的制订

制订食品添加剂使用标准，要以食品添加剂使用情况的实际调查与毒理学评价为依据，对某一种或某一组食品添加剂来说，其制订标准的一般程序如下：

（1）根据动物毒性试验确定最大无作用剂量或无作用剂量（MNL）。

（2）将动物试验所得的数据用于人体时，由于存在个体和种系差异，故应定出一个合理的安全系数。安全系数可根据动物毒性试验的剂量缩小若干倍来确定，一般定为100倍。

（3）从动物毒性试验的结果确定试验物人体每日允许摄入量。以体重为基础来表示的人体每日允许摄入量，即指每日能够从食物中摄取的量，此量根据现有已知的事实，即使终身持续摄取，也不会显示出危害性。每日允许摄入量以mg/kg体重为单位。

（4）将每日允许摄入量（ADI）乘以平均体重即可求得每人每日允许摄入总量（A）。

（5）有了该物质每日允许摄入总量（A）之后，还要根据人群的膳食调查，搞清膳食中含有该物质的各种食品的每日摄食量（C），然后即可分别算出其中每种食品含有该物质的最高允许量（D）。

（6）根据该物质在食品中的最高允许量（D）制订出该种添加剂在每种食品中的最大使用量（E）。在某种情况下，二者可以吻合，但为了人体安全起见，原则上总是希望食品中的最大使用量标准低于最高允许量，具体要按照其毒性及使用等实际情况确定。

以苯甲酸为例进行计算：

①最大无作用量（MNL）

由大鼠试验判定MNL：

$$MNL = 500\ (mg/kg\ 体重)$$

②每日允许摄入量（ADI）

根据MNL，对于人体的安全系数以100计：

$$ADI = MNL/100 = 500/100 = 5 \text{（mg/kg 体重）}$$

③每人每日允许摄入总量（A）

以平均体重55kg的正常成人计算，苯甲酸的每人每日允许摄入总量为：

$$5 \times 55 = 275 \text{（mg）}$$

④最大使用量（E）

通过膳食调查食品的每日摄入量，计算每人每日苯甲酸允许摄入量如表1-2所示。

表1-2　苯甲酸摄入量计算表

食品种类	食品的每人每日摄入量/g	食品中的最大使用量/（g/kg）	苯甲酸每人每日摄入量/mg
酱油	50	1	50
醋	20	1	20
汽水	250	0.2	50
果汁	100	1	100
总量			220

三、食品添加剂的标准化和国际化

由于各国饮食习惯及各自理解的不同，其有关食品添加剂的法规亦不相同。同一种添加剂由于试验结果不同，有的国家不许可使用，有的国家许可使用，所使用的范围和最大使用量，甚至质量规格标准均可不同，以致造成国际贸易障碍。随着国际交往的增多，迫切需要食品添加剂的标准化和国际化。

1. 食品添加剂法规委员会（CCFA）

FAO/WHO联合食品添加剂专家委员会（JECFA）于1955年在FAO/WHO联合召开的第一次国际食品添加剂会议时宣告成立。联合国粮农组织（FAO）与世界卫生组织（WHO）的食品添加剂法规委员会（CCFA）是FAO/WHO食品法规委员会（CAC）的下设组织，1962年在日内瓦成立，由有关国家的政府代表和国际组织代表组成，负责世界范围的食品添加剂标准化工作。从1985年起我国作为正式会员国参加会议。该委员会的主要任务是：①批准或制订单个食品添加剂的最大使用量和特定食品中污染物的最大允许量；②制订由JECFA优先评价的食品添加剂和污染物名单；③审阅JECFA对食品添加剂的特性和纯度规格；④考虑在食品中的分析测定方法。

2. 我国食品添加剂标准化技术委员会

我国于1973年成立全国食品添加剂卫生标准科研协作组，开始了食品添加剂的标准化工作。1980 年成立全国食品添加剂标准化技术委员会，这是在原国家技术监督局领导下聘请有关专家组成的专业性标准化工作技术组织。其具体任务：①向国家质量监督检验检疫总局（以下简称质检总局）和有关行政主管部门提出食品添加剂标准化工作的方针、政策和技术措施的建议；②提出食品添加剂制订、修订工作的年度计划和长远规划的建议；③根据质检总局和有关主管部门批准的计划，审查食品添加剂国家标准、行业标准草案，提出审查结论意见和强制性标准或推荐性标准的建议，定期复审已颁发的标准，提出修订、废止执行的建议；④受标准制订部门委托，负责组织食品添加剂的国家标准、行业标准的宣讲、解释工作；⑤收集国内外资料，进行技术交流，向生产、销售和使用单位，以及消费者提供咨询服务工作和宣传指导；⑥受国务院标准化行政主管部门委托，承担国际标准化组织等相应技术委员会对口的标准化技术业务工作，包括对国际标准的中文译稿，以及提出对外开展标准化技术交流活动的建议；⑦受国务院有关行政主管部门委托，在产品质量监督检验、认证和评优等工作中，承担本专业标准化范围内产品质量标准水平评价工作，承担本专业引进项目的标准化审查工作，并向项目主管部门提出标准化水平分析报告；⑧在完成上述任务前提下，技术委员会可面向社会开展本专业标准化工作，接受有关省市和企业委托，承担本专业地方标准和企业标准的制订、审查和宣讲、咨询等技术服务工作；⑨受国务院标准化行政主管部门及有关行政主管部门委托，办理与本专业标准化工作有关的其他事宜。

3. 我国主要有关食品添加剂的法规、标准

尽管国家规定允许使用的食品添加剂在法定的使用范围内是安全的，但是消费者往往对食品添加剂的使用有一定的疑虑，有些食品制造商竭力宣传所谓的无食品添加剂食品，这往往是不切实际的，也是不负责的。有些食品添加剂和食品原料之间并没有明确的界限，有些食品没有食品添加剂是完全不可能制造的。尽管如此，我们不得不说，有些食品添加剂还是有一定的毒性的，必须加强对食品添加剂的严格管理。我国有关食品添加剂的法规、标准及主要内容如下。

（1）中华人民共和国食品安全法　《中华人民共和国食品安全法》已由中华人民共和国第十一届全国人民代表大会常务委员会第七次会议于 2009 年 2 月 28 日通过，2015 年 4 月 24 日第十二届全国人民代表大会常务委员会第十四次会议修订；新版自 2015 年 10 月 1 日起施行。《中华人民共和国食品安全法》是适应新形势发展的需要，为了从制度上解决现实生活中存在的食品安全问题，更好地保证食品安全而制定的，其中确立了以食品安全风险监测和评估为基础的科学管理制度，明确食品安全风险评估结果作为制定、修订食品安全标准和对食品安全实施监督管理的科学依据。

《中华人民共和国食品安全法》中有二十余项条款与食品添加剂生产经营和使用的安全要求及其监督管理有关，如“第二条　在中华人民共和国境内从事下列活动，应当遵守本法：（二）食品添加剂的生产经营；（四）食品生产经营者使用食品添加剂、食品相关产品；（六）对食品、食品添加剂、食品相关产品的安全管理。”又如“第三十九条　国家对食品添加剂生产实行许可制度。从事食品添加剂生产，应当具有与所生产食品添加剂品种相适应的场所、生产设备或者设施、专业技术人员和管理制度，并依照本法第三十五条第二款规定的程序，取得食品添加剂生产许可。生产食品添加剂应当符合法律、法规和食品安全国家标准。”“第四十条　食品添加剂应当在技术上确有必要且经过风险评估证明安全可靠，方可列入允许使用的范围；有关食品安全国家标准应当根据技术必要性和食品安全风险评估结果及时修订。食品生产经营者应当按照食品安全国家标准使用食品添加剂。”“第七十条　食品添加剂应当有标签、说明书和包装。标签、说明书应当载明本法第六十七条第一款第一项至第六项、第八项、第九项规定的事项，以及食品添加剂的使用范围、用量、使用方法，并在标签上载明‘食品添加剂’字样。”“第七十一条　食品和食品添加剂的标签、说明书，不得含有虚假内容，不得涉及疾病预防、治疗功能。生产经营者对其提供的标签、说明书的内容负责。食品和食品添加剂的标签、说明书应当清楚、明显，生产日期、保质期等事项应当显著标注，容易辨识。食品和食品添加剂与其标签、说明书的内容不符的，不得上市销售。”“第九十条　食品添加剂的检验，适用本法有关食品检验的规定。”“第九十七条　进口的预包装食品、食品添加剂应当有中文标签；依法应当有说明书的，还应当有中文说明书。标签、说明书应当符合本法以及我国其他有关法律、行政法规的规定和食品安全国家标准的要求，并载明食品的原产地以及境内代理商的名称、地址、联系方式。预包装食品没有中文标签、中文说明书或者标签、说明书不符合本条规定的，不得进口”等。

（2）食品添加剂使用标准　GB 2760—2014《食品安全国家标准　食品添加剂使用标准》提供了安全使用食品添加剂的定量指标；包括允许使用的食品添加剂的品种、使用范围及最大使用量或残留量。有的还注明了使用方法。规定了食品添加剂的使用原则、适用于所有使用食品添加剂的生产经营和使用者。在本书以下的各模块有具体的、代表性的、比较详细的介绍。

（3）食品添加剂新品种管理　为加强食品添加剂新品种管理，根据《中华人民共和国食品安全法》和《食品安全法实施条例》有关规定，卫生部于2010年发布施行《食品添加剂新品种管理办法》。强化食品添加剂管理，防止食品污染，保护消费者身体健康，具体见附录。卫生部2002年发布的《食品添加剂卫生管理办法》同时废止。

为了贯彻《食品添加剂新品种管理办法》，规范食品添加剂新品种申报与受理工作，保证食品添加剂的安全，2010年卫生部制定了《食品添加剂新品种申报与受理规定》。对食品添加剂申报材料作了进一步明确要求。

（4）食品营养强化剂使用标准　根据《中华人民共和国食品安全法》的规

定，我国实施 GB 14880—2012《食品安全国家标准　食品营养强化剂使用标准》。标准规定了食品营养强化的主要目的、使用营养强化剂的要求、可强化食品类别的选择要求以及营养强化剂的使用规定。标准适用于食品中营养强化剂的使用。在模块十五 食品营养强化剂有具体的、代表性的、比较详细的介绍。

2008 年原卫生部还制定、施行了《运动营养食品中食品添加剂和食品营养强化剂使用规定》。

项目四

食品添加剂的发展

一、 食品添加剂的发展进程

由于食品科学技术的发展，特别是食品添加剂在食品加工中所起的重要作用，以及滥用和缺乏相应的管理措施，国际上先后于 1955 年和 1962 年分别成立 FAO/WHO 联合食品添加剂专家委员会（JECFA）和食品添加剂法典委员会（CCFA）[食品添加剂法典委员会（CCFA）于 1988 年改为食品添加剂和污染物法典委员会（CCFAC)]，并分别于 1956 年和 1964 年召开第一次会议至今，讨论有关食品添加剂的问题。随着现代食品工业的崛起，食品添加剂的地位日益突出，世界各国批准使用的食品添加剂品种也越来越多，其使用水平已成为该国现代化程度的重要标志。美国是目前世界上食品添加剂产值最高、品种最多的国家，其销售额占全球食品添加剂市场的三分之一。日本、欧洲使用的食品添加剂都有上千种。食品添加剂发展到现在，全世界已多达 25000 余种，常用的 5000 余种，其中最常用的有600 ~ 1000种。食品添加剂的世界市场容量约为 200 亿美元。

尽管通常认为食品添加剂的发展只是近一个多世纪以来的事，但人们使用食品添加剂的历史悠久。我国在距今约 2000 年前的东汉时期就已使用凝固剂盐卤点制豆腐并一直流传至今。但新中国成立前，中国人民饥寒交迫，不仅不了解食品添加剂，更谈不上发展食品添加剂。当时全国仅在上海和沈阳有两个用盐酸水解面筋生产味精的小厂，年产量尚不到 300t。新中国成立后，经历短短 3 年经济恢复时期，政府即对这一关系人民身体健康和生活的食品添加剂事业予以高度重视。1953 年，卫生部就发文指出，在清凉饮料中不得使用有害于健康的色素与香料，必须使用苯甲酸钠时，其用量不得超过千分之一的含量。1960 年国务院又进一步颁布了《食用合成染料管理暂行办法》，强调指出不得以掩饰饮食物腐败或以伪造饮食物为目的而对饮食物施加着色等。但在 20 世纪 90 年代前期，我国食品添加剂行业除发酵制品、味精、柠檬酸企业有万吨级规模外，绝大部分是小而分散企业，技术人才稀缺，有很多企业连一个专业本科生都没有。我国食品添加剂行业和发达国家比，起步较晚。1974 年召开我国“食品添加剂卫生标准科研协作组”第一次会议，直到1977年才颁布我国最早的《食品添加剂使用卫生标准》（GBn 50—1977）。改革开放后，国民经济全面复苏，食品添加剂也迅速走上快速发展的轨道。1980年在国家标准局的领导下以原“食品添加剂卫生标准科研协作组”为基础，进一步成立全国食品添加剂标准化技术委员会，研究和提出发展我国食品添加剂标准化工作的方针、政策、技术措施等问题，正式颁布《食品添加剂使用卫生标准》（GB 2760—1981），代替GBn 50—1977。1983年又由卫生部颁布了《食品安全性毒理学评价程序（试行）》。我国于1985年正式成为会员国，参加食品添加剂法典委员会（CCFA）这一国际组织的活动。这些活动对我国食品添加剂的快速发展具有很重要的作用。1986年更相继颁布了《食品添加剂使用卫生标准》（GB 2760—1986），代替GB 2760—1981和《食品添加剂卫生管理办法》，以及《食品营养强化剂使用卫生标准（试行）》和《食品营养强化剂卫生管理办法》。此后又连续进行修订和增补，2007年颁布了《食品添加剂使用卫生标准》（GB 2760—2007）代替GB 2760—1996、GB/T 12493—1990《食品添加剂分类和代码》。2011年颁布了《食品添加剂使用标准》（GB 2760—2011）代替GB 2760—2007。

近年来，我国国民经济得到较高速度的增长，食品工业和餐饮业也得到迅猛发展，作为食品加工和餐饮必不可少的食品添加剂，也同时获得了更好的发展环境和条件，体现了生产和应用高速增长、竞争力提高、出口贸易增加的好势头。经过30多年的改革开放和全国食品添加剂行业同仁的辛勤努力，在品种与数量上均有很大增长，也有了今天1500多个品种和200多万吨的规模和水平。通过结构调整，我国的食品添加剂行业开始规模化经营，有些生产企业与国际上规模相当，产生了很多年产5千吨到万吨的新型企业，有些属于以出口为主的企业。在生产规模扩大的同时，技术水平提高，强化管理，质量提高，成本下降，无疑大大提高了产品的国际竞争力。有些品种，过去依靠进口，现在能替代进口并转为出口。

二、发展我国的食品添加剂工业必须进行的工作

为了进一步发展我国的食品添加剂工业，适应进入WTO以后的新形势，我国食品添加剂行业除了学习新的国际规则，发挥优势，提高国际竞争力，提高全行业的经济效益，还必须做好以下工作。

1. 调整产品结构

中国食品添加剂的发展方向和重点要与我国食品工业发展特点相配合，加快为进入人们一日三餐领域所需要食品添加剂生产的发展；与一日三餐相关的食品工业发展了，食品工业的结构才能从根本转变。要多瞄准国内1万亿元食品工业和5000亿元餐饮业的巨大市场，去开发天然营养和多功能的食品添加剂。

近年来方便食品发展很快，要生产这些具有贮运简易、食用方便特性的包装

食品，是离不开种种食品添加剂的。另外，随着人民生活的日益提高，除了要求食品营养丰富、安全无害外，对食品色、香、味、形态和组织结构等方面的要求将愈来愈高，为了满足这日益增高的要求，必将借助于调味剂、赋香剂、乳化剂、增稠剂、膨松剂及种种品质改良剂。人们对食品的色香味、品种、新鲜度等方面提出了更高的要求，必须开发更多更好的新食品来满足人们的需求，要重视发展为满足不同人群生产营养强化食品所需要的食品添加剂。不能盲目引进国外的某些新品种，因为不一定能适合我国主食、副食、调料的需要，也不一定适合东方人的口味和体质的要求。

2. 积极倡导“天然、营养、多功能”

我国食品添加剂的生产积极倡导“天然、营养、多功能”的方针，是与国际上“回归大自然、天然、营养、低热量、低脂肪”的趋向相一致的。回归自然，天然食品添加剂是当然的主角。我国地域辽阔，资源丰富，有着几千年药食同用的传统。发展天然、营养、多功能的食品添加剂有着独特的优势。当前，人们对食用色素、防腐剂的安全问题越来越关注，大力开发天然色素、天然防腐剂等食品添加剂，不仅有益于消费者的健康，而且能促进食品工业的发展。中国绿色食品发展中心 1999 年颁布了有关绿色食品标准，其中规定在 AA 级绿色食品中，只允许使用天然添加剂，禁止使用化学合成添加剂。随着食品工业的迅猛发展，天然食品添加剂的发展已成为一种不可逆转的潮流。

由于传统食品并不都是营养的理想食品，如果适当添加或调整食品中必要的营养素，对提高食品营养价值、合理利用食品资源、增进人民身体健康是非常经济有效的措施。所以食品添加剂向营养强化的方向发展，重点发展一些性能优良、性质稳定、成本低廉的强化剂，也有可能成为一个重要的发展趋势。

3. 加强行业管理

防止低水平的重复建设，以免造成不必要的经济损失；首先应加强行业管理，防止只看到本地区没有生产，见出口有利可图，就盲目上新项目。要加强行业的价格协调，防止恶性竞争。设立必要的最低限价，以保护合法经营者的正当权益。对国外反倾销，要联合应诉，这在国内成功的例子不少。在行业内要推进体制改革和现代化管理，加强质量、设备、环境管理；以人为本，调动员工的积极性；以诚信处理一切。企业不能没有效益，但利润并非唯一的目的，还必须考虑对社会的贡献。要正确认识行业利益和企业利益的关联性，具备有利于行业发展的全局观点，这样的企业才有更强的发展后劲。

4. 加强应用研究和推广

国外食品添加剂企业，都设有强大的应用研究中心，如丹尼斯克、奎斯特国际公司，一个最终产品，如面包、冰淇淋和糖果，均有独立的现代化中试生产线。对用户无偿服务，送货上门。国内大型的食品企业有反映：国产优质食品添加剂上门服务少。所以食品添加剂行业，应深入了解国内外市场需求，加强应用技术力量，加强对适合中国国情食品添加剂的应用研究开发，并力争做到送货上门、送配方上门、送最好的工艺技术上门，才有更大发展。

5. 采用高新技术

特别是提取过程，要采用高新分离技术。因为现有生产技术，不论是化学合成或生物合成，均需后提取。传统采用的脱色、过滤、交换、蒸发、蒸馏、结晶等净化精制技术，已经不能满足现代食品所要求的水平。必须采用高新分离技术，如辣椒红采用超临界萃取；香精油采用分子蒸馏；木糖醇采用膜分离；柠檬酸采用色谱分离等，均能提高产品纯度和收率，收到提高产品档次、降低产品成本、改善生产环境的多重效益。

要大力研究生物食品添加剂。采用生物技术等新技术，不断开发新产品，不断扩大应用新领域。天然食品添加剂一般都有较高的安全性，应用也越来越广泛。但自然界植物、动物的生产周期很长，生产效率低，采用现代生物技术生产天然食品添加剂不仅可以大幅度提高生产能力，而且还可以生产一些新型的食品添加剂，如红曲色素、乳酸链球菌素、黄原胶、溶菌酶等。

此外还要研究新型食品添加剂合成工艺，需要开发高效节能的工艺。如甜菊糖苷采用大孔树脂吸附工艺后，产品质量和成本都有很大的改进，对甜菊糖苷的推广应用起到了很大的促进作用。

研究高分子型食品添加剂也是重要发展方向，增稠剂基本上都是天然的或改性天然水溶性高分子，其他食品添加剂除了少数生物高分子外，基本上都是小分子物质。实践表明，若能把普通食品进行高分子化，可使食用安全性大大提高、热值低、效用耐久化。

6. 研究食品添加剂的复配

复配添加剂的使用是一个发展方向，这方面饮料行业起了个好头。多年来，饮料行业提倡主剂集中生产，产品分散灌装。其实，主剂就是一种复合食品添加剂，有的称饮料浓缩液。乳化香精也是一种复配添加剂，它在饮料行业的发展中起到很大作用。

复配有协调增效的作用，也方便使用，更便于规范管理，保证质量。生产实践表明，很多食品添加剂复配可以产生增效作用或派生出一些新的效用，研究食品添加剂的复配不仅可以降低食品添加剂的用量，而且可以进一步改善食品品质，提高食品安全性，其经济意义和社会意义是不言而喻的。

还需注意研究开发专用的食品添加剂或食品添加剂组合，可以最大限度地发挥食品添加剂的潜力，极大地方便使用，提高产品质量，降低产品成本，扩大出口。替代进口所需要的食品添加剂要加快发展。

我国食品添加剂行业，虽然某些品种在国际上已有一定的地位和作用，但总体上还是后起的行业，需要继续努力工作。今后的竞争是质量、价格和服务的竞争。我们的企业不仅要做大，更要做强，实现品种繁多、质量优越、价格低廉、服务周到，方能在国内外市场上具有更强的生命力。总之，原料食品加工还要大力发展，为了达到产业化等待加工，就必须发展食品添加剂。食品工业的发展需要食品添加剂，而食品添加剂的发展，反过来又将促进食品工业的发展。随着我国食品工业的大发展，将为安全高效的食品添加剂开辟广阔的天地。

思考题

1. 举例说明食品添加剂的作用。
2. 按其来源的不同，食品添加剂可分为哪些种类？按用途的不同，食品添加剂可分为哪些种类？试举例。
3. 简述食品安全性毒理学评价试验内容。
4. 对食品添加剂－香料选择毒性试验的原则是什么？
5. 进行食品安全性评价时需要考虑的因素有哪些？
6. 食品添加剂使用时应符合哪些基本要求？在哪些情况下可使用食品添加剂？食品添加剂的选带入原则是什么？
7. 举例说明食品添加剂的发展前景。
8. 解释名词：食品添加剂、急性经口毒性试验、慢性毒性试验、LD_{50}、NOAEL、LOAEL、MNL、FAO、WHO、CCFA、CAC。

实训内容

实训一 食品添加剂的定义和作用

一、实训目的

了解食品添加剂的定义和作用。

二、实训原理

参见本模块项目一 食品添加剂的定义、分类和作用。

三、实训方法

到超市或者企业调查。

四、实训要求

选择3~4种食品产品，看是否添加了食品添加剂，指出食品添加剂的名称、作用。进行小结。

实训二 食品添加剂使用标准

一、实训目的

了解食品添加剂使用标准。

二、实训原理

参见本模块项目三 食品添加剂的使用标准及选用原则。

三、实训方法

到超市或者企业调查；并且上网查找我国食品添加剂的使用卫生标准。

四、实训要求

选择3~4种添加了食品添加剂的食品产品，并且对照我国食品添加剂的使用卫生标准，看是否符合我国食品添加剂的使用标准。进行小结。

模块二 食品防腐剂

学习目标与要求

了解食品防腐剂抗菌作用的一般机理。

掌握合成、天然食品防腐剂性能、应用。

学习重点与难点

重点：合成、天然食品防腐剂应用。

难点：食品防腐剂抗菌作用机理。

学习内容

美国一食品科学家曾指出："贮存好我们生产的东西，比耗费能源和资源去生产更多的东西，给我们带来更大的效益"。

依据 GB 2760—2014《食品安全国家标准　食品添加剂使用标准》，食品防腐剂是防止食品腐败变质、延长食品贮存期的物质，是用于防止食品在贮存、流通过程中主要由微生物繁殖引起的变质，提高保存性，延长食品保藏期而在食品中使用的添加剂。从抗微生物的概念出发，可更确切地将此类物质称之为抗微生物剂或抗菌剂。

项目一 食品防腐剂的作用机理

造成食品败坏的原因很多，包括物理、化学及生物等方面的因素，这些因素通常是同时或连续发生的。由于食品营养丰富，适于微生物生长增殖，而微生物又是到处都有、无孔不入的。所以，通常导致食品败坏的主要因素是细菌、霉菌和酵母之类微生物的侵袭。

一、微生物引起的食品变质

微生物引起食品变质可分为：细菌繁殖造成的食品腐败，霉菌代谢导致的食品霉变和酵母菌分泌的氧化还原酶促使的食品发酵。

1. 食品腐败

食品腐败变质是指食品受微生物污染，在适合的条件下，微生物的迅速繁殖导致食品的外观和内在发生劣变而失去食用价值的现象。食品发生腐败，在感官上丧失食品原有的色泽，产生各种颜色，发出腐臭气味，呈现不良滋味，如糖类食品呈现酸味，蛋白质类食品呈现苦味和涩味，食品组织发生软化，生着白毛，产生黏液物。从微观上讲，微生物代谢分泌的酶类对食品的蛋白质肽类、胨、氨基酸等含氮有机物进行分解产生多种低分子化合物，如酚、吲哚、腐胺、尸胺、粪臭素、脂肪酸等，然后进一步分解成硫化氢、硫醇、氨、甲烷、二氧化碳等。在这种一系列分解过程中产生大量毒性物质，并散发出令人厌恶的恶臭味；某些分解脂肪的微生物能分解食品中的脂肪而导致其酸败变质。

2. 食品霉变

食品霉变是指霉菌在代谢过程中分泌出大量糖酶，使食品中的碳水化合物分解而导致的食品变质。食品霉变后，外观颜色改变，营养成分破坏，且染有霉味。若霉变是由产毒霉菌造成的，则产生的毒素对人体健康有严重影响，如黄曲霉毒素类可导致癌症，所以预防食品的霉变十分必要。

3. 食品发酵

食品发酵是微生物代谢所产生的氧化还原酶促使食品中所含的糖发生不完全氧化而引起的变质现象。食品常见的发酵有酒精发酵、醋酸发酵、乳酸发酵和酪酸发酵。

酒精发酵是食品中的己糖在酵母作用下降解为乙醇的过程。水果、蔬菜、果汁、果酱和果蔬罐头等食品发生酒精发酵时，都产生酒味。

醋酸发酵是食品中已糖经酒精发酵生成乙醇，进一步在醋酸杆菌作用下氧化为醋酸。食品发生醋酸发酵时，不但质量变劣，严重时完全失去食用价值。某些低度酒类（如果酒、啤酒、黄酒）、饮料（如果汁）和蔬菜罐头等常常发生醋酸发酵。

乳酸发酵是食品中的已糖在乳酸杆菌作用下产生乳酸，使食品变酸的现象。鲜乳和乳制品易发生这种酸变而变质。

酪酸发酵是食品中的己糖在酪酸菌作用下产生酪酸的现象。酪酸污染食品发出一种令人厌恶的气味。鲜乳、乳酪、豌豆类食品发生这种酸变时，食品质量严重下降。

二、 食品防腐剂抗菌作用的一般机理

微生物繁殖需要有适合的客观条件，即适当的水分、温度、氧、渗透压、pH和光等。控制食品所处的环境条件或加入防腐剂均可达到食品防腐的目的。防止食品腐败变质可采用物理方法处理（如冷冻、干制、腌渍、烟熏、加热、辐射等），然而最有效的办法是使用防腐剂。

食品防腐剂不但抑制细菌、霉菌及酵母的新陈代谢，而且抑制其生长。抑菌作用和杀菌作用表现在微生物的死亡率方面是不同的。根据所使用防腐剂的种类，在通常使用的浓度下，需要经过几天或几周时间，最后才能达到杀死所有微生物的状态。随着防腐剂浓度的增加，微生物的生长速度减慢，而其死亡速率则加快，但还要注意防腐剂的使用浓度，在一定的浓度范围内，大多数微生物被抑制或被杀灭，即能达到有效的发挥作用。虽然经过一段时间后，残存的微生物又会开始繁殖，但此时食物已被食用。一般来说，实际上应在微生物数量比较少的时间就采取防腐措施，而不是在微生物生长期中添加食品防腐剂。防腐剂不能使已经含有大量微生物的食品回复新鲜状态。

食品防腐剂的作用机理有各种看法和假设，有人对食品防腐剂作用机理做如下归纳：作用于遗传物质或遗传微粒结构；作用于细胞壁和细胞膜系统；作用于酶或功能蛋白。一般说来是多种作用的结果，主要是防腐剂能使微生物的蛋白质凝固或变性，从而干扰其生存和繁殖；破坏微生物的细胞膜，干扰微生物的新陈代谢，影响生物过程的电性平衡；改变胞浆膜的渗透性，使微生物体内的酶类和代谢产物逸出导致其失活；对细胞原生质部分的遗传微粒结构产生影响。显然，并不是各种防腐剂都具有全部的作用，而这些作用是相互关联、相互制约的。总的来说，防腐剂最重要的作用可能是抑制一些微生物细胞中酶的反应或者抑制酶的合成。一般可能是抑制细胞中基础代谢的酶系，或者是抑制细胞重要成分的合成，如蛋白质的合成或核酸的合成。如苯甲酸亲油性大，易透过细胞膜，进入细胞体内，从而干扰微生物细胞膜的通透性，抑制细胞膜对氨基酸的吸收。进入细胞体内的苯甲酸分子，电离酸化细胞内的碱性，并能抑制细胞的呼吸酶系的活性，对乙酰辅酶A缩合反应有很强的阻止作用，从而起到食品防腐作用。又如山梨酸的抑菌作用机理是它与微生物的酶系统的巯基相结合，从而破坏许多重要酶系统的作用，此外它还能干扰传递机能，如细胞色素C对氧的传递，以及细胞膜表能量传递的功能，抑制微生物增殖，达到防腐的目的。

原则上说，防腐剂也能对人体细胞有同样的抑制作用。但决定的因素是防腐剂的使用浓度，在微生物细胞中所需要的抑制浓度远比人体细胞中要小。就大多数防腐剂而言，防腐剂在人体器官中很快被分解或从体内排泄出去，因此在一定的使用浓度范围内不会对人体造成显著的伤害。

用于食品防腐剂的要求是：符合卫生标准，与食品不发生化学反应，防腐效果好，对人体正常功能无影响，使用方便，价格便宜。

食品防腐剂按来源可分为合成类防腐剂和天然防腐剂。

项目二

合成食品防腐剂

合成食品防腐剂主要分为有机防腐剂及无机防腐剂两大类。无机防腐剂主要有硝酸盐及亚硝酸盐类、二氧化硫、亚硫酸以及盐类等，这部分内容将在模块六中进行介绍。有机防腐剂主要有苯甲酸及其盐类、山梨酸及其盐类、对羟基苯甲酸酯类、丙酸及其盐类，以及乳酸、醋酸等。还有一些其它类型的有机化合物，如联苯、邻苯基苯酚及其钠盐（OPP 及 SOPP）、苯并咪（TBZ）等化合物。下面介绍常用的几种合成类食品防腐剂。

一、 苯甲酸及其钠盐

苯甲酸亦称安息香酸，分子式 $C_7H_6O_2$，相对分子质量 122.12。

苯甲酸钠亦称安息香酸钠，分子式 $C_7H_5O_2Na$，相对分子质量 144.11。

1. 性状

苯甲酸为白色有荧光的鳞片状结晶或针状结晶，或单斜棱晶，质轻无味或微有安息香或苯甲醛的气味。在热空气中微挥发，于 100℃左右升华，能与水汽同时挥发。苯甲酸的化学性稳定，有吸湿性，在常温下难溶于水，但溶于热水，也溶于乙醇和油中。

苯甲酸钠为白色颗粒或晶体粉末，无臭或微带安息香气味，味微甜，有收敛性，在空气中稳定；易溶于水，其水溶液的 pH 为 8。溶于乙醇。

2. 性能

苯甲酸为一元芳香羧酸，酸性较弱，其 25% 饱和水溶液的 pH 为 2.8，所以其杀菌、抑菌效力随介质的酸度增高而增强。在碱性介质中则失去杀菌、抑菌作用。pH3.5 时，0.125% 的溶液在 1h 内可杀死葡萄球菌等；pH4.5 时，对一般菌类的抑制最小浓度约为 0.1%；pH5 时，即使 5% 的溶液，杀菌效果也不可靠；其防腐的最适 pH 为 2.5 ~ 4.0。

苯甲酸对细菌抑制力较强，对酵母、霉菌抑制力较弱。表 2 - 1 所示为苯甲酸的部分抑菌力。

苯甲酸钠防腐效果小于苯甲酸，pH3.5 时，0.05% 溶液能防止酵母生长；pH6.5 时，溶液的浓度需提高至 2.5% 方能有此效果。这是因为苯甲酸钠只有在游离出苯甲酸的条件下才能发挥防腐作用。在较强酸性食品中，苯甲酸钠的防腐效果好。1.18g 苯甲酸钠的防腐效能相当于 1.0g 苯甲酸。

表 2－1　苯甲酸的部分抑菌力

微生物属种	pH	苯甲酸最低有效浓度/%
链球菌属	5.2～5.6	0.02～0.04
大肠杆菌	5.2～5.6	0.005～0.012
曲霉属	3.0～5.0	0.002～0.030

3. 毒性

苯甲酸：大鼠经口 LD_{50}为 2.7～4.44g/kg，MNL 为 0.5g/kg 体重。苯甲酸入口后，经小肠吸收进入肝脏内，在酶的催化下大部分与甘氨酸化合成马尿酸，剩余部分与葡萄糖醛酸化合形成葡萄糖苷酸而解毒，并全部进入肾脏，最后从尿排出。

苯甲酸是比较安全的防腐剂。

苯甲酸钠：大鼠经口 LD_{50}为 2.7g/kg 体重。ADI 为 0～5mg/kg 体重。

4. 应用

依照 GB 2760—2014《食品安全国家标准　食品添加剂使用标准》，苯甲酸及其钠盐的使用范围和最大使用量（以苯甲酸计，g/kg）为：碳酸饮料、特殊用途饮料 0.2；配制酒 0.4；蜜饯凉果 0.5；复合调味料 0.6；除胶基糖果以外的其他糖果、果酒 0.8；胶基糖果 1.5；风味冰、冰棍类、果酱（罐头除外）、腌渍的蔬菜、调味糖浆、醋、酱油、酱及酱制品、半固体复合调味料、液体复合调味料、果蔬汁（浆）饮料、蛋白饮料、茶、咖啡、植物饮料类、风味饮料（固体饮料按稀释倍数增加使用量）1.0；浓缩果蔬汁（浆）（仅限食品工业用）2.0。

二、　山梨酸及山梨酸钾

山梨酸为 2，4－己二烯酸，亦称花楸酸，分子式 $C_6H_8O_2$，相对分子质量 112.13。

山梨酸钾，分子式 $C_6H_7KO_2$，相对分子质量 150.22。

1. 性状

山梨酸为无色针状结晶或白色晶体粉末，无臭或微带刺激性臭味，耐光、耐热性好，在 140℃下加热 3h 无变化，长期暴露在空气中则被氧化而变色。山梨酸难溶于水，溶于乙醇、冰醋酸。

山梨酸钾为白色至浅黄色鳞片状结晶、晶体颗粒或晶体粉末，无臭或微有臭味，长期暴露在空气中易吸潮、被氧化分解而变色。山梨酸钾易溶于水、乙醇；1% 山梨酸钾水溶液的 pH 为 7～8。

2. 性能

山梨酸（山梨酸钾）是使用最多的防腐剂，大多数国家都使用。山梨酸具有良好的防霉性能，它对霉菌、酵母菌和好气性细菌的生长发育起抑制作用，而对嫌气性细菌几乎无效。山梨酸为酸型防腐剂，在酸性介质中对微生物有良好的抑制作用，随 pH 增大防腐效果减小，pH 为 8 时丧失防腐作用，适用于 pH 在 5.5 以下的食品防腐。

3. 毒性

大鼠经口 LD_{50} 10.5g/kg 体重。ADI 0～0.025g/kg 体重。山梨酸的毒性比苯甲酸小，许多国家已逐渐用山梨酸取代苯甲酸作食品防腐添加剂。

山梨酸参与人体内新陈代谢所发生的变化和产生的热效应与同碳数的饱和及不饱和脂肪酸无差异。山梨酸经口在肠内吸收，在体内代谢最终生成二氧化碳和水，不从尿中排出，不会在体内积累。

4. 应用

山梨酸及其钾盐除用作防腐剂外，还可作抗氧化剂、稳定剂。依照 GB 2760—2014《食品安全国家标准　食品添加剂使用标准》，山梨酸及其钾盐的使用范围和最大使用量（以山梨酸计，g/kg）为：熟肉制品、预制水产品（半成品）0.075；葡萄酒 0.2；配制酒 0.4；风味冰、冰棍类、经表面处理的鲜水果、蜜饯凉果、经表面处理的新鲜蔬菜、加工食用菌和藻类、酱及酱制品、饮料类（包装饮用水除外，固体饮料按稀释倍数增加使用量）、果冻（如用于果冻粉，按冲调倍数增加使用量）、胶原蛋白肠衣 0.5；果酒、配制酒（仅限青稞干酒）0.6；干酪和再制干酪及其类似品、氢化植物油、人造黄油（人造奶油）及其类似制品（如黄油和人造黄油混合品）、果酱、腌渍的蔬菜、豆干再制品、新型豆制品（大豆蛋白及其膨化食品、大豆素肉等）、除胶基糖果以外的其他糖果、面包、糕点、焙烤食品馅料及表面用挂浆、风干、烘干、压干等水产品、熟制水产品（可直接食用）、其他水产品及其制品、调味糖浆、醋、酱油、复合调味料、乳酸菌饮料（固体饮料按稀释倍数增加使用量）1.0；胶基糖果、其他杂粮制品（仅限杂粮灌肠制品）、方便米面制品（仅限米面灌肠制品）、肉灌肠类、蛋制品（改变其物理性状）1.5；浓缩果蔬汁（浆）（仅限食品工业用，固体饮料按稀释倍数增加使用量）2.0。

山梨酸难溶于水，使用时先将其溶于乙醇或碳酸氢钠、硫酸氢钾的溶液中，故实际应用多使用山梨酸钾。使用山梨酸及其钾盐作食品防腐剂时，要特别注意食品卫生，若食品被微生物严重污染，山梨酸及其钾盐便成为微生物的营养物质，不但不能抑制微生物繁殖，反而会加速食品腐败。山梨酸及其钾盐与其他防腐剂复配使用，可产生协同作用提高防腐效果。在使用山梨酸或山梨酸钾时，要注意勿使其溅入眼内，它们能严重刺激眼睛，一旦进入眼内赶快以水冲洗，然后就医。

三、丙酸钠与丙酸钙

丙酸，分子式 $C_3H_6O_2$，相对分子质量：74.08。

丙酸钠，分子式 CH_3CH_2COONa，相对分子质量96.06。

丙酸钙，分子式（$(CH_3CH_2COO)_2Ca \cdot nH_2O$（$n=0, 1$），相对分子质量186.22（无水盐）。

1. 性状

丙酸为无色澄清油状液体。稍有刺鼻的恶臭气味。能与水混溶，溶于乙醇。

丙酸钠为白色结晶或白色晶体粉末或颗粒，无臭或微带特殊臭味，易溶于水、乙醇；在空气中吸潮。

丙酸钙为白色结晶或白色晶体粉末或颗粒，无臭或微带丙酸气味。用作食品添加剂的丙酸钙为一水盐，对光和热稳定，有吸湿性；易溶于水，不溶于乙醇。丙酸钙10%水溶液的pH为8~10。

2. 性能

丙酸是一元羧酸，它是以抑制微生物合成β-丙氨酸而起抗菌作用的，故在丙酸钠中加入少量β-丙氨酸，其抗菌作用即被抵消，然而对棒状曲菌、枯草杆菌、假单胞杆菌等却仍有抑制作用。

丙酸钠对防霉菌有良好的效能，而对细菌抑制作用较小，对酵母菌无作用。它能使蛋白质变性、酶变性，防止产生黄曲霉毒素。丙酸钠起防腐作用的主要是未离解的丙酸，所以应在酸性范围内使用。

丙酸钙的防腐性能与丙酸钠相同，在酸性介质中游离出丙酸，而发挥抑菌作用。丙酸钙能抑制面团发酵时枯草杆菌的繁殖，pH为5.0时最小抑菌浓度为0.01%，pH为5.8时需0.188%，最适pH应低于5.5，其他参照丙酸钠。丙酸钙抑制霉菌的有效剂量较丙酸钠小，并降低化学膨松剂的作用，故常用丙酸钠；然而使用丙酸钙可补充食品中的钙质。

3. 毒性

丙酸：大鼠经口 LD_{50} 4.29g/kg。丙酸是人体正常代谢的中间产物，可被代谢和利用，安全无毒。

丙酸钠：小鼠经口 LD_{50} 5.1g/kg。ADI不作限制性规定。

丙酸钙；大鼠经口 LD_{50} 3.34g/kg。ADI不作限制性规定。

4. 应用

依照GB 2760—2014《食品安全国家标准　食品添加剂使用标准》，丙酸及其钠盐、钙盐的使用范围和最大使用量（以丙酸计，g/kg）为：生湿面制品（如面条、饺子皮、馄饨皮、烧卖皮）0.25；原粮1.8；豆类制品、面包、糕点、醋、酱油2.5；其他（杨梅罐头加工工艺用）50.0。

我国目前广泛用于食品防腐剂的三大品种为苯甲酸、山梨酸、丙酸及其盐。苯甲酸及其盐是使用时间最长且应用最广泛的食品防腐剂，但近年来因对其毒性有了一定认识，不少国家已明令限制或减少使用，而逐渐以山梨酸、丙酸及其盐代替。丙酸及其钠盐、钙盐价格低于山梨酸，是理想的食品防腐剂之一；作为食品防腐剂在我国具有巨大的潜在市场。

四、对羟基苯甲酸酯类及其钠盐

对羟基苯甲酸酯类又称为尼泊金酯类，一般有：对羟基苯甲酸甲酯、对羟基苯甲酸乙酸、对羟基苯甲酸丙酯、对羟基苯甲酸丁酯和对羟基苯甲酸异丁酯。它们对食品均有防腐作用，我国主要使用对羟基苯甲酸甲酯钠和对羟基苯甲酸乙酯及其钠盐；日本使用最多的是对羟基苯甲酸丁酯。

对羟基苯甲酸酯类具有良好的防止发酵、抑制细菌增殖和杀菌能力，对羟基苯甲酸酯类的抗菌机理为：抑制微生物细胞的呼吸酶系与电子传递酶系的活性，以及破坏微生物的细胞膜结构。对羟基苯甲酸酯类的抗菌能力是由其未电离的分子决定的，所以其抗菌效果不像酸性防腐剂那样易受 pH 变化的影响。因此，在 pH 为 4 ~ 8 的范围内有较好的抗菌效果。

由于对羟基苯甲酸酯类都难溶于水，所以通常是使用其钠盐；或者将对羟基苯甲酸酯先溶于氢氧化钠、乙酸、乙醇中，然后使用。为更好发挥防腐作用，最好是将两种或两种以上的该酯类混合使用。

依照 GB 2760—2014《食品安全国家标准　食品添加剂使用标准》，我国允许使用对羟基苯甲酸甲酯钠、对羟基苯甲酸乙酯及其钠盐。下面分别介绍。

1. 对羟基苯甲酸甲酯钠

（1）性状　对羟基苯甲酸甲酯钠别名尼泊金甲酯钠。分子式：$C_8H_7NaO_3$；相对分子质量：174.12。白色结晶粉末。易溶于醇，极微溶于水。

（2）性能　由于它具有酚羟基结构，所以抗细菌性能比苯甲酸、山梨酸都强。其作用机制是：破坏微生物的细胞膜，使细胞内的蛋白质变性，并可抑制微生物细胞的呼吸酶系与电子传递酶系的活性。

（3）毒性　小鼠经口 LD_{50} 5.0g/kg，ADI 为 0 ~ 0.01g/kg（对羟基苯甲酸甲酯钠是由对羟基苯甲酸乙酯与氢氧化钠进行中和反应制得，没有改变对羟基苯甲酸乙酯的基本结构，对羟基苯甲酸甲酯钠的 LD_{50}、ADI 值参考对羟基苯甲酸乙酯）。

（4）应用　依照 GB 2760—2014《食品安全国家标准　食品添加剂使用标准》，对羟基苯甲酸甲酯钠与对羟基苯甲酸乙酯及其钠盐的使用范围和最大使用量相同。见对羟基苯甲酸乙酯及其钠盐（4）应用。

2. 对羟基苯甲酸乙酯及其钠盐

对羟基苯甲酸乙酯亦称尼泊金乙酯，分子式 $C_9H_{10}O_3$，相对分子质量 166.18。对羟基苯甲酸乙酯钠是由对羟基苯甲酸乙酯与氢氧化钠进行中和反应，再干燥而得。对羟基苯甲酸乙酯钠，商品名：尼泊金乙酯钠。分子式：$C_9H_9O_3Na$；相对分子质量：188.8。

（1）性状　对羟基苯甲酸乙酯为无色细小结晶或白色晶体粉末，几乎无味，稍有麻舌感的涩味，耐光和热，无吸湿性，微溶于水；易溶于乙醇、花生油。

对羟基苯甲酸乙酯钠 为白色吸湿性粉末。易溶于水，呈碱性。

(2) 性能 对羟基苯甲酸乙酯及其钠盐对霉菌、酵母有较强的抑制作用；对细菌，特别是革兰氏阴性杆菌和乳酸菌的抑制作用较弱。其抗菌作用较苯甲酸和山梨酸强。在有淀粉存在时，对羟基苯甲酸乙酯的抗菌力减弱。

(3) 毒性 小鼠经口 LD_{50}5.0g/kg。ADI 为 0～0.01g/kg。对羟基苯甲酸乙酯及其钠盐的毒性低于苯甲酸。

(4) 应用 依照 GB 2760—2014《食品安全国家标准 食品添加剂使用标准》，对羟基苯甲酸酯类及其钠盐（对羟基苯甲酸甲酯钠、对羟基苯甲酸乙酯及其钠盐）的使用范围和最大使用量（以对羟基苯甲酸计，g/kg）为：经表面处理的鲜水果、经表面处理的新鲜蔬菜 0.012；热凝固蛋制品（如蛋黄酪、松花蛋肠）、碳酸饮料（固体饮料按稀释倍数增加使用量）0.2；果酱（罐头除外）、醋、酱油、酱及酱制品、蚝油、虾油、鱼露等、果蔬汁（浆）饮料（固体饮料按稀释倍数增加使用量）、风味饮料（仅限果味饮料、固体饮料按稀释倍数增加使用量）0.25；焙烤食品馅料及表面用挂浆（仅限糕点馅）0.5。

五、双乙酸钠

双乙酸钠简称 SDA，又名二醋酸一钠，分子式 $C_4H_7NaO_4 \cdot H_2O$，相对分子质量 142.9（无水）。

(1) 性状 双乙酸钠为白色结晶粉末。带有醋酸气味，易吸湿，极易溶于水（100g/100mL），放出 42.25% 醋酸；10% 的水溶液 pH 为 4.5～5.0；加热至 150℃以上分解，具有可燃性；双乙酸钠在阴凉干燥条件下性质很稳定。

(2) 性能 双乙酸钠是一种广谱、高效、无毒的防腐剂，对细菌和霉菌有良好的抑制能力。其抗菌机理是：双乙酸钠含有分子状态的乙酸，可降低产品的 pH；乙酸分子与类酯化合物溶性较好，而分子乙酸比离子化乙酸更能有效地渗透微生物的细胞壁，干扰细胞间酶的相互作用，使细胞内蛋白质变性，从而起到有效的抗菌作用。

(3) 毒性 ADI 为 0～0.015g/kg 体重。安全。双乙酸钠在生物体内的最终代谢产物是水和二氧化碳。

(4) 应用 依照 GB 2760—2014《食品安全国家标准 食品添加剂使用标准》，双乙酸钠的使用范围和最大使用量（g/kg）为：豆干类、豆干再制品、原粮、熟制水产品（可直接食用）、膨化食品 1.0；粉圆、糕点 4.0；预制肉制品、熟肉制品 3.0；调味品 2.5；复合调味料 10.0。

双乙酸钠对粮食、谷物有极好的防霉效果。双乙酸钠用于面包、蛋糕等食品的防霉，可以完全代替丙酸钙，由于两者有协同作用，复配使用能大大提高防霉的效果。

项目三
天然食品防腐剂

在食品防腐保鲜剂中，目前占主导地位的还是化学合成物。化学合成防腐剂有一定的毒性，这是困扰人们的重大问题。随着社会、经济的发展，人们对食品的要求越来越高，为满足对食品在品种、品质和数量上更高的要求，除加速开发安全、高效、经济的新型化学合成食品防腐剂外，更应充分利用天然食品防腐剂。但天然防腐剂的添加，使食品杀菌条件更趋温和，或可减少化学防腐剂的用量。天然食品防腐剂在安全性上比较有保证，还能更好地接近消费者的需要。目前，天然防腐剂受到抑菌效果、价格等方面的限制，其应用尚不能完全取代化学防腐剂。高效、广谱、无毒、天然食品防腐剂的寻找和筛选，对于促进食品工业的发展有着重要的科学意义和应用价值。

一、 微生物天然防腐剂

利用微生物之间的寄生、拮抗作用，是生物防治的理论基础，它比化学药剂处理更安全、有效。在研究中有人发现市场销售的封袋式“热狗”食品大都化验出内含李斯特菌，尽管李斯特菌具有令食之者中毒严重以致约1/3中毒者可因此毙命的危害性，但事实上吃“热狗”食品的消费者们却都安然无恙未受其害。原因何在呢？科学家们经进一步探查方发现，“热狗”食品中竟自发存在着一部分能抵御李斯特菌毒性作用的细菌素，正是由于这种微生物间的相互“搏杀”和抗衡才最终使食“热狗”的消费者免受了李斯特菌的毒害作用。细菌素实际是种微细蛋白质物质，系由某类细菌的分泌释放而产生，经验证明它对某些微菌杀伤力很强，但对另外其他微菌杀伤力破坏作用。常用的微生物防腐剂有乳酸链球菌素、纳他霉素等。

1. 乳酸链球菌素

（1）性状　乳酸链球菌素也称乳酸链球菌肽、尼生素（亦称乳链菌肽或音译为尼辛，Nisin），是某些乳酸链球菌在变性乳介质中发酵产生的一种小分子多肽抗菌物质。它的成熟分子由34个氨基酸残基组成，为灰白色固体粉末，是一种高效、无毒、安全、无副作用的天然食品防腐剂。乳酸链球菌素的溶解度和稳定性与溶液的pH有关。一般随pH下降稳定性增强，溶解度提高。pH8. 0时易被蛋白水解酶钝化。

（2）性能　乳酸链球菌素能有效地抑制许多革兰氏阳性菌，如金黄色葡萄球菌、溶血链球菌、链球菌、李斯特菌的生长和繁殖。在添加乳酸链球菌素的包装食品中，可以降低灭菌温度，缩短灭菌时间，改善食品的品质和节省能源，有效地延长食品保藏时间。也可以和其他防腐剂复合使用，以扩大抑菌范围，增强防腐效果。

(3) 毒性　乳酸链球菌素是一种对人体安全的天然防腐剂。乳酸链球菌素对蛋白水解酶特别敏感，在消化道中很快被 α – 胰凝乳蛋白酶分解。它对人体基本无毒性，也不与医用抗生素产生交叉抗药性，能在肠道中无害地降解。

(4) 应用　依照 GB 2760—2014《食品安全国家标准　食品添加剂使用标准》，乳酸链球菌素的使用范围和最大使用量 (g/kg) 为：醋 0.15；食用菌和藻类罐头、杂粮罐头、酱油、酱及酱制品、复合调味料、饮料类 (包装饮用水除外，固体饮料按冲调倍数增加使用量) 0.2；其他杂粮制品 (仅限杂粮灌肠制品)、方便米面制品 (仅限方便湿面制品、米面灌肠制品)、蛋制品 (改变其物理性状) 0.25；乳及乳制品、预制肉制品、熟肉制品、熟制水产品 (可直接食用) 0.5。

乳酸链球菌素使用方法可先将防腐剂粉体按设定量配成溶液，再直接与辅料、肉制品一起混合均匀或注射入肉制品中，也可喷涂于肉制品表面或在防腐液中浸渍一定的时间。操作过程简单，应用如在乳制品中，“无抗奶”这个对人们的安全健康具有重大意义的话题被大众关注。所谓“无抗奶”就是不含有抗生素的牛奶。乳酸链球菌素可取代抗生素治疗奶牛乳腺炎。它可用于乳制品和鲜奶运输过程中的保鲜。乳酸链球菌素不会进入肠道而改变肠道内的正常菌群。不会引起常用药用抗生素出现的抗药性。

2. 纳他霉素

(1) 性状　纳他霉素也称游链霉素，是由一种链霉菌经生物技术精炼而成的生物防腐剂。商品名称为霉克。纳他霉素为无气味、无味道的白色粉末。分子是一种具有活性的环状四烯化合物，含三份以上的结晶水，其微溶于水，溶于冰醋酸。pH 低于 3 或高于 9 时溶解度会有增高。对紫外线较敏感，故不宜光照。纳他霉素具有一定的抗热能力，在干燥状态下且能耐受短暂高温 (100℃)。如置于 50℃以上，超过 24h 活性的衰退有明显升高。纳他霉素活性稳定性还受氧化剂及重金属的影响。

(2) 性能　纳他霉素对真菌的抑菌作用极强。其抑菌原理是由于纳他霉素的活性是基于麦角固醇与真菌 (霉菌及酵母菌) 的细胞壁及细胞质膜的反应，导致细胞质膜破裂，使细胞液和细胞质渗漏，最终导致真菌死亡。它不仅能够抑制真菌，还能防止真菌毒素的产生。

纳他霉素对真菌极为敏感，使用微量即可作用。纳他霉素对付霉菌和酵母菌功效比山梨酸钾高 100 ~ 200 倍，纳他霉素在 pH3 ~ 9 中具有活性。纳他霉素 ADI 值 0.3mg/kg，是一种高效、安全的新型生物防腐剂。用纳他霉素进行食品防腐时，其防腐效果比同类制剂的优越性在于：pH 适用范围广，用量低，成本增加少，对食品的发酵和熟化等工艺没有影响，抑制真菌毒素的产生，使用方便，不影响食品的原有风味。

（3）毒性　纳他霉素 ADI 值 0 ~ 0.3mg/kg；LD_{50} 2.73g/kg。纳他霉素是一种天然、广谱、高效安全的酵母菌及霉菌等丝状真菌抑制剂，纳他霉素对人体无害，很难被人体消化道吸收，而且微生物很难对其产生抗性。

（4）应用　依照 GB 2760—2014《食品安全国家标准　食品添加剂使用标准》，纳他霉素最大使用量（g/kg）为：蛋黄酱、沙拉酱 0.02（残留量≤10mg/kg）；干酪和再制干酪及其类似品、糕点、酱卤肉制品类、熏、烧、烤肉类、油炸肉类、西式火腿（熏烤、烟熏、蒸煮火腿）类、肉灌肠类、发酵肉制品类、果蔬汁（浆）0.3（表面使用，混悬液喷雾或浸泡，残留量小于 10mg/kg）。发酵酒 0.01g/L。

由于纳他霉素溶解度很低等特点，通常用于食品的表面防腐。

二、其他天然防腐剂

其他天然防腐剂如溶菌酶。

（1）性状　溶菌酶又称胞壁质酶，是一种低相对分子质量的球状蛋白质，溶菌酶为白色结晶，易溶于水。溶菌酶是一种比较稳定的碱性蛋白质，最适 pH 为 6 ~ 7，最适温度为 50℃。在酸性条件下最稳定。加热至 55℃活性无变化，在 pH 3 时能耐 100℃加热 40 min，在中性和碱性条件下耐热较差，如在 pH7、100℃处理 10 min 即失活。在水溶液中加热至 62.5℃并维持 30min，则完全失活。

（2）性能　溶菌酶能催化细菌壁多糖的水解，从而溶解许多细菌的细胞壁，使细胞膜的糖蛋白类发生加水分解，而引起溶菌现象。溶菌酶对革兰氏阳性菌、枯草杆菌等均有良好的抗菌能力。研究表明溶菌酶、氯化钠和亚硝酸钠联合应用到肉制品中可延长肉制品的保质期，其防腐效果比单独使用溶菌酶或氯化钠和亚硝酸钠的效果更好。将溶菌酶与其他抗菌物如乙醇、植酸、聚磷酸盐、甘氨酸加以复配使用，效果会更好。目前，溶菌酶已用于面类、水产、熟食品、冰淇淋、沙拉和鱼子酱等的防腐。

（3）毒性　溶菌酶是一种专门作用于微生物细胞壁的水解酶，存在于高等动物的组织及分泌物中，植物和微生物中亦存在。其中在鲜鸡蛋中的含量最高，蛋清中的含量达 0.25% ~ 0.3%。作为一种存在于人体正常体液及组织中的非特异性免疫因素，溶菌酶对人体完全无毒、无副作用，且具有多种药理作用，它具有抗菌、抗病毒、抗肿瘤的功效。所以是一种安全的天然防腐剂。

（4）应用　依照 GB 2760—2014《食品安全国家标准　食品添加剂使用标准》，溶菌酶的使用范围和最大使用量（g/kg）为：发酵酒 0.5；干酪和再制干酪及其类似品按生产需要适量使用。

项目四

食品防腐剂的使用和发展趋势

近年来世界各国对食品的防腐虽然采用了很多先进的保藏手段，如气调速冻保藏、辐射保藏、真空充氮贮藏、低温贮藏、脱氧保藏等，但化学防腐剂的应用仍很普遍。食品防腐剂的使用，对食品工业的发展发挥了巨大的作用。而且防腐剂的品种不断增加，使用量逐年增长，因此利用防腐剂进行食品的防腐保鲜仍然是一种不可缺少的重要手段。立足于当前，我们必须正确地使用已有的食品防腐剂。

一、 食品防腐剂的使用

为了使防腐剂在食品中充分发挥作用，必须注意以下几个方面。

1. 使用时的注意事项

(1) 减少原料染菌的机会　食品加工用的原料应保持新鲜、干净，所用容器、设备等应彻底消毒，尽量减少原料被污染的机会。原料中含菌数越少，所加防腐剂的防腐效果越好。若含菌数太多，即使添加防腐剂，食品仍易于腐败。尤其是快要腐败的食品，即使加了防腐剂也如同没有添加一样。

(2) 确定合理的添加时机　防腐剂是在原料中添加还是添加到半成品中，或者添加在成品表面，应根据产品的工艺特性及食品的保存期限等来确定，不同制品的添加时机可有不同。

(3) 适当增加食品的酸度（降低 pH）　不同防腐剂的防腐作用的效果，受基质 pH 的影响较大。一般，对酸性防腐剂只有未离解的酸才具有抗菌作用。它能够通过微生物细胞的半透膜在细胞内部产生作用，防腐剂的作用浓度大大低于 1%。酸性防腐剂通常在 pH 较低的食品中防腐效果较好。此外，在低 pH 的食品中，细菌也不易生长。因此，若能在不影响食品风味的前提下增加食品的酸度，可减少防腐剂的用量。

(4) 与热处理并用　热处理可减少微生物的数量。因此，加热后再添加防腐剂，可使防腐剂发挥最大的功效。如果在加热前添加防腐剂，则可减少加热的时间。但是，必须注意加热的温度不应太高，否则防腐剂会与水蒸气一起挥发掉而失去防腐作用。

(5) 分布均匀　防腐剂必须均匀分布于食品中，尤其在生产时更应注意。对于水溶性好的防腐剂，可将其先溶于水，或直接加入食品中充分混匀，对于难溶于水的防腐剂，可将其先溶于乙醇等食品级有机溶剂中，然后在充分搅拌下加入食品中。有些防腐剂并不一定要求完全溶解于食品中，可根据食品的特性，将防腐剂添加于食品表面或喷洒于食品包装纸上。

此外食品中的水分活度及防腐剂在油相及水相中的溶解度之比（即分配系数的大小）也对防腐剂的防腐作用具有明显的影响。

2. 针对防治对象合理使用防腐剂

在食品的防腐保鲜中主要防治的微生物包括细菌、真菌的酵母，不同的食品需要防治的对象不同，如水果以真菌为主，肉类以细菌为主。因此要对不同食品针对其防治对象决定防腐剂品种，表2－2所示为一些常用食品防腐剂对微生物的作用情况。

表2－2　一些常用食品防腐剂对微生物的作用

食品防腐剂	细　菌	真　菌	酵　母
丙　酸	+	+ +	+ +
山梨酸	+	+ + +	+ + +
苯甲酸	+ +	+ + +	+ + +
尼泊金酯	+ +	+ + +	+ + +
亚硝酸钠	+ +	－	－

注：“＋”表示有抑制作用；“＋＋”表示有较强抑制作用；“＋＋＋”表示有强的抑制作用；“－”表示无抑制作用。

并且使用防腐剂方式必须合理，一种防腐剂要达到预期的效果必须有一定的浓度，因此绝不能“少量多次”地用药，而必须是在用药之始就达到足够的浓度，随后再保持一个维持浓度。另外，要根据实际情况，选择合适的防腐剂。

3. 食品防腐剂的混配使用

食品防腐剂的混配使用可以扩大使用范围，改变抗微生物的作用。至今没有发现能杀灭所有菌的药剂，也没发现只杀灭一种菌的药剂，也就是说各种杀菌剂都有一定的杀菌谱。一种食品中所含有的菌有时不是一种防腐剂都能抑制的。从理论上说，两种防腐剂混配使用的杀菌谱与单一种防腐剂的杀菌谱不同，因此混配使用的防腐剂就可以抑制一种防腐剂不能抑制的，或者需要在很高浓度下才能抑制的菌。例如山梨酸和苯甲酸混配使用要比单独使用能抑制更多的菌。

两种或几种防腐剂混配使用在抗菌能力上有下列三种可能：相加效应，也指各单一物质的效应简单地加在一起；协同效应，也称增效效应，是指混合物的效果比单一物质的效果显著提高，或者说在混合物中每一种药剂的有效浓度都比单独使用的浓度显著降低；拮抗效应，是指与协同效应相反的效应，即混合物的抑制浓度显著高于单一组成物质的浓度。表2－3所示为常用防腐剂混配使用的效果。

表2-3　　防腐剂混配使用的效果

		山梨酸	苯甲酸	尼泊金酯
在pH=6时对大肠埃希氏菌的作用	山梨酸		±	±→-
	苯甲酸	±		±
	尼泊金酯	±→+	±	
在pH=5时对啤酒酵母的作用	山梨酸		-	±→-
	苯甲酸	-		±→-
	尼泊金酯	±→+	±→-	
在pH=5时对黑曲霉的作用	山梨酸		±	-
	苯甲酸	±		±→-
	尼泊金酯	-	±→-	

注："-"表示拮抗作用；"±"表示相加效应；"+"表示增效效应。

防腐剂的混配使用尽管具有上述好处，但在实际工作中必须慎重，不能乱用混合防腐剂，因为若混用不当，不但造成防腐剂浪费，而且会促进微生物产生抗药性。防腐剂混配使用应遵循的原则是：只有那些对有互补作用和增效作用的防腐剂才能混合使用；杀菌谱互补的可以混合使用；作用方式互补的，如速效杀菌剂与迟效杀菌剂可以混配使用。例如在饮料中可并用二氧化碳和苯甲酸钠，有的果汁并用苯甲酸和山梨酸钾。并用防腐剂必须符合我国有关规定，用量应按比例折算且不超过最大使用量。由于使用卫生标准的限制，不同防腐剂并用的实例不多，但同一类防腐剂并用如山梨酸及其钾盐，对羟基苯甲酸酯类的并用则较多。

4. 食品防腐剂的交替使用

长期使用一种防腐剂会使防腐效果降低，这就是通常所说的抗药性。所谓抗药性，指的是当微生物反复不断地通过含有非致死浓度的防腐剂时所产生的抗活性物质能力，这里要区别适应性（非遗传性）和突变性（遗传性）。微生物的适应性是指在防腐剂作用停止时，微生物的抵抗力就消失，而突变性则指仍然保持其抵抗力。至于微生物对防腐剂的分解作用，不是抗药性。

为了解决微生物的抗药性问题，除了不断地研制新的防腐剂外，还需特别注意对现有防腐剂的合理使用。一种防腐剂无论开始时多么有效，也不能"长命百岁"地连年使用下去，应该是不同防腐剂交替使用。关于防腐剂的交替使用要特别注意两点：一是具有交叉抗性的防腐剂的交替使用没有意义；二是注意许多商品名称不同的防腐剂其有效成分是一样的。

5. 防腐保鲜必须立足于"防"与"保"

在食品防腐保鲜中，对于微生物必须立足于"防"，对于食品固有的色、香、味、形与营养成分必须立足于"保"。

无论是加工食品，还是果、蔬等鲜活食品，一旦发生腐烂变质，就不能用防腐剂来“治疗”。因此，对于微生物所致的腐烂变质，只能是在发生之前预防。

在贮藏期间对于食品的色、香、味、形及营养成分，应该立足于“保”。有人现正研究：对于各种水果具有的特有香味，能否在贮藏期间再在果实内合成？如现已知在草莓的贮藏环境中加入化学药剂可以产生乙酸乙酯，这是草莓特有香气的主要成分。如果这种方法能够成功，那就意味着可以在贮藏期间利用果蔬的生理活动为保鲜作出新贡献。

此外，将防腐剂与冷藏、辐射等共用可收到更好的效果。

为了保藏食品可采用罐藏、冷藏、干制、腌制或化学保藏等方法，各种方法都各具特点，虽然像正在迅速发展中的速冻之类的保藏法，对保持食品的品质来说是非常优越的，但亦受到设备与成本等条件的限制。在一定的条件下，配合使用防腐剂作为一种保藏的辅助手段，对防止某些易腐食品的损失有显著的效果。它使用简便，一般不需要什么特殊设备，甚至可使食品在常温及简易包装的条件下短期贮藏，在经济上较各种冷热保藏方法优越。所以现阶段防腐剂尚有其一定的作用。今后随着速冻或其他保藏新工艺的不断发展，防腐剂可逐步减少使用。

二、 食品防腐剂的发展趋势

食品的种类繁多，有害微生物也千差万别，因而少数几种防腐剂远不能满足食品工业发展的需要。今后，防腐剂必然要根据食品工业的发展来寻求新的发展道路。当然，有效、经济、安全仍是指导食品防腐剂发展的原则。还要开发和运用新的具有根本性变革的防腐技术，才能满足食品工业发展的要求。具体有以下三点。

1. 积极发展综合的防腐系统

前面已经提到，涉及食品安全性和保鲜质量的因素包括食品的性质和贮存条件，如温度、贮藏环境下的气体成分、食品的组分、pH、水的活度、氧化－还原电势、防腐剂等。因此，搞好食品防腐必须注意改进食品加工工艺，加强对食品的销售、贮藏条件的控制，防腐剂等多种抗菌、防腐方法的综合使用，避免单纯地依赖某一种抗菌、防腐手段。一种食品可以看成是一个生态系统，传统的防腐方法是运用激烈的手段，如盐腌、糖渍、干制、加热、极端的酸化等，虽然达到了防腐的目的，但使食品的内部和感官性质都受到了破坏。综合的防腐系统则是利用可以影响这个生态系统的各种因素，制止有害菌的活动，达到防腐的目的。

2. 不断开发和应用防腐剂新品种

目前使用的防腐剂的安全性是根据现在的资料及技术水平来评价作出的，但科学技术在不断地发展，分析测试手段不断提高，因而这些资料和评价都将受到检验，从而对防腐剂不断地进行取舍。不断开发和应用有效的、经济的、安全的防腐剂新品种，淘汰不宜使用的旧品种。

过去曾经用过的防腐剂如硼砂、甲醛、水杨酸等均已禁用；焦碳酸二乙酯，以前认为是一种安全理想的饮料防腐剂，但近年来发现用其处理的饮料能生成氨基甲酸乙酯，是一种广谱致癌物。

3. 天然防腐剂的应用

现在国内外都在大力寻找低毒、高效、广谱及经济实用的防腐剂，据科学家的预测，从动植物体或其代谢物中直接提取食品防腐剂将成为今后食品工业发展的四大趋势之一。合成类食品防腐剂与天然防腐剂复配也是一个研究方向。下面介绍几种研究比较多的天然防腐剂。

（1）植物中的抗菌成分　天然植物中存在许多生理活性物质具有抗菌作用。已鉴定发现300多种具有一定抗菌效果，如抗真菌作用较强的有：丁香、木香、大黄、荆芥、藿香、肉桂、茵陈、艾叶、川楝子、肉豆蔻、黄连、黄芩、紫草、黄柏等；抗细菌作用较强的有：千里光、藿香、乌梅、栀子、连翘、五味子、金银花、大青叶、桉叶、紫苏梗、厚朴、五倍子、虎杖、草珊瑚、白头翁、黄连等。

植物抗菌作用是指一种植物的提取物在体外能抑制防止微生物生长繁殖或具有杀灭作用，其机理主要是干扰微生物的代谢过程，影响其结构和功能，如干扰细菌细胞壁的合成、影响细胞膜的通透性、阻碍菌体蛋白质的合成和抑制核酸合成等。具有抗菌活性的植物有效成分结构类型较多，如：生物碱、皂苷类、内酯类、黄酮类、萜类、含硫化合物、酚、醇等。有人曾对22种挥发油抗菌活性进行研究，发现它们成分中均含有肉桂醛，抗菌能力强，是很好的粮食、水果防腐防霉剂。生物碱中小檗碱杀菌作用很强，该碱同时在黄连、黄柏、三颗针等植物中存在，这三种植物均有杀菌作用。可以看出，杀菌作用还是植物中化学成分在起作用，所以对不同植物有效成分抗菌作用机理研究，找出其构效关系，发现新的抗菌化合物结构，这将是该领域的一项突破。

抗菌植物主要的有香辛植物、中草药等。

①香辛植物。天然抗菌的食用香辛料植物很多，如胡椒、辣椒、肉豆蔻、香荚兰、姜和香芹子等，许多香辛料含有杀菌、抑菌成分，将它们提取出来用作天然防腐剂，既安全又有效。

据报道，香料植物中抑菌防腐作用最明显的是芥菜子，其活性物质是芥子提取物异硫氰酸烯内酯。芥菜子在阻止番茄酱的腐败中，具有较强的防腐作用。据试验，使用0.1%的苯甲酸钠并不能防止苹果汁的腐败，用芥末和苯甲酸钠，可阻止苹果汁的腐败。

芥子提取物阻碍微生物细胞呼吸等，抗菌范围广，在60mg/kg浓度以上就能抑制细菌、酵母菌；对霉菌、类似酵母菌的真菌抗菌效果最好。应用于焖菜类、面包、点心、饼类、渍物等。芥子提取物可抑制大肠菌的生长。据试验，分别将含10%的芥子提取物（水溶性制剂）以0.025%、0.05%、0.075%加到呈污染状态的盐渍茄子中10℃保存，对照不加芥子提取物的茄子，2周后酵母菌超过10^5个/g，

3 周后达 10^7 个/g，渍物变质。芥子提取物在食品中直接涂抹、浸渍或者气相接触，添加在食品表面很少的量，就可以发挥抗菌作用。实验证明添加 0.5g 芥菜子于 100g 苹果汁中，可防腐保存 4 个月。

具有较强的抗菌作用的有花椒、高良姜等。将香辛料以精油、浸提液的形式添加在西式火腿、香肠、点心等食品中，不仅起到防腐作用，而且还有增加食品风味的效果。

紫苏、大蒜、白胡椒、豆蔻等也有抑菌作用。实验中人们发现某些天然的抗菌成分多存在于果蔬的风味物质中，如蒜属植物中的丙基二硫化物、紫苏属植物中的紫苏醇等。大蒜是百合科植物，具有很强的杀菌、抗菌能力，大蒜的杀菌、抗菌成分为蒜辣素和蒜氨酸，前者有令人不愉快的臭气，而后者则无，故适合用作食品防腐剂的主要是蒜氨酸。有利用生姜、荸荠皮提取物的混合液进行食品防腐的效果评价，发现它们的抑菌 pH 范围较广，对碱性食品同样适用。有研究大蒜、洋葱、生姜汁抗青霉素、氯霉素的量效关系，认为其辛辣组分是抗菌有效成分。紫苏叶洗净晾干后浸渍于装有酱油的容器中，具有很好的防腐效果，还可增加酱油的醇香味。月桂树干叶加到猪肉罐头内，不仅能起到防腐作用，还能使猪肉增加特殊的香味。

食用香料植物之所以能防腐抑菌，真正起作用的活性物质是精油。有研究认为精油中的类萜类降低生物膜的稳定性，从而干扰了能量代谢的酶促反应。有认为桂醇、茴香脑等有效芳香抗菌成分的抗菌性是基于孢子对抗菌剂的吸收。肉豆蔻中所含的肉豆蔻挥发油、肉桂中所含的挥发油等均有良好的杀菌、抗菌作用。有实验发现用 0.1% 的香叶醇处理果实可减少柑橘腐烂发病率 40% ~98% 。

上面所介绍的香辛料的抗菌成分几乎都是挥发性的精油成分，而非挥发性成分也有很多已确认具有抗菌性，如辣椒中的辣味成分辣椒素具有显著的抗菌力。

此外，食用香辛料植物成分之间还存在抗菌性的协同增效作用。如将花椒、高良姜等组成复方抗菌效果更好。香兰素和桂醇两者也存在协同效应，香兰素添加量过大，会引起食品的褐变，桂醇浓度高时，会有损食品原有的风味。两者混合使用时其用量大为减少，既能发挥防霉作用，对加香调味也非常有利。

此外，将香辛料与少量的其他天然防腐物如鱼精蛋白并用，可以提高防腐效果。

②中草药。我国中草药品种繁多，资源十分丰富，常用的有数百种，历史悠久。从天然中草药中分离、提取天然食品防腐剂具有十分实际的意义。

如有研究者采用 80% 乙醇浸渍法提取荷叶中的抑菌成分，结果发现该提取物对细菌及酵母等主要靠无性裂殖繁殖的微生物具有明显的抑制作用，其最低抑菌浓度（MIC）大都不超过 8% ，且在弱碱条件下效果最好。同时发现 80% 乙醇提取物较稳定，能耐高温短时及超高温瞬时的热处理条件。有人发现银杏叶的醇 – 水提取物对食品中常见的一些革兰氏阴性菌和阳性菌有强烈的抑制作用。并认为提取物中多种长链酚类物质如白果酸、白果酚及漆树酸是抗菌的主要物质。

还有如鱼腥草的提取物具有抗菌作用，对金黄色葡萄球菌、链球菌有很好的抑制作用。有人对几种中药进行了抑菌实验，发现乌梅对细菌、酵母菌和青霉有较强的抑制作用，并且使用pH范围较宽。在实验中发现，陈皮、藿香、艾叶和桂皮醇对抗霉菌活性均有明显作用 。有用大黄与厚朴的提取物混合加在食品中长期保存，抗菌活性不受温度（100℃以下）、pH的影响，而且水溶性好，添加方便。

此外还有如柑橘果皮、苹果渣的果胶酶分解物有抗菌活性。有抗菌性的果胶分解物主要是聚半乳糖醛酸及半乳糖醛酸，其抗菌性受pH影响，pH6.0以下抗菌性强，pH >6.0抗菌性低。一般食品中添加0.1% ~0.3%，如汤面保存试验，未添加果胶分解物的于20℃保存到第2d达10^8个/L以上的生菌数，产生混浊，而加0.3%果胶分解物（pH4.9）的经过5d后，生菌数仅10^3个/L以下，不产生混浊。

日本厚生省已经批准了齐墩果、瓦嵩、白柏、厚朴、连翘的提取物作为食品防腐剂，用来取代苯甲酸钠、山梨酸。

中草药成分之间也存在抗菌性的协同增效作用，有人用金银花等几种中草药提取液进行研究，发现药物配伍协同作用是增加抗菌效价的一种有效途径。有用壳聚糖—中草药复合制剂，对米饭、泡菜、午餐肉、豆沙、土豆泥、果汁饮料、果酱、水果罐头等八种食品的保鲜，效果优于苯甲酸钠、山梨酸钾。

依照GB 2760—2014《食品安全国家标准　食品添加剂使用标准》，目前还没有将抗菌植物列为食品防腐剂，主要还是应用研究。如茶多酚对细菌有广泛抑制作用，但茶多酚仅是抗氧化剂。

（2）动物中的抗菌物　动物成分的抗菌物有分离自蟹、虾的壳聚糖，大马哈鱼及鲱鱼的鱼精蛋白抽提物——鱼精蛋白，牡蛎壳烘成的钙等。

①壳聚糖。壳聚糖即脱乙酰甲壳质，又称几丁质、甲壳素，化学名称为聚*N*-乙酰葡萄糖胺，学名为聚2-氨基-2-脱氧-D-葡萄糖，分子式$C_{30}H_{50}N_4O_{19}$，相对分子质量770.73。

壳聚糖为含氮多糖类物质，约含氮7%，化学结构与纤维素相似，是黏多糖类之一。呈白色或淡黄色粉末状，不溶于水、有机溶剂和碱，溶于盐酸等强酸，能溶于醋酸、乳酸、苹果酸等，但也难溶于柠檬酸等。壳聚糖对大肠杆菌、普通变形杆菌、金黄葡萄球菌、枯草杆菌等有良好的抑制作用，并且还有抑制鲜活食品生理变化的作用。其抗菌作用是能作用于微生物细胞表层，影响物质透过性，损伤细胞。壳聚糖的脱乙酰程度越高，即氨基越多，抗霉活性越强，对细菌有广谱抗菌性。

壳聚糖广泛存在于甲壳类虾、蟹、昆虫等动物的外壳和低等植物如菌、藻类的细胞壁中，此外在乌贼、水母和酵母等中亦有存在。

实验证明，壳聚糖在果实表面能形成一层不易察觉、无色透明的半透膜，能有效地减少氧气进入果实内部，显著地抑制了果实的呼吸作用，再加上其抗菌作用，故可达到推迟生理衰老、防止果实腐败变质的效果。将壳聚糖制成溶液喷涂于经清洗或剥除外皮的水果上，壳聚糖干后形成的薄膜无色无味通气，食用时不必清除薄膜；因此，壳聚糖可用作食品，尤其是水果的防腐保鲜剂。

壳聚糖应用于保存食品必须注意下面几点：如食品 pH 在 6 ~ 7 以上时壳聚糖呈胶态，则抗菌性低。壳聚糖是蛋白凝聚剂，蛋白质浓度高的食品，由于凝聚作用使壳聚糖的抗菌性降低。因此，壳聚糖适用于 pH 偏酸性及蛋白质少的食品保存。如盐渍白菜，添加壳聚糖 0.0125% ~0.05%，于 30℃分别保存 43.5 ~90.5h，而对照不加壳聚糖的仅保存 15h，生菌数达 10^6 个/mL。

依照 GB 2760—2014《食品安全国家标准　食品添加剂使用标准》，甲壳素作为增稠剂、稳定剂使用。

②鱼精蛋白。鱼精蛋白是一种相对分子质量从数千到 12000 的碱性多肽构成、结构简单的球形蛋白质；含大量氨基酸，其中 70% 为精氨酸。主要来自大马哈鱼、鲱鱼的鱼精，分别称为大马哈鱼精蛋白、鲱鱼鱼精蛋白。它对细菌、酵母菌、霉菌有广谱抗菌作用，特别对革兰氏阳性菌抗菌作用更强，对枯草杆菌、芽孢杆菌、胚芽乳杆菌、干酪乳杆菌等均有良好的抗菌作用，最小抑菌浓度为 70 ~400mg/mL。

鱼精蛋白的作用机制是抑制线粒体与传递系统中的一些特定成分，抑制一些与细胞膜有关的新陈代谢过程，从而使细胞死亡。

鱼精蛋白在碱性介质中有较高的抗菌能力，在酸性（pH 小于 6）介质中抗菌能力较低。在钙镁等 2 价阳离子及磷酸、蛋白质等存在时有抑制抗菌力倾向。鱼精蛋白抽提物热稳定性高，120℃加热 30min 也能维持活性。

鱼精蛋白已被广泛应用于各种食品中，加在水产品、米面制品、畜肉、蛋、奶、果蔬中都取得较好的防腐效果，如鱼精蛋白能有效延长鱼糕制品的保存期。当鱼精蛋白的添加量达到 1% 时，在 12℃和 24℃的有效保存期分别为 8 d 和 6 d。在牛奶、鸡蛋布丁中添加 0.05% ~0.1% 的鱼精蛋白，能在 15℃保存 5 ~6d，而对照组（不添加鱼精蛋白的）第 4d 就开始变质。实际应用上常将鱼精蛋白和其他药剂或其他保存方法并用，如鱼精蛋白与山梨酸并用，不但能在较宽的 pH 范围内具有抗菌效果，而且还能够得到两者并用的复合抗菌效果。鱼精蛋白与 0.01% ~0.02% 的山梨酸混合使用，即使其浓度比单用鱼精蛋白或山梨酸的浓度低也可取得相同的抗菌效果。鱼精蛋白与其他添加剂如与甘氨酸、醋酸钠、乙醇、单甘油酯等并用或加热后并用抗菌有相乘效果，适用的食品防腐范围也更广。

目前还没有将抗菌动物成分列为食品防腐剂，主要还是应用研究。但是按照 GB 2760—2014《食品安全国家标准　食品添加剂使用标准》，溶菌酶已经在食品生产中使用。

项目五 果蔬防腐剂

新鲜果蔬易受病原微生物侵染而腐败变质。因此，世界各国都十分重视果蔬采后的防腐保鲜工作。随着生产和生活的发展和提高，人们对果蔬的防腐保鲜日益重视，我国是一个农业大国，果蔬品种繁多。目前由于缺乏必要的手段，致使我国果蔬腐烂损失率每年达20%。

目前最常用的防腐保鲜手段有低温法、气湿法。但即使在低温和气调条件下，如果没有防腐保鲜剂的配合，许多果蔬也很难有理想的保鲜效果。因此实际最主要的是进行化学处理，如采用防霉、杀菌、被膜、代谢控制剂处理等方法，以延长果蔬保存期。在所用果蔬防腐保鲜中主要是一些广谱、高效、低毒的防腐剂。

一、 果蔬防腐保鲜剂的主要类型

1. 溶液浸泡型防腐保鲜剂

这类保鲜剂主要制成水溶液，通过浸泡达到防腐保鲜的目的，是最常用的防腐保鲜剂。该类保鲜剂能够杀死或控制果蔬表面或内部的病原微生物，有的也可以调节果蔬代谢。

（1）苯并咪唑及其衍生物　该类保鲜剂主要有苯来特、噻苯唑、托布津、甲基托布津、多菌灵等，是高效、广谱的内吸性杀菌剂，可以控制青霉菌丝的生长和孢子的形成。但长期使用易产生抗性菌株，并且对一些重要的病原菌如根霉、地霉、毛霉以及细菌引起的软腐病没有抑制作用。

（2）新型抑菌剂　主要有抑菌唑、双胍盐、米鲜安、三唑灭菌剂、抑菌脲、瑞毒霉、乙磷铝等。这类保鲜剂是广谱性的，对苯并咪唑类有抗性的菌株有效。如抑菌唑主要用于柑橘，对青霉菌孢子的形成有抑制作用，具有保护及治疗功能。双胍盐水溶液对柑橘和甜瓜的酸腐病、青霉、绿霉、抗对苯并咪唑类的菌株有强抑制作用。来鲜安抑制青霉、抗苯来特和噻苯唑的菌株，常用于桃、李。三唑灭菌剂对酸腐病有强抑制作用，常用于梨。瑞毒霉可以有效控制疫霉引起的柑橘褐腐病。

（3）防护型杀菌剂　该类有硼砂、硫酸钠、山梨酸及其盐类、丙酸、邻苯酚（HOPP）、邻苯酚钠（SOPP）、氯硝胺（DCNA）、克菌丹、抑菌灵等。其主要作用是防止病原微生物侵入果实，对果蔬表面的微生物有杀灭作用，但对侵入果实内部的微生物效果不大。目前主要用作洗果剂。最常用的是邻苯酚钠，在使用中要严格控制 pH 在 11～12，处理柑橘时并加入六胺及 NaOH。

（4）植物生长调节剂　该剂可使果蔬按照人们的期望去调节和控制采后的生命活动。目前主要有生长素类、赤霉素类和细胞分裂素类。如植物激素 2，4－D

与托布津或多菌灵配合作用，对柑橘保鲜效果很好；赤霉素对柑、蕉柑有很好的效果；6－基腺嘌呤对多种蔬菜有明显的保绿效果。

（5）中草药煎剂　近年来，中草药煎剂用于果品保鲜的研究日益增多。中草药中含有杀菌成分并且具有良好的成膜特性。现在研究利用的主要有香精油、高良姜煎剂、魔芋提取液、大蒜提取液、肉桂酸等。但是，由于中草药有效成分的提取及大批量生产中存在着很多问题，因此尚未大量利用。

2. 吸附型果蔬防腐剂

这类保鲜剂主要用于清除贮藏环境中的乙烯、降低 O_2 含量、脱除过多的 CO_2、抑制果蔬后熟。主要有乙烯吸收剂、吸氧剂和 CO_2 吸附剂。乙烯吸收剂主要有高锰酸钾，载体如沸石、膨润土、过氧化钙，铝、硅酸盐或铁、锌等。吸氧剂主要有亚硫酸氢盐、抗坏血酸、一些金属如铁粉等。CO_2 吸附剂主要有活性炭、消石灰、氯化镁等。另外，焦炭分子筛既可吸收乙烯，又可吸收 CO_2。

吸附剂一般都是装入密闭包装袋中，与所贮藏的果蔬放到一块。使用中应选择适当的吸收剂包装材料，以使吸附剂能起到最大作用。

3. 熏蒸型保鲜剂

这类熏蒸剂在室温下能够挥发，以气体形式抑制或杀死果蔬表面的病原微生物，而其本身对果蔬毒害作用较小。目前已经大量用于果蔬及谷物。常见熏蒸剂有仲丁胺、O_3、SO_2 释放剂、二氧化氮、联苯等。

熏蒸剂在使用中要掌握好浓度和熏蒸时间。SO_2 是最常用的一种熏蒸剂，主要用于葡萄的保鲜，对灰霉葡萄孢和链格孢菌有较强的抑制作用。

二、常用果蔬防腐保鲜剂

1. 肉桂醛

肉桂醛又称桂醛、RQA，化学名称为苯丙烯醛。肉桂醛可由桂皮等植物体提取，也可由化学合成。

（1）性状　肉桂醛纯品为无色至淡黄色油状液体，具强烈的肉桂臭，具甜味，溶于乙醇、油脂等；微溶于水。

肉桂醛 1/4000 浓度时，对黄曲霉、黑曲霉、橘青霉、串珠镰刀菌、交链孢霉、白地霉、酵母等均有抑制效果。

（2）毒性　肉桂醛大鼠经口服 LD_{50} 为 3200mg/kg 体重，最大无作用剂量 MNL 为 125mg/kg 体重，肉桂醛在人体内有轻度蓄积性。

（3）应用　依照 GB 2760—2014《食品安全国家标准　食品添加剂使用标准》，肉桂醛可用于经表面处理的鲜水果，按生产需要适量使用，残留量≤0.3mg/kg。

其使用方法可将肉桂醛制成乳液浸果，也可将肉桂醛涂在包果纸上，利用它的熏蒸性起到防腐保鲜作用。将这种包果纸用于柑橘保藏。

2. 乙氧基喹(啉)

乙氧基喹亦称虎皮灵、抗氧喹。化学名称为6-乙氧基-2,2,4-三甲基-1,2-二氢喹啉,简称EMQ。由于它可防治苹果贮藏期的虎皮病而得此名。

(1)性状 乙氧基喹为淡黄色至琥珀色的黏稠液体,在光照和空气中长期放置可逐渐变为暗棕色的黏稠液体,但不影响质量。不溶于水,可与乙醇任意混溶。乙氧基喹制成50%乳液即为“虎皮灵”,能很好地分散于水。

(2)毒性 乙氧基喹小鼠经口服 LD_{50} 为1680~18080mg/kg体重,ADI为0.06mg/kg体重。乙氧基喹由消化道吸收,在体内大部分脱去乙基或羟基后由尿排出,少量未经代谢部分由胆汁排出,无蓄积作用。

(3)应用 依照GB 2760—2014《食品安全国家标准 食品添加剂使用标准》,乙氧基喹作防腐剂,用于经表面处理的鲜水果,可按生产需要适量使用,残留量≤1mg/kg。

乙氧基喹可用于苹果、梨等贮藏期防治虎皮病。乙氧基喹用于水果贮藏可单独使用,也可与其他药剂(如防腐剂等)混合使用。使用方法可浸果,也可熏蒸。将乙氧基喹配成乳液,药液中乙氧基喹浓度为2000~4000mg/kg,水果用此药液浸后贮藏;将乙氧基喹加到纸上制成包果纸,或加到聚乙烯中制成加药塑料膜单果包装袋,或加到果箱隔板等处,借其挥发性而起到熏蒸作用。

三、 果蔬防腐保鲜剂的使用与研究

1. 果蔬防腐保鲜剂使用中应注意的问题

(1)不可夸大果蔬保鲜剂的作用。果蔬贮藏保鲜是一个系统工程,它涉及果蔬种类和品种的贮藏性、生长的环境条件、农业栽培技术、采后处理及贮运条件等多方面的因素,不能单靠保鲜剂解决问题。

(2)对症下药。应该在搞清楚引起果蔬腐败变质的可能原因及病原菌之后,有根据地选择保鲜剂,有效地控制果蔬的腐烂变质。

(3)选择适当的保鲜剂浓度和作用条件。药剂保鲜剂浓度决定效果,过高造成浪费,过低达不到效果。此外,保鲜剂的作用条件也直接影响效果,不适宜的条件可导致药效丧失。例如,灭菌水剂或膜剂的pH影响果蔬表皮组织对保鲜剂的吸收。

(4)保鲜剂配伍合理。配伍时应该弄清楚保鲜剂的理化性质和作用范围,配伍时应注意以下三点:①偏酸性的不宜和偏碱性药剂配合。②配合后产生化学效应,引起果蔬药害的不能配伍。③混合后出现破坏剂型的不能配伍。

(5)防止抗性菌株的出现。连续使用同一种保鲜剂,可能出现抗性菌株,降低杀菌或抑菌效果,因此要交替使用不同生化作用的保鲜剂。

（6）要按照保鲜剂的说明用药，避免超过安全范围。

2. 果蔬防腐保鲜剂的研究发展方向

目前果蔬防腐保鲜剂的研究主要侧重于提高药效、降低残留，即不仅追求其活性和效果，而且也要求对环境和人体健康的影响小。同时，也注重于药剂保鲜剂的合理配伍，以提高其防腐保鲜的效果。据研究报道，特克多、扑海因和赤霉素配合处理芒果后打蜡能有效延缓衰老。

从天然资源中寻找活性物质来代替化学保鲜剂近年来受到国内外的广泛重视。从植物粗提物中提取具有杀菌活性成分，可用于果蔬的防腐保鲜，并且安全性高。例如，日本从罗汉柏中提取出罗汉柏醇用于果品杀菌；我国的一些大学、研究所等也研究了中草药的杀菌成分对果品贮藏保鲜的效果。中国具有丰富的天然植物中草药资源，研制天然中草药防腐保鲜剂是一个很有潜力的发展方向。

总之，从当前总的发展情况来看，对果蔬防腐保鲜剂的研究应向天然、安全、有效的方向发展。对高效无残留化学保鲜剂、天然植物产品，拮抗微生物等的研究将成为果蔬保鲜剂的研究重点。

思考题

1. 食品变质的主要表观现象是什么？导致食品变质败坏的主要因素是什么？
2. 简述防腐剂抗菌作用的一般机理。
3. 防腐剂在食品中充分发挥作用，必须注意哪些方面？
4. 试比较几种化学防腐剂的共同点和不同点。
5. 举例阐述一类天然防腐剂的性质、特点和应用。

实训内容

实训一 芹菜汁的防腐保藏

一、实训目的

通过添加防腐剂和未添加防腐剂的芹菜汁的比较，掌握防腐剂在防止蔬菜汁腐败变质过程中的作用。

二、实训材料

芹菜；苯甲酸钠；山梨酸钾。

三、实训步骤

1. 操作步骤

（1）芹菜预处理：选择新鲜、无变色、健壮的市售芹菜，去除根与其他杂物，保留芹菜叶、茎，将芹菜清洗干净。

（2）芹菜汁的制备：芹菜叶、茎置于榨汁机中榨汁，取汁加热至微沸，离心（4000r/min，15min），取上清液即实验料液芹菜汁。

（3）将芹菜汁做两个平行试验，每组试验的芹菜汁为20.0g。第一组芹菜汁不加任何防腐剂，做对照用；第二组芹菜汁添加苯甲酸钠、山梨酸钾，与芹菜汁搅匀，3~7d后观察，比较2组试验结果。

2. 实训要求

（1）根据实训原理，计算第二组芹菜汁添加苯甲酸钠、山梨酸钾的量。并交指导老师检查。

（2）可以选择新鲜、市售的时令蔬菜；上网查找，自行设计实验步骤。

（3）对实训进行总结，写出实训报告。

四、思考题

（1）本实训原理是什么?

（2）请列举几种防止蔬菜汁发生腐败变质的方法。

（3）如果单独使用苯甲酸钠或者山梨酸钾，是否对蔬菜汁也可取得抗腐败效果?

实训二 果酱的防腐保藏

一、实训目的

通过添加防腐剂和未添加防腐剂的果酱的比较，掌握防腐剂在防止果酱腐败变质过程中的作用。

二、实训材料

苹果；白砂糖；柠檬酸山梨酸钾。

电炉，捣碎机。

三、实训步骤

1. 工艺流程

原料选择→原料处理→煮制→打浆→浓缩→装罐及封盖→杀菌及冷却→成品。

2. 实训配方

苹果肉100，白砂糖20，柠檬酸0.1，山梨酸钾0.03。

3. 操作步骤

（1）原料处理　选用新鲜良好、成熟适度、果肉致密、坚韧、香味浓的苹果，用清水清洗干净，削除果皮，切块，用刀挖净果核，立即投入5%盐水中护色。

（2）预煮　将处理后的果肉称取一定量置于钢锅中加上占果肉重10%~20%的清水，加柠檬酸0.1%、抗坏血酸0.1%，煮1min，并不断搅拌，使上下层的果块软化均匀。

（3）打浆　煮后的果块，加入砂糖，用捣碎机打成浆状。

（4）煮制　将果浆倒入不锈钢锅中，加热软化 10 ~ 15min。继续浓缩，并用勺子不断搅拌，当果浆向下流成片状时即可，出锅前将果浆做 2 个平行试验，第一组果浆不加任何防腐剂，做对照用；第二组果浆添加山梨酸钾 0.03%，与果浆样搅匀，3 ~ 7d 后观察，比较 2 组试验结果。

（5）装罐　将浓缩后的苹果酱趁热装入经洗净消毒的玻璃瓶中（玻璃瓶、罐盖与胶圈先经水洗，100℃热水煮 5min），装罐后立即加盖旋紧密封。

（6）杀菌公式为（10 - 15）/100℃。

（7）冷却　在热水池中分段冷却，至 35℃以下。

四、思考题

（1）本实验原理是什么？

（2）请列举几种防止果酱腐败变质的方法。

实训三　面包的防霉

一、实训目的

通过添加防腐剂和未添加防腐剂的面包的比较，掌握防腐剂在防止面包腐败变质中的作用。

二、实训材料

面粉；干酵母粉；白砂糖；盐；花生油；丙酸钙。

烤盘；烤箱；调温稠湿箱。

三、实训步骤

1. 工艺流程

原料选择→原料处理→煮制→打浆→浓缩→装罐及封盖→杀菌及冷却→成品。

2. 实训配方

面粉 300g；干酵母粉 6g；砂糖 15g；盐 3g；花生油少许。

3. 操作步骤

（1）按重量比和面粉重量，把丙酸钙配制浓度的溶液备用。

（2）30% 面粉 、干酵母粉、砂糖、盐、适量水混合，揉成均匀面团。把盛面团的容器上面盖一层纱布，放温暖处（约 28℃）发酵。

（3）在第一次发酵后，将制备的丙酸钙溶液随剩余料一起拌入，和面。放温暖处（约 28℃）再次发酵。并且制作空白对照组（不加丙酸钙的）。

（4）二发结束后，面团揉搓，整形制成小面团。

（5）烤箱预热 200℃；烤盘表面刷上一层花生油，将小面团逐一摆好；放烤箱烘烤约 15min，即为成品面包。中间注意上色情况。

（6）面包烘烤成熟后，待其自然冷却到室温，然后用单层聚丙烯塑料食品袋包装。

(7) 置于调温调湿箱中（30~36℃，相对湿度80%~90%）存放，3~5日观察、记录其自然生霉情况。

四、思考题

(1) 本实验原理是什么？

(2) 计算面包中可以添加的丙酸钙的量。

(3) 请列举还可以防止面包腐败变质的方法。

模块三

食品抗氧化剂

学习目标与要求

了解食品抗氧化剂作用机理，发展；掌握各种抗氧化剂的性能、应用。

学习重点与难点

重点：各种食品抗氧化剂的应用。

难点：各种食品抗氧化剂的作用机理。

学习内容

食品变质除微生物引起腐败外，氧化也是一个重要的因素，特别是油脂和含油食品。油脂和含油脂的食品在贮藏、加工及运输过程中均会自然地氧化，产生哈喇味，造成食品品质下降，营养价值降低。此外，肉类食品的变色、果蔬的褐变、啤酒的异臭味及变色，也与氧化有关。因此防止氧化已成为食品企业的一个重要问题。

防止食品氧化，除了采用密封、排气、避光及降温等措施外，适当地使用一些安全性高、效果显著的抗氧化剂，是一种简单、经济而又理想的方法。

依据 GB 2760—2014《食品安全国家标准　食品添加剂使用标准》，抗氧化剂是能防止或延缓油脂或食品成分氧化分解、变质，提高食品稳定性的物质。

食品抗氧化剂按溶解性可分为油溶性、水溶性两类。油溶性抗氧化剂常用于油脂类的抗氧化作用，如丁香羟基茴香醚、二丁基羟基甲苯、没食子酸丙酯、维生素 E 等；水溶性抗氧化剂多用于食品色泽的保持及果蔬的抗氧化如抗坏血酸及其盐类、异抗坏血酸及其盐类及植酸等。

作为食品抗氧化剂应具备的条件是：抗氧化效果优良，低浓度有效；稳定性好，与食品可以共存，对食品的感官性质无影响；本身及分解产物都无毒、无害；使用方便，价格便宜。

项目一
食品抗氧化剂的作用机理

氧化的发生机理：由活性氧引起的游离基反应可产生许多变化，如生物体内的氧化还原、老化及食品品质的劣变等。活性氧即单重态氧，可以还原为过氧化氢（H_2O_2），H_2O_2 与金属离子在紫外线照射的作用下生成氢氧游离基（·OH）和其他种类游离基，所有这些活性物质与生物体或食品中的成分均可发生明显的相互作用，其结果是通过成分的氧化而发生老化、变质。过剩的活性氧（自由基）如缺乏抗氧化剂的保护，将引起大量的有害反应。

一、 抗氧化机理类型

1. 抗氧化剂是还原剂

抗氧化剂借助还原反应，降低食品体系及周围的氧含量，即抗氧化剂本身极易氧化，因此有食品氧化的因素存在时（如光照、氧气、加热等），抗氧化剂就先与空气中的氧反应，避免了食品氧化。

2. 抗氧化剂是过氧化物分解剂

该类抗氧化剂可放出氢离子将氧化过程中产生的过氧化物破坏分解；在油脂中具体表现为使油脂不能产生醛或酮酸等产物。

3. 抗氧化剂是自由基吸收剂

自由基吸收剂主要是指在油脂氧化中能够阻断自由基连锁反应的物质，它们一般为酚类化合物，如丁基羟基茴香醚、特丁基对苯二酚、生育酚等；具有电子给予体的作用，可能与氧化过程中的氧化中间产物结合，从而阻止氧化反应的进行。例如丁基羟基茴香醚的抗氧化作用是由它放出氢原子阻断油脂自动氧化而实现的。

4. 抗氧化剂是金属离子螯合剂

该类抗氧化剂如 EDTA、柠檬酸等，可通过对金属离子的螯合作用，减少金属离子的促氧化作用。

5. 酶抗氧化剂

有些抗氧化剂是酶抑制剂，有葡萄糖氧化酶、超氧化物歧化酶（SOD）、过氧化氢酶、谷胱甘肽氧化酶等酶制剂，它们的作用是可以阻止或减弱氧化酶类的活动，除去氧（如葡萄糖氧化酶）或消除来自于食物的过氧化物（如超氧化歧化酶对超氧化物自由基的清除）。

二、 食品抗氧化剂的作用机理

食品抗氧化剂的作用机理比较复杂。

以油脂自动氧化为例，简单说明抗氧化剂的作用机理。食用油脂中有不饱和键，在氧气、水、金属离子、光照及受热的情况下，油脂中不饱和键变成酮、醛及醛酮酸。反应式如下：

$$RH + O_2 \rightarrow R + OH$$
$$R\cdot + O_2 \rightarrow ROO\cdot$$

若以 AH 或 AH_2 表示抗氧化剂，则其可以 $R\cdot + AH_2 \rightarrow RH + AH\cdot$、$ROO\cdot + AH_2 \rightarrow ROOH + AH\cdot$、$ROO\cdot + AH\cdot \rightarrow ROOH + A\cdot$ 等方式切断油脂自动氧化的连锁反应，从而防止油脂继续被氧化。

产生的基团可以 $A\cdot + A\cdot \rightarrow A-A$ 和 $ROO\cdot + A \rightarrow ROOA$ 的方式再结合成二聚体和其他产物。

（式中 $AH\cdot$、AH_2：抗氧化剂；RH：油脂中不饱和脂肪酸；$RO\cdot$：脂质游离基；$ROO\cdot$：脂质过氧基）

以鱼油为例，鱼油在空气中放置一段时间后，质量会增加，这主要是由于鱼油中生成了过氧化物（图 3－1），在油脂中添加抗氧化剂，则随着时间的延长，油脂生成过氧化物的速度减慢（图 3－2）。

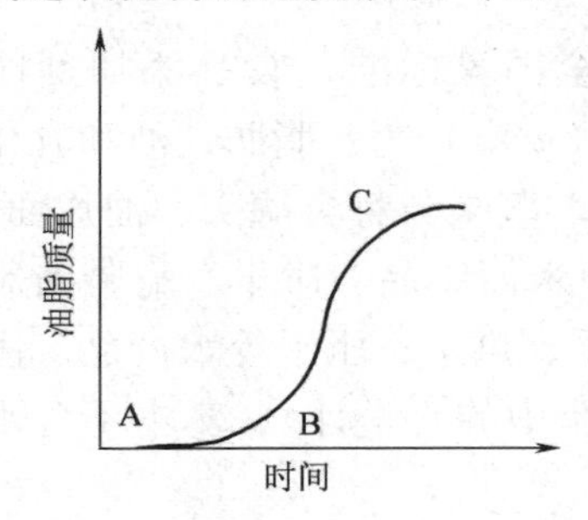

图 3－1　鱼油放置空气中时质量增加

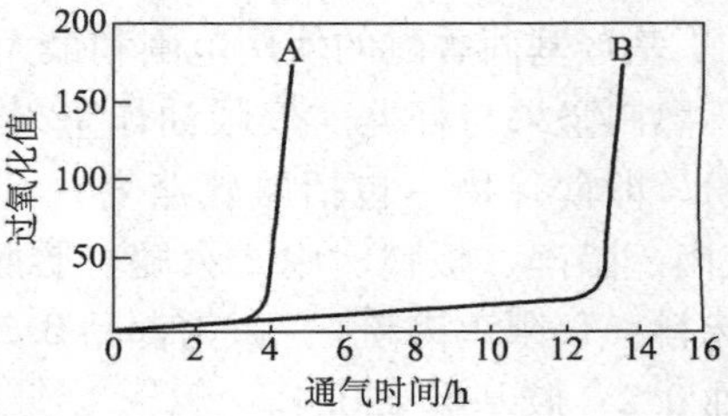

图 3－2　抗氧化剂对脂肪氧化作用速度的影响
A—无抗氧化剂的情况　B—有抗氧化剂的情况

项目二

油溶性食品抗氧化剂

油溶性食品抗氧化剂能均匀地分布于油脂中，对油脂食品可以很好地发挥其抗氧化作用。按来源可分为人工合成抗氧化剂和天然抗氧化剂。

一、 合成抗氧化剂

目前各国使用的食品抗氧化剂大多是合成的，下面介绍使用较广泛的几种。

1. 丁基羟基茴香醚

丁基羟基茴香醚又称叔丁基－4－羟基茴香醚，又称丁基大茴香醚（简称BHA）。分子式 $C_{11}H_{16}O_2$，相对分子质量 180.25。

（1）性状　丁基羟基茴香醚为无色至微黄色的结晶或白色结晶性粉末，具有特异的酚类的臭气及刺激性味道，不溶于水，可溶于猪脂、植物油等油脂及乙醇；对热稳定，没有吸湿性，在弱碱性条件下不容易破坏。BHA 具有挥发性，在直线光线长期照射下，色泽会变深。不会与金属离子作用而着色，使用方便。缺点是成本较高。

（2）性能　丁基羟基茴香醚用量为 0.02% 较用量为 0.01% 的抗氧化效果增高 10%，但用量超过 0.02% 时，其抗氧化效果反而下降。在猪脂中加入 0.005% 的 BHA，其酸败期延长 4～5 倍，添加 0.01% 时可延长 6 倍。BHA 与其他抗氧化剂混用或增效剂等并用，其抗氧化作用更显著。

BHA 除抗氧化作用外，还具有相当强的抗菌力，可阻止寄生曲霉孢子的生长和黄曲霉毒素的生成。BHA 的抗霉效力比对羟基苯甲酸丙酯还强。

（3）毒性　ADI 为 0～0.5mg/kg 体重；安全。

（4）应用　依照 GB 2760—2014《食品安全国家标准　食品添加剂使用标准》，丁基羟基茴香醚的使用范围和最大使用量（g/kg）为：脂肪，油和乳化脂肪制品、熟制坚果与籽类（仅限油炸坚果与籽类）、坚果与籽类罐头、油炸面制品、杂粮粉、即食谷物－包括碾轧燕麦（片）、方便米面制品、饼干、腌腊肉制品类（如咸肉、腊肉、板鸭、中式火腿、腊肠）、风干、烘干、压干等水产品、固体复合调味料（仅限鸡肉粉）、膨化食品 0.2（以油脂中的含量计）；基本不含水的脂肪和油 0.2；胶基糖果 0.4。

2. 二丁基羟基甲苯

二丁基羟基甲苯又称 2，6－二叔丁基对甲酚，简称 BHT。分子式为 $C_{15}H_{24}O$，相对分子质量 220.36。

（1）性状　二丁基羟基甲苯为无色或白色结晶粉末，无臭、无味、不溶于水，可溶于乙醇或油脂中，对热稳定，与金属离子反应不着色，加热时随水蒸气挥发。

（2）性能　二丁基羟基甲苯同其他油溶性抗氧化剂相比，稳定性高，抗氧化效果好。BHT 与柠檬酸、抗坏血酸或 BHA 复配使用，能显著提高抗氧化效果。BHT 的抗氧化作用是由其自身发生自动氧化而实现的。

（3）毒性　小鼠经口 LD_{50} 1.39g/kg 体重；急性毒性比 BHA 大一些。ADI 值为 0～0.125mg/kg体重。

（4）应用　依照 GB 2760—2014《食品安全国家标准　食品添加剂使用标准》，二丁基羟基甲苯使用范围及最大使用量（g/kg 为：脂肪，油和乳化脂肪制品、干制蔬菜（仅限脱水马铃薯粉）、熟制坚果与籽类（仅限油炸坚果与籽类）、坚果与籽类罐头、油炸面制品、即食谷物－包括碾轧燕麦（片）、方便米面制品、饼干、腌腊肉制品类（如咸肉、腊肉、板鸭、中式火腿、腊肠）、风干、烘干、压干等水产品、膨化食品 0.2（以油脂中的含量计）；基本不含水的脂肪和油 0.2；胶基糖果 0.4。

以柠檬酸为增效剂与 BHA 复配使用时，复配比为：BHT∶BHA∶柠檬酸＝2∶2∶1。

BHT 价格低廉，是我国生产量最大的抗氧化剂之一。

3. 没食子酸丙酯

没食子酸丙酯简称 PG，相对分子质量为 212。

（1）性状　没食子酸丙酯为白色至淡褐色的结晶性粉末，或为乳白色针状结晶，无臭，稍带苦味，水溶液无味。PG 易与铜、铁离子反应呈紫色或暗绿色，光线能促进其分解，有吸湿性，难溶于水，易溶于乙醇，对热稳定，在油中加热到 227℃后 1h 仍不会分解。没食子酸丙酯的缺点是易着色，在油脂中溶解度小。

（2）性能　PG 对猪油的抗氧化效果较 BHA 和 BHT 强，与增效剂并用效果更好，但不如 PG 与 BHA 和 BHT 混用的抗氧化效果好。对于含油的面制品如奶油饼干的抗氧化，不及 BHA 和 BHT。

（3）毒性　大鼠经口 LD_{50}3.8g/kg 体重。在机体内被水解，后内聚为葡萄糖醛酸，随尿排出体外。ADI 为 0～0.2mg/kg 体重。

（4）应用　依照 GB 2760—2014《食品安全国家标准　食品添加剂使用标准》，没食子酸丙酯的使用范围和最大使用量为：脂肪，油和乳化脂肪制品、熟制坚果与籽类（仅限油炸坚果与籽类）、坚果与籽类罐头、油炸面制品、方便米面制品、饼干、腌腊肉制品类（如咸肉、腊肉、板鸭、中式火腿、腊肠）、风干、烘干、压干等水产品、固体复合调味料（仅限鸡肉粉）、膨化食品 0.1（以油脂中的含量计，g/kg）；基本不含水的脂肪和油 0.1g/kg；胶基糖果 0.4g/kg。

没食子酸丙酯使用量达 0.1% 时即能自动氧化着色，故一般不单独使用；而与其他抗氧化剂复配使用，或与柠檬酸、异抗坏血酸等增效剂复配使用，效果更好。

二、天然抗氧化剂

随着科学的发展，发现合成抗氧化剂存在着安全性方面的忧虑。如，BHT 有抑制人体呼吸酶活性的嫌疑，TBHQ 对人的皮肤有过敏反应。以天然抗氧化剂逐步取代合成抗氧化剂是今后的发展趋势。天然抗氧化剂由于安全、无毒等优点受到欢迎。GB 2760—2014《食品安全国家标准　食品添加剂使用标准》已将维生素

E、茶多酚、植酸、迷迭香提取物等列入食品抗氧化剂。

1. 维生素 E

维生素 E 又称生育酚，天然维生素 E 广泛存在于植物组织的绿色部分和禾本科种子的胚芽中，如小麦、玉米、菠菜、芦笋、茶叶以及植物油。天然维生素 E 是从天然植物原料中提取，一般是从植物油精炼过程中脱臭时蒸馏冷凝液馏出物提取。天然维生素 E 的生理活性优于合成维生素 E。维生素 E 有 α 型、β 型、γ 型、δ 型生育酚和 α 型、β 型、γ 型、δ 型三烯生育酚，其中以 α - 生育酚抗氧化活性最大。

（1）性状　维生素 E 溶于脂肪和乙醇等有机溶剂中，不溶于水，对热、酸稳定，对碱不稳定，对氧敏感，对热不敏感，但油炸时维生素 E 活性明显降低。

（2）性能　维生素 E 是一种极好的天然抗氧化剂，它可以防止不饱和脂肪酸的氧化。维生素 E 抗氧化作用的机理是维生素 E 能与不饱和脂肪酸竞争脂质过氧化基，它能通过自身被氧化成生育醌，从而将 ROO—转变为化学性质不活泼的 ROOH，中断油脂过氧化的连锁反应，有效抑制油脂的过氧化作用。

维生素 E（AH_2）被称为自由基捕捉剂，它可使自由基（R·）猝灭。维生素 E 能消除多种自由基，脂质自由基被还原为脂氢过氧化物，后者在硒谷胱甘肽过氧化物酶作用下分解成无毒羟化物，切断自由基与其他物质反应，有效阻断自由基连锁反应，终止脂质过氧化过程。

温度、浓度、硒、维生素 C、柠檬酸以及微波等因素可影响维生素 E 的抗氧化作用。

（3）应用　依照 GB 2760—2014《食品安全国家标准　食品添加剂使用标准》，维生素 E（*dl*-α-生育酚，*d*-α-生育酚，混合生育酚浓缩物）的使用范围和最大使用量为：熟制坚果与籽类（仅限油炸坚果与籽类）、油炸面制品、膨化食品 0.2（以油脂中的含量计，g/kg）；果蔬汁（浆）类饮料、其他型碳酸饮料、茶、咖啡、植物饮料类、蛋白型固体饮料、茶、咖啡、植物（类）饮料、特殊用途饮料、风味饮料 0.2（g/kg，固体饮料按稀释倍数增加使用量）；调味乳、方便米面制品、蛋白饮料、蛋白固体饮料 0.2（g/kg）；即食谷物，包括碾轧燕麦（片）0.085（g/kg）；基本不含水的脂肪和油、复合调味料，按生产需要适量使用。

维生素 E 对于其他抗氧化剂如 BHA、TBHQ、卵磷脂等具有增效作用。

2. 茶多酚

（1）性状　茶多酚是呈白、浅黄晶粉，易溶于水及乙醇，味苦涩。在 pH4 ~ 8 稳定。遇强碱、强酸、光照、高热及铁等金属离子易变质。

茶多酚是从茶叶中提取的全天然抗氧化物，是茶叶中多酚类物质的总称，包括儿茶素、黄酮醇、花色素、酚酸等。其中以儿茶素最为重要。

（2）性能　茶多酚能清除有害自由基，阻断脂质过氧化过程。具有抗氧化能力强、无毒副作用、无异味等特点。

（3）应用 依照 GB 2760—2014《食品安全国家标准 食品添加剂使用标准》，茶多酚的使用范围和最大使用量为：基本不含水的脂肪和油、糕点、焙烤食品馅料及表面用挂浆（仅限含油脂馅料）、腌腊肉制品类（如咸肉、腊肉、板鸭、中式火腿、腊肠）0.4（g/kg，以油脂中儿茶素计）；熟制坚果与籽类（仅限油炸坚果与籽类）、油炸面制品、即食谷物－包括碾轧燕麦（片）、方便米面制品、膨化食品 0.2（g/kg，以油脂中儿茶素计）；酱卤肉制品类、熏、烧、烤肉类、油炸肉类、西式火腿（熏烤、烟熏、蒸煮火腿）类、肉灌肠类、发酵肉制品类、预制水产品（半成品）、熟制水产品（可直接食用）、水产品罐头 0.3（g/kg，以油脂中儿茶素计）；复合调味料 0.1（g/kg，以儿茶素计）；植物蛋白饮料 0.1（g/kg，以油脂中儿茶素计，固体饮料按稀释倍数增加使用量）；蛋白固体饮料 0.8（g/kg，以儿茶素计）。

3. 迷迭香提取物

迷迭香提取物是从迷迭香植物中提取出的天然抗氧化剂。迷迭香提取物有鼠尾草酸、迷迭香酸、熊果酸等。

（1）性状 迷迭香提取物都不容易挥发，具有良好的热稳定性。鼠尾草酸是油溶性迷迭香提取物，迷迭香酸是水溶性迷迭香提取物，

（2）性能 迷迭香提取物有其独特的抗氧化性能：安全、高效、耐热、广谱。对各种复杂的类脂物氧化有广泛而很强的抑制效果。如鼠尾草酸能阻止或延缓油脂或含油食品氧化，提高食品的稳定性和延长贮存期的纯天然物质。在油脂中比 BHA 抗氧化效果强 2～6 倍。能长期耐受 190℃ 的高温油炸而具有抗氧化效果。

迷迭香抗氧化机能主要在于其能猝灭单重态氧，清除自由基，切断类脂自动氧化的连锁反应，螯合金属离子和有机酸的协同增效等。迷迭香酸中还原性的成分如酚羟基、不饱和双键和酸等，单独存在时具有抗氧化作用，组合在一起时具有协同作用。

（3）应用 依照 GB 2760—2014《食品安全国家标准 食品添加剂使用标准》，迷迭香提取物的使用范围和最大使用量（g/kg）为：植物油脂 0.7；动物油脂（包括猪油、牛油、鱼油和其他动物脂肪等）、熟制坚果与籽类（仅限油炸坚果与籽类）、油炸面制品、预制肉制品、酱卤肉制品类、熏、烧、烤肉类、油炸肉类、西式火腿（熏烤、烟熏、蒸煮火腿）类、肉灌肠类、发酵肉制品类、膨化食品 0.3。

项目三

水溶性食品抗氧化剂

氧化反应如果发生在切开、削皮、碰伤的水果蔬菜、罐头原料上，产生的现

象是使原来食品的色泽变暗或变成褐色。褐变是氧化酶类的酶促反应使酚类和单宁物质氧化变为褐色。酚类物质如儿茶酚在酚类氧化酶的作用下生成醌，经羟化生成羟醌，再聚合生成褐色素。

利用抗氧化剂可以防止褐变，通过抑制酶的活性和消耗氧达到抑制褐变的作用。水溶性食品抗氧化剂易溶于水，常用的有以下几种。

1. D－异抗坏血酸及其钠盐

D－异抗坏血酸（异维生素C），分子式 $C_6H_8O_6$，相对分子质量176.13。

异抗坏血酸钠，分子式 $C_6H_7NaO_6 \cdot H_2O$，相对分子质量216.12。

（1）性状　D－异抗坏血酸是抗坏血酸的异构体，化学性质与抗坏血酸相似。异抗坏血酸钠是抗坏血酸钠的异构体，化学性质与抗坏血酸钠相似。D－异抗坏血酸及其钠盐均为白色至浅黄色结晶或晶体粉末，无臭，干燥状态在空气中稳定，易溶于水，水溶液遇空气、微量金属、热和光易变质。异抗坏血酸有酸味，异抗坏血酸钠稍有咸味。

（2）性能　D－异抗坏血酸及其钠盐的抗氧化性能优于抗坏血酸及其钠盐，在肉制品中D－异抗坏血酸与亚硝酸钠配合使用，既可提高肉制品的成色效果，又可防止肉质氧化变色。此外它还能加强亚硝酸钠抗肉毒杆菌的效能，并能减少亚硝胺的产生。

（3）毒性　大鼠经口 LD_{50} 18g/kg体重。ADI为0～0.005g/kg体重。人摄取D－异抗坏血酸，在体内可转变成维生素C；安全。

（4）应用　依照GB 2760—2014《食品安全国家标准　食品添加剂使用标准》，D－异抗坏血酸及其钠盐作为抗氧化剂列于表A.2，可在各类食品中按生产需要适量使用，主要用于肉制品、水果、蔬菜、罐头、果酱、啤酒、汽水、果茶等。

D－异抗坏血酸及其钠盐还有护色作用。在葡萄酒中的最大使用量为0.15g/kg（以抗坏血酸计），还可用于浓缩果蔬汁（浆），按生产需要适量使用（固体饮料按稀释倍数增加使用量）。

2. 抗坏血酸

抗坏血酸亦称L－抗坏血酸、维生素C，分子式 $C_6H_8O_6$，相对分子质量176.13。

（1）性状　抗坏血酸为白色至微黄色晶粉，无臭，带酸味，遇光颜色逐渐黄褐。干燥状态性质较稳定，水溶液中易受空气中的氧氧化而分解，在中性和碱性溶液中分解尤甚，在pH3.4～4.5时较稳定。它易溶于水和乙醇。抗坏血酸不溶于油脂，且对热不稳定，故不用作无水食品的抗氧化剂。

（2）性能　抗坏血酸有强还原性能，抗氧化机理是：自身氧化消耗食品和环境中的氧，使食品中的氧化还原电位下降到还原范畴，并且减少不良氧化物的产生。

若抗坏血酸与维生素 E 复配使用，能显著提高抗氧化性能。

（3）毒性　大鼠经口 LD_{50} ≥5g/kg 体重。ADI 值为 0～0.015g/kg 体重。安全。

（4）应用　依照 GB 2760—2014《食品安全国家标准　食品添加剂使用标准》，抗坏血酸作为抗氧化剂，列入表 A.2，可在各类食品中按生产需要适量使用。

抗坏血酸还可作为面粉处理剂，其使用范围和最大使用量（g/kg），小麦粉 0.2，去皮或预切的鲜水果 5.0（以水果中抗坏血酸钙残留量计），去皮、切块或切丝的蔬菜 5.0（以蔬菜中抗坏血酸钙残留量计）；用于浓缩果蔬汁（浆），按生产需要适量使用（固体饮料按稀释倍数增加使用量）。

项目四
抗氧化剂的使用和发展趋势

一、抗氧化剂的使用

生产含油脂食品一般采用抗氧化剂以防止生产的含油脂产品保存时间长而产生“哈喇味”。但食品抗氧化剂在使用时，如果方法不当，往往达不到理想的效果。因此，使用时还必须注意以下几点。

1. 完全混合均匀

因抗氧化剂在食品中用量很少，为使其充分发挥作用，必须将其十分均匀地分散在食品中。可以先将抗氧化剂与少量的物料调拌均匀，再在不断搅拌下，分多次添加物料，直至完全混合均匀为止。

2. 掌握使用时机

抗氧化剂只能阻碍或延缓食品的氧化，所以应在食品保持新鲜状态和未发生氧化变质之前使用；在食品已经发生氧化变质后再使用是不能改变已经变坏后果的。例如油脂的氧化酸败是自发的链式反应。在链式反应的诱发期之前加入抗氧化剂才能阻断过氧化物产生，切断反应链，从而达到防氧化的目的。如果抗氧化剂加入过迟，即使加入较多量的抗氧化剂，也无法阻断氧化链式反应，往往还会发生相反的作用。

3. 控制影响抗氧化剂效果的因素

要使抗氧化剂充分地发挥作用，对影响其还原性的各种因素必须加以控制。这些影响因素一般为光、热、氧、金属离子，以及抗氧化剂在食品中的分散状态等。

（1）紫外光和热量能促进抗氧化剂分解、挥发而失效。例如，BHT、BHA 经加热，迅速挥发的温度分别为 70℃ 和 100℃；特别是在油炸等高温下很容易分解。

（2）食品内部和它的周围氧的浓度大，会使抗氧化剂迅速氧化而失去作用。因此，在食品中添加抗氧化剂，应同时采取充氮或真空密封包装，以隔断空气中的氧，使抗氧化剂更好地发挥作用。

（3）铜、铁等重金属离子是氧化催化剂，它们的存在会使抗氧化剂发生氧化而失去作用。因此，在添加抗氧化剂时，应尽量避免这些金属离子混入食品。生产食品和油脂的用具及容器，不能采用铜、铁制品。

4. 抗氧化剂的复配

利用已有的合成抗氧化剂与天然抗氧化剂复配，天然抗氧化剂之间的互配，天然抗氧化剂与增效剂配合使用等使其发生增效作用，减少合成抗氧化剂的用量，使充分利用抗氧化剂的协同作用，可以大量节省资源，降低使用量。如生育酚和迷迭香混合使用，有增效作用；磷脂酰乙醇胺对 α - 生育酚有加成效果。维生素 C 和维生素 E 有明显的协同效果。

增效剂是可以辅助食品抗氧化剂发挥作用或使抗氧化剂发挥更强烈的作用的物质，主要有丙氨酸等氨基酸、柠檬酸等有机酸及其盐类、磷酸盐类、山梨醇、植酸等。这是因为这些酸性物质对金属离子有螯合作用，能钝化促进氧化的微量金属离子，从而降低了氧化作用。有人认为，增效剂能与抗氧化剂的基团发生作用，使抗氧化剂再生。增效剂的使用明显降低了抗氧化剂的用量，这样既降低成本，又减少了抗氧化剂带来的不利影响。

二、 抗氧化剂的发展趋势

1. 发展天然抗氧化剂

随着科学的发展，人们认为合成抗氧化剂存在着安全性方面的忧虑，如 TBHQ 对人的皮肤有过敏反应，以天然抗氧化剂逐步取代合成抗氧化剂是今后的发展趋势。天然抗氧化剂由于安全、无毒等优点受到欢迎。

（1）香辛料　很多香辛料中具有抗氧化效果，研究发现芝麻油中尚有多种抗氧化物，如芝麻酚二聚物、丁香酸、阿魏酸与 4 种木聚糖系列化合物。生姜也是人们喜爱的香辛料，姜中的姜油酮、6 - 姜油醇、6 - 姜油酚均具有较强的抗氧化活性。

有研究认为百里香、花椒、牛草、大蒜、丁香、肉豆蔻等香辛料的提取物都有一定的抗氧化性。

（2）中草药提取物　从中草药中提取抗氧化剂是继香辛料后研究开发的又一个热点。金锦香、茵陈蒿、三七、马鞭草、芡实、丹参、台湾钩藤等具有潜在的开发价值。

我国的一些研究报告指出，红参、当归、生地、酸枣仁、阿魏、川芎等中草药的提取物均有抗脂质过氧化作用。如金锦香、石榴皮、马鞭草的甲醇提取物和金锦香、三七草、芡实、钩藤的乙酸乙酯提取物的抗氧化能力均强于 BHA。

（3）黄酮类和酚酸　黄酮类化合物中可用作天然抗氧化剂的最著名的化合物是栎精。许多黄酮类化合物在油－水和油－食品体系中有显著的抗氧化能力，在用于乳制品、猪油、黄油的实验中均有效。

油料种子（如大豆、棉籽、花生等）中所含具有抗氧化活性的物质主要是黄酮类化合物和酚酸。酚酸类包括肉桂酸衍生物和苯甲酸衍生物，它们在油－水体系中具有明显的抗氧化活性。一般的阔叶植物是黄酮和酚酸的丰富来源。

（4）果蔬中的天然抗氧化剂　近年来，随着抗衰老、抗氧化研究的不断深入，对与维持人体健康有关的食品生理功能性的研究报道越来越多，其中果蔬植物的抗氧化活性及其抗氧化成分的研究备受瞩目。人们日常食用的各种水果和蔬菜中含有各种天然抗氧化物质，如 α－生育酚、抗坏血酸、β－胡萝卜素、类胡萝卜素、番茄红素以及类黄酮、花青素、绿原酸等多种酚类物质。

原花青素具有极强的抗氧化剂活性，是一种很好的氧游离基清除剂和脂质过氧化抑制剂。如葡萄籽原花青素可抑制 Fe 催化的卵磷脂质体（PLC）的过氧化，其作用明显强于儿茶素。

番茄红素具有独特的长链分子结构，使其具有强有力的消除自由基能力和较高的抗氧化能力。

还有肽和氨基酸具有抗氧化和强化氧化两种作用。一些生物碱、愈创酸和某些微生物的代谢产物都具有一定的抗氧化作用。

（5）日常饮食中常见的植物性食品　包括大豆、花生、棉籽、芥菜、油菜籽、大米、芝麻籽和茶叶等，内含许多不同的抗氧化物质。

大豆制品中含有多种抗氧化化合物。大豆油中主要的抗氧化物质为 α－生育酚；大豆粉中含有生育酚、黄酮、异黄酮、配糖物及其衍生物、磷脂质、氨基酸和多肽等，所以大豆粉常常用作抗氧化剂加入到油脂、焙烤食品或肉制品中。

芥菜及油菜籽中含有酚酸化合物，这些物质用于延长猪肉的脂质氧化上的综合抗氧化效果比在同浓度下的 BHT 要好。

以天然食用抗氧化剂取代合成抗氧化剂是今后食品工业的发展趋势，开发实用、高效、成本低廉的天然抗氧化剂仍是天然抗氧化剂的研究重点。尤其在我国食品添加剂中，抗氧化剂是最薄弱的一环。因此，对于天然食用抗氧化剂的研究开发亟待加强。

目前，对天然抗氧化剂虽已有一定的研究，但是还不够深入全面，如天然抗氧化物质的分离鉴定、复配、改性等问题，如这些问题能取得突破性进展，必将大大促进天然抗氧化剂的发展。

2. 抗氧化剂的复配

参见本项目中一的介绍。

思考题

1. 什么是抗氧化剂？其作用机理如何？
2. 比较一下抗氧化剂 BHA、BHT 及 PG 在安全性、抗氧化特性及使用特性方面的异同。
3. 如何利用抗氧化剂的互配效应以达到用较小的剂量解决食品的抗氧化问题？举例。
4. 举例说明水溶性抗氧化剂的性能、作用和应用。
5. 天然抗氧化剂的优缺点是什么？结合所学知识，谈谈天然抗氧化剂的发展趋势。
6. 针对抗氧化剂对自由基的清除，结合所学知识，谈谈你对天然抗氧化剂开发的认识。

实训内容

实训一 油脂的抗氧化

一、实训目的

添加抗氧化剂和未添加抗氧化剂的油脂过氧化值的比较，掌握抗氧化剂及其增效剂在防止油脂氧化过程中的作用。

二、实训材料

猪油。

冰醋酸－氯仿混合液（3:2）；0.001mol/L 硫代硫酸钠标准溶液；1%淀粉指示剂；碘化钾饱和溶液；没食子酸正丙酯（PG）；柠檬酸。

三、实训步骤

1. 油样的制备

将猪油做三个平行试验，每例试验的油样为 20.0g。第一例油样不加任何添加剂，做对照用；第二例油样添加 0.01% PG；第三例油样添加 0.01% PG 和 0.005% 柠檬酸。将油样搅匀（可温热）后，各称取 2g 油样测定其过氧化值，剩余样品同时放入（63±1）℃烘箱中，每天取样一次，每次称取 3 个油样各 2g，测定过氧化值，比较结果。

2. 过氧化值的测定

称取油样 2.0g 置于干燥的碘量瓶中，加入冰醋酸－氯仿混合液 30mL，碘化钾饱和液 1mL，摇匀。1min 后，加蒸馏水 50mL，淀粉指示剂 1mL，用 0.01mol/L 硫代硫酸钠标准溶液滴定至蓝色消失。在同样条件下做一空白试验。

$$过氧化值（\%）=\frac{(V_1-V_2)\times C\times 0.1296}{W}\times 100\%$$

式中　V_1——样品滴定时消耗硫代硫酸钠标准溶液的体积，mL

V_2——空白滴定时消耗硫代硫酸钠标准溶液的体积，mL

C——硫代硫酸钠标准溶液的浓度，mol/L

W——油样的质量，g

0.1296——1mol/L 硫代硫酸钠 1mL 相当于碘的质量，g

四、思考题

（1）本实验原理是什么？

（2）请列举几种防止含油脂食品发生氧化的方法。

（3）如果单独使用抗氧化剂增效剂如柠檬酸钠，是否对油脂也可取得抗氧化效果？

实训二　苹果片的抗氧化保鲜

一、实训目的

了解果蔬抗氧化的方法，掌握防止苹果片等果蔬褐变的方法。

二、实训材料

苹果。

食盐、维生素 C。

三、实训步骤

（1）挑选无腐烂、病虫害的水果进行清洗；水果去皮、切块（约 2cm 厚度）。

（2）保鲜液配制：2% 食盐、2% 维生素 C 混合保鲜液。

（3）切分后的水果分成 2 份，1 份浸入保鲜液中浸泡 1min，取出，晾干；另 1 份不处理。

（4）待切分后水果表面无水珠时用包装袋封口包装；贮藏。

（5）10～30min 后，观察采用不同处理方式贮藏一段时间后的苹果片的外观。进行小结。

四、思考题

（1）阐述本实验果蔬贮藏保鲜的原理。

（2）保鲜液中加入食盐、维生素 C 的目的是什么？

（3）阐述果蔬进行保鲜的意义。

实训三　几种抗氧化剂的性能试验

一、实训目的

对几种抗氧剂在大豆色拉油中的抗氧性能进行考察、比较和评价。掌握抗氧化剂在防止油脂氧化过程中的作用。

二、实训材料

抗氧化剂 BHA、BHT、茶多酚。

大豆色拉油。

冰醋酸－氯仿混合液（3∶2）；0.001mol/L 硫代硫酸钠标准溶液；1%淀粉指示剂；碘化钾饱和溶液；没食子酸正丙酯（PG）；柠檬酸。

三、实训步骤

1. 试样的制备

将大豆色拉油做三个平行试验，每例试验的油样为 20.0g。第一例油样不加任何添加剂，作对照用；第二例油样添加 0.02% BHA；第三例油样添加 0.02% BHT；第四例油样添加 0.04%茶多酚。将油样搅匀（可温热）后，各称取 2g 油样测定其过氧化值，剩余样品同时放入（63 ± 1）℃烘箱中，3 天后取样，称取 4 个油样各 2g，测定过氧化值，比较抗氧剂的效果。记录试验结果。

2. 过氧化值的测定

称取油样 2.0g 置于干燥的碘量瓶中，加入冰醋酸一氯仿混合液 30mL，碘化钾饱和液 1mL，摇匀。1min 后，加蒸馏水 50mL，淀粉指示剂 1mL，用 0.01mol/L 硫代硫酸钠标准溶液滴定至蓝色消失。在同样条件下做一空白试验。

$$\text{过氧化值（\%）}=\frac{(V_1-V_2)\times c\times 0.1296}{m}\times 100\%$$

式中 V_1 ——样品滴定时消耗硫代硫酸销标准溶液的体积，mL

V_2 ——空白滴定时消耗硫代硫酸销标准溶液的体积，mL

c ——硫代硫酸钠标准溶液的浓度，mol/L

m ——油样的质量，g

0.1296——1mol/L 硫代硫酸钠 1mL 相当于碘的质量，g

四、思考题

（1）本实验原理是什么？

（2）对抗氧剂 BHA、BHT、茶多酚在大豆色拉油中的抗氧性能进行比较、评价。

模块四

酸度调节剂、甜味剂和增味剂

学习目标与要求

了解酸度调节剂、甜味剂、增味剂的作用机理、性质；掌握酸度调节剂、甜味剂、增味剂的应用。

学习重点与难点

重点：酸度调节剂、甜味剂、增味剂的应用。

难点：酸度调节剂、甜味剂、增味剂的作用机理。

学习内容

食品风味是由食品的色、香、味、形刺激人的视觉、味觉、嗅觉和触觉等器官，引起人对它的综合印象。味觉包括心理味觉、物理味觉和化学味觉。心理味觉是由食品的形、色、光泽决定的；物理味觉是由食品的软硬度、黏度、冷热、咀嚼感和口感的反应决定的；而化学味觉则是由呈味物质作用感觉器官的客观反应。

食品的呈味物质溶于唾液或其溶液刺激舌的味蕾，经味神经纤维传至大脑的味觉中枢，经过大脑分析，才能产生味觉。所以味的强度与呈味物质的水溶性有关。不同的呈味物质溶解速度不同，所以产生味觉的时间也就有快有慢，味觉维持的时间也有长有短。例如，蔗糖较易溶解，其产生味觉也较快，味觉消失也较快；而糖精较难溶，其产生味觉则较慢，味觉维持时间也较长。

味觉受温度影响，最能刺激味觉的温度为10～40℃，30℃时味觉最敏感，高于、低于此温度时味觉均减弱。

此外，不同的呈味物质对味觉还有协同增强或相消减弱的作用。如味精与核苷酸共存时，味觉鲜味增强；麦芽酚加入糖果，甜味增强。食盐与醋酸混合使咸味觉减弱。

各国对味觉的分类并不一致，我国分为酸、咸、甜、苦、辣、鲜和涩共7味；日本分为咸、酸、甜、苦、辣；欧美分为甜、酸、咸、苦、辣和金属味。GB 2760—2014《食品安全国家标准　食品添加剂使用标准》中列入的呈味剂有酸度调节剂、甜味剂、增味剂。

项目一

酸度调节剂

依据GB 2760—2014《食品安全国家标准　食品添加剂使用标准》，用以维持或改变食品酸碱度的物质称为酸度调节剂。

一、 酸度调节剂的酸味影响因素

舌黏膜受氢离子刺激即引起酸味感觉，所以在溶液内能离解出氢离子的酸类都具有酸味。酸味的刺激阈值用pH来表示，无机酸的酸味阈值在3.4～3.5，有机酸的酸味阈值在3.7～4.9。大多数食品的pH在5～6 5，虽为酸性，但并无酸味感觉，若pH在3.0以下，则酸味感强，难以适口。

酸度调节剂的酸味除与氢离子有关外，也受阴离子影响。有机酸的阴离子容易吸附在舌黏膜上，中和了舌黏膜中的正电荷，使得氢离子更容易与舌味蕾相接触，而无机酸的阴离子易与口腔黏膜蛋白质相结合，对酸味的感觉有钝化作用，故一般地说，在相同的pH时，有机酸的酸味强度大于无机酸。由于不同有机酸的阴离子在舌黏膜上吸附能力的不同，酸味强度也不同，如对醋酸、甲酸、乳酸、草酸来说，在相同的pH下，其酸味的强度为：醋酸 $>$ 甲酸 $>$ 乳酸 $>$ 草酸。

酸度调节剂的阴离子对风味也有影响，这主要是由阴离子上有无羟基、氨基、羧基，它们的数目和所处的位置决定的。如柠檬酸、抗坏血酸和葡萄糖酸等的酸味带爽快感；苹果酸的酸味带苦味；乳酸和酒石酸的酸味伴有涩味；醋酸的酸味带有刺激性臭味；谷氨酸的酸味有鲜味等。

二、 常用的酸度调节剂

酸度调节剂广泛用于食品加工和生产中。它还可使防腐剂、发色剂、抗氧化剂增效，也是食品酸性缓冲剂。重点介绍以下几种。

1. 柠檬酸

柠檬酸也称枸橼酸，化学名为3－羟基－羧基戊二酸，柠檬酸一水合物分子式

$C_6H_8O_7 \cdot H_2O$，相对分子质量210.14。

（1）性状　柠檬酸有一水合物和无水物两种，为无色半透明结晶，或白色晶体颗粒或粉末，无臭，有强酸味。含1分子结晶水的柠檬酸在空气中放置易风化，失去结晶水；易溶于水。无水柠檬酸在潮湿空气中吸潮能形成一水合物。1%水溶液的pH为2.31。除易溶于水外，它们还易溶于乙醇。

（2）性能　柠檬酸是柠檬、柚子、柑橘等存在的天然酸味的主要成分，具有强酸味，酸味柔和爽快，入口即达到最高酸感，后味延续时间较短。与柠檬酸钠复配使用，酸味更为柔和。

柠檬酸还有良好的防腐性能，能抑制细菌增殖。它还能增强抗氧剂的抗氧化作用，延缓油脂酸败。柠檬酸含有3个羧基，具有很强的螯合金属离子的能力，可用作金属螯合剂。它还可用作色素稳定剂，防止果蔬褐变。

（3）毒性　大鼠经口LD_{50}11.7g/kg体重，ADI不作限制性规定。

常饮大量含高浓度柠檬的饮料，可造成牙齿珐琅质受腐蚀。柠檬酸急性中毒症与低血钙症相似。出现运动亢进、呼吸急促、毛细血管扩张、强直性痉挛、发绀等。柠檬酸是人体三羧酸循环的重要中间体，无蓄积作用。

（4）应用　依照GB 2760—2014《食品安全国家标准　食品添加剂使用标准》，柠檬酸作为酸度调节剂，可在食品中按生产需要适量使用。柠檬酸的钠盐、钾盐也可作为酸度调节剂。柠檬酸及其钠盐、钾盐多用于浓缩果蔬汁（浆）、婴幼儿配方食品、糖果等食品。

无水柠檬酸多用于粉末制品，其酸度强，用量较一水合柠檬酸少约10%。

2. 乳酸

乳酸即为2-羟丙酸，分子式$C_3H_6O_3$，相对分子质量90.08。

（1）性状　乳酸为无色或浅黄色液体，具有特异收敛性酸味。有吸湿性。与水、乙醇、甘油等混溶。产品中常含有10%~15%的乳酸酐。

（2）性能　乳酸存在于腌渍物、果酒、酱油和乳酸菌饮料中。乳酸还具有较强的杀菌作用，能防止杂菌生长，抑制异常发酵的作用。

（3）毒性　大鼠经口LD_{50} 3.73g/kg体重。ADI无限制规定。

（4）应用　依照GB 2760—2014《食品安全国家标准　食品添加剂使用标准》，乳酸可在食品中按生产需要适量使用。多用于果酒、饮料、蔬菜腌制、罐头加工等。

3. 醋酸

醋酸，分子式$C_2H_4O_2$，相对分子质量60.05。

（1）性状　浓度为99%的醋酸叫做冰醋酸；冰醋酸常温下为无色透明液体，有强刺激性气味；在16.75℃凝固成冰状结晶，故而得名。冰醋酸不能直接使用，稀释后才称为通常所说的醋酸。醋酸蒸气极易着火，与空气混合的爆炸范围为4%~5%。它与水、乙醇能混溶，水溶液呈酸性。

(2) 性能　醋酸味极酸，用大量水稀释仍呈酸性反应。

(3) 毒性　小鼠经口 LD_{50} 4.96g/kg 体重。ADI 不作限制性规定。大量服用醋酸能使人中毒。浓醋酸对皮肤有刺激和灼伤作用。

(4) 应用　依照 GB 2760—2014《食品安全国家标准　食品添加剂使用标准》，醋酸可在食品中按生产需要适量使用。常用于调味酱、泡菜、罐头、酸黄瓜、饮料等。

4. 磷酸

磷酸，分子式 H_3PO_4，相对分子质量 98.00。

(1) 性状　食品级磷酸浓度在 85% 以上，无臭，为无色透明浆状液体，磷酸稀溶液有愉快的酸味。磷酸加热至 215℃变为焦磷酸；于 300℃左右转变为偏磷酸，有毒。磷酸潮解性强，能与水、乙醇混溶，接触有机物则着色。

(2) 性能　磷酸属强酸，其酸味较柠檬酸大，为其 2.3～2.5 倍。有强烈的收敛味和涩味。

(3) 毒性　ADI 为 0～0.070 g/kg 体重。

(4) 应用　磷酸除用作酸度调节剂外，还可用作水分保持剂、膨松剂、稳定剂、凝固剂、抗结剂等。

依照 GB 2760—2014《食品安全国家标准　食品添加剂使用标准》，磷酸的使用范围和最大使用量（g/kg，最大使用量以磷酸根 PO_4^{3-} 计）为：乳及乳制品、稀奶油、水油状脂肪乳化制品、冷冻饮品（食用冰除外，固体饮料按稀释倍数增加使用量）、蔬菜罐头、可可制品、巧克力和巧克力制品（包括代可可脂巧克力及制品）以及糖果、小麦粉及其制品、生湿面制品（如面条、饺子皮、馄饨皮、烧卖皮）、面糊（如用于鱼和禽肉的拖面糊）、裹粉、煎炸粉、杂粮粉、食用淀粉、即食谷物－包括碾轧燕麦（片）、方便米面制品、冷冻米面制品、预制肉制品、熟肉制品、冷冻水产品、冷冻鱼糜制品（包括鱼丸等）、热凝固蛋制品（如蛋黄酪、松花蛋肠）、饮料类（包装饮用水类除外）、果冻（如用于果冻粉，按冲调倍数增加使用量）5.0；乳粉和奶油粉、调味糖浆 10.0；再制干酪 14.0；焙烤食品 15.0；其他油脂或油脂制品（仅限植酸末）、复合调味料 20.0；熟制坚果与籽类（仅限油炸坚果与籽类）、膨化食品 2.0；杂粮罐头、其他杂粮制品（仅限冷冻薯条、冷冻薯饼、冷冻土豆泥、冷冻红薯泥）1.5；米粉（包括汤圆粉）、谷类和淀粉类甜品（如米布丁、木薯布丁）（仅限谷类甜品罐头）、预制水产品（半成品）、水产品罐头、婴幼儿配方食品、婴幼儿辅助食品 1.0；其他固体复合调味料（仅限方便湿面调味料包）80.0。

磷酸除用作酸度调节剂外，还可用作水分保持剂、膨松剂、稳定剂、凝固剂、抗结剂等。

5. 盐酸

盐酸又名氢氯酸，分子式为 HCl，相对分子质量为 36.46。

（1）性状　盐酸为无色或微黄色发烟的澄清液体，有强烈的刺激臭，用大量水稀释后仍显酸性反应。易溶于水、乙醇等。浓盐酸为含38%氯化氢的水溶液，3.6%的盐酸，pH为0.1。

（2）性能　盐酸具有调节pH和改善淀粉的性能；能与多种金属、金属氧化物作用，生成盐；能中和碱，生成盐。对植物纤维、皮肤有强腐蚀作用。

（3）毒性　兔经口LD_{50}0.9g/kg体重。ADI不作限制性规定。一般公认安全。盐酸为机体正常成分，其浓度接近消化液中的盐酸浓度时是无毒的。服用浓溶液呈现胃痛、口渴、灼热等症状。

（4）应用　依照GB 2760—2014《食品安全国家标准　食品添加剂使用标准》，盐酸作为酸度调节剂用于蛋黄酱、沙拉酱，按生产需要适量使用。

此外，盐酸还可以作为食品工业加工助剂；如在制造柑橘罐头时，盐酸用于脱去橘子囊衣。还有用盐酸与水解淀粉制造淀粉糖浆。

项目二 甜味剂

甜味是甜味剂分子刺激味蕾而产生的一种复杂的物理、化学和生理过程。甜味是易被人们接受且最感兴趣的一种基本味，不但能满足人们的爱好，还能改进食品的可口性和某些食用性质。依据GB 2760—2014《食品安全国家标准　食品添加剂使用标准》，甜味剂是指赋予食品以甜味的物质。

一、甜味剂的分类和甜度

1. 甜味剂的分类

甜味剂按来源可分两大类：一类是天然甜味剂，如蔗糖、果糖、葡萄糖、麦芽糖、甜菊糖苷、山梨糖醇、木糖醇等；另一类是人工合成甜味剂，如糖精钠、环己基氨基磺酸钠、天门冬酰苯丙氨酸甲酯、阿力甜等。

甜味剂按营养还可分为营养型和非营养型。营养型甜味剂是指与蔗糖甜度相等的含量，其热值相当于蔗糖热值2%以上者，主要包括各种糖类（如葡萄糖、果糖、麦芽糖等）和糖醇类（山梨糖醇、木糖醇等）。营养型甜味剂的相对甜度，除果糖、木糖醇等外，一般均低于蔗糖。非营养型甜味剂是指与蔗糖甜度相等的含量，其热值低于蔗糖热值2%者，包括甜菊糖苷、甘草苷等天然物和糖精、甜蜜素、安赛蜜等化合物。

2. 甜味剂的甜度

甜味的高低称为甜度，它是甜味剂的重要质量指标。甜味剂的甜度，现在还不能用物理或化学方法定量地测定，只能凭人们的味觉感官判断。故目前还没有表示甜度绝对值的标准。

甜度有两种表示方法：一种是将甜味剂配成可被感觉出甜味的最低浓度（即阈值），即极限浓度，称为极限浓度法；另一种是将甜味剂配成与蔗糖浓度相同的溶液，然后以蔗糖溶液为标准比较该甜味剂的甜度，此法称为相对甜度法。即取蔗糖的甜度为100，其他甜味剂与它比较而得出相对甜度，如表4-1所示。甜味剂的甜度一般以相对甜度来比较。

表4-1　各种甜味剂的相对甜度

甜味剂	相对甜度	甜味剂	相对甜度
蔗糖	100	转化糖	80~130
乳糖	16~27	木糖醇	100~140
半乳糖	30~60	糖精钠	200~700
麦芽糖	32~60	环己基氨磺酸钠	3000~4000
D-甘露糖	32~60	甘草（甘草甜素）	200~500
D-山梨糖醇	60~70	1，4，6-三氯代蔗糖	500000
葡萄糖	74	二氢查尔酮（柚苷）	10000
麦芽糖醇	75~95	阿力甜	约2000

3. 甜度的影响因素

甜味剂的甜度受多种因素影响，其中主要的有浓度、温度和介质。

一般地说，甜味剂的浓度越高，甜度越大。但多数甜味剂的甜度随浓度增大的程度并不相同。例如，葡萄糖溶液的甜度随浓度增高的程度大于蔗糖，在较低的浓度，葡萄糖溶液的甜度低于蔗糖，而随浓度增大甜度差别减小。通常所说的葡萄糖的甜度比蔗糖低，系指在低浓度时而言。当浓度达40%时，两者的甜度基本相同。

多数甜味剂的甜度受温度影响，通常甜度随温度升高而降低。例如，5%果糖的溶液在5℃时甜度为147，18℃时为128.5，40℃时为100，60℃时为79.05。

介质对甜度也有影响，在水溶液中于40℃以下，果糖的甜度高于蔗糖，在柠檬汁中两者甜度大致相等。某些调味剂对甜味剂的甜度也有影响，但无一定规律。如3%~10%蔗糖溶液，在1%食盐溶液中，甜度降低；而5%~7%蔗糖溶液，在0.5%食盐溶液中，甜度增高。在糖液中添加增稠剂（如淀粉或树胶），能使甜度稍有提高。例如，在1%、2%、5%和10%的蔗糖溶液中添加2%的淀粉，使溶液的甜度少许增高。

甜味剂可分为合成甜味剂和天然甜味剂，下面介绍几种常用的甜味剂。

二、合成甜味剂

合成甜味剂是人工合成的，不被人体代谢吸收，无营养价值，不产生热量，故适合作糖尿病、肥胖症等病人用甜味剂及用于低热量食品生产。摄入过量对人体可能造成危害。

1. 糖精钠

糖精钠，分子式 $C_7H_4NNaO_3S \cdot 2H_2O$，相对分子质量 241.21。

(1) 性状　糖精钠为无色至白色结晶或晶体粉末，无臭或微有芳香气味，味极甜并微带苦，在空气中慢慢风化，失去一半结晶水而成为白色粉末，易溶于水，溶解度随温度升高迅速增大，10% 的水溶液呈中性，微溶于乙醇。

(2) 性能　糖精钠在水中离解出来的阴离子有极强的甜味，甜度为蔗糖的 200～700 倍。稀释 1000 倍的水溶液仍有甜味。甜味阈值约为 0.00048%。但分子状态却无甜味而反有苦味，故高浓度的水溶液亦有苦味。因此，使用时浓度应低于 0.02%。

糖精钠与酸复配使用有爽快的甜味；与其他甜味剂以适当的比例复配，可调出接近蔗糖的甜味。

(3) 毒性　小鼠经口 LD_{50} 17.5g/kg 体重。ADI 为 0～0.0025g/kg 体重。试验结果表明糖精钠无致癌性。糖精钠入口 0.5h 后即出现在尿中，24h 内排出 90%，48h 内可全部排出。但是糖精生产过程中产生的中间体物质对人体健康有危害；当食用较多的糖精时，会影响肠胃消化酶的正常分泌，降低小肠的吸收能力；严重时，会引起血小板减少而造成急性大出血、脏器损害等。

(4) 应用　糖精钠还可用作增味剂。依据 GB 2760—2014《食品安全国家标准 食品添加剂使用标准》，糖精钠使用范围和最大使用量（g/kg，以糖精计）为：冷冻饮品（食用冰除外）、腌渍的蔬菜、复合调味料、配制酒 0.15；果酱 0.2；蜜饯凉果、新型豆制品（大豆蛋白及其膨化食品、大豆素肉等）、熟制豆类、脱壳熟制坚果与籽类 1.0；带壳熟制坚果与籽类 1.2；水果干类（仅限芒果干、无花果干）、凉果类、话化类、果糕类 5.0。

糖精钠另一优点是在食品生产中不会引起食品染色和发酵。

2. 环己基氨磺酸钠、环己基氨基磺酸钙

环己基氨基磺酸钠又称甜蜜素，分子式 $C_6H_{12}NNaO_3S$；相对分子质量 201.23。环己基氨基磺酸钙分子式 $C_{12}H_{24}CaN_2O_6S_2 \cdot 2H_2O$；相对分子质量 396.54。

(1) 性状　环己基氨基磺酸钠为白色结晶或白色晶体粉末，无臭，味甜，易溶于水，10% 水溶液 pH 6.5；难溶于乙醇。对热、光、空气稳定。加热后微有苦味。在酸性条件下略有分解，在碱性条件下稳定。溶于亚硝酸盐、亚硫酸盐含量高的水中产生石油或橡胶样的气味。

环己基氨基磺酸钙为白色结晶或结晶性粉末，几乎无臭，味甜，甜度为蔗糖的 30～50 倍，对热、光、空气均稳定。140℃加热 2h，可失去结晶水，于 500℃分解。易溶于水，微溶于乙醇。10% 水溶液的 pH 5.5～7.5。

(2) 性能　环己基氨基磺酸钠的甜度为蔗糖 40～50 倍，为无营养甜味剂。其浓度大于0.4%时带苦味。

环己基氨基磺酸钙的甜度为蔗糖的30~50倍；加热后有苦味，在水溶液中呈钙离子强电解质，易与果汁中的有机酸之类作用，亦可使乳中蛋白凝固。

（3）毒性　环己基氨基磺酸钠：小鼠经口 LD_{50} 18g/kg。ADI 为 0~0.011g /kg。人口服环己基氨基磺酸钠，无蓄积现象，40%由尿排出，60%由粪便排出。摄入过量对人体的肝脏和神经系统可能造成危害。

环己基氨基磺酸钙：小鼠经口 LD_{50} 大于10g/kg。ADI 0~11mg/kg（以环己基氨基磺酸计）。

（4）应用　依据GB 2760—2014《食品安全国家标准　食品添加剂使用标准》，环己基氨基磺酸钠、环己基氨基磺酸钙的使用范围和最大使用量（g/kg，以环己基氨基磺酸计）为：冷冻饮品（食用冰除外）、水果罐头、腐乳类、饼干、复合调味料、饮料类（包装饮用水类除外、固体饮料按冲调倍数增加使用量）、配制酒、果冻（果冻粉以冲调倍数增加使用量）0.65；果酱、蜜饯凉果、腌渍的蔬菜、熟制豆类1.0；脱壳熟制坚果与籽类1.2；带壳熟制坚果与籽类6.0；凉果类、话化类、果糕类8.0。

环己基氨基磺酸钙水溶液含钙离子，为免产生沉淀，不宜添加于豆制品和乳制品中。常分别与糖精、甜味素、安赛蜜、阿力甜混合使用，既可增加甜度，又可改善风味。

3. 天门冬酰苯丙氨酸甲酯

天门冬酰苯丙氨酸甲酯又称阿斯巴甜、甜味素、蛋白糖，分子式 $C_{14}H_{18}N_2O_5$，相对分子质量294.31。

（1）性状　天门冬酰苯丙氨酸甲酯为白色晶体粉末，无臭，微溶于水、乙醇。0.8%水溶液pH 4~6.5。在水溶液中不稳定，易分解失去甜味。低温和pH 3~5时较稳定；干燥状态可长期保存，温度过高时其稳定性较差，结构发生破坏而生成三酮哌嗪失去甜味。在干燥条件下，用于食品加工的温度不得超过200℃。

（2）性能　天门冬酰苯丙氨酸甲酯有强甜味，其稀溶液的甜度为蔗糖的100~200倍。甜味与砂糖十分接近，有凉爽感，无苦味和金属味。

（3）毒性　小鼠经口 LD_{50} >10g/kg体重。天门冬酰苯丙氨酸甲酯进入人体后会被小肠内的胰凝乳蛋白酶分解产生甲醇、苯丙氨酸和天冬氨酸。ADI 定为0~0.04g/kg体重。

（4）应用　依据GB 2760—2014《食品安全国家标准　食品添加剂使用标准》，阿斯巴甜（含苯丙氨酸）的使用范围和最大使用量（g/kg）：腌渍的蔬菜、醋、油或盐渍水果、腌渍的蔬菜、盐渍的食用菌和藻类、冷冻挂浆制品、冷冻鱼糜制品（包括鱼丸等）、预制水产品（半成品）、熟制水产品（可直接食用）、水产品罐头0.3；加工坚果与籽类、膨化食品0.5；调制乳、果蔬汁（浆）类饮料、蛋白饮料、碳酸饮料、茶、咖啡、植物（类）饮料、特殊用途饮料、风味饮料

0.6；稀奶油（淡奶油）及其类似品、非熟化干酪、干酪类似品、以乳为主要配料的即食风味食品或其预制产品（不包括冰淇淋和风味发酵乳）、脂肪乳化制品（包括混合或调味的脂肪乳化制品）、脂肪类甜品、冷冻饮品（食用冰除外）、水果罐头、果酱、果泥、水果甜品、发酵的水果制品、煮熟的或油炸的水果、冷冻蔬菜、干制蔬菜、蔬菜罐头、蔬菜泥（酱）（番茄沙司除外）、经水煮或油炸的蔬菜其他加工蔬菜、装饰糖果和甜汁、即食谷物－包括碾轧燕麦（片）、谷类和淀粉类甜品（如米布丁、木薯布丁）、其他蛋制品、果冻（果冻粉以冲调倍数增加使用量）1.0；液体复合调味料1.2；糕点、饼干、其他焙烤食品1.7；调制乳粉和调制奶油粉、冷冻水果、水果干类、蜜饯凉果、固体复合调味料、半固体复合调味料2.0；发酵蔬菜制品2.5；可可制品、巧克力和巧克力制品（包括代可可脂巧克力及制品）、调味糖浆、醋3.0；面包4.0；胶基糖果10.0；餐桌甜味料按生产需要适量使用。

三、 天然甜味剂

天然甜味剂是从天然甜料植物中提取的一类天然产物。

1. 甜菊糖苷

甜菊糖苷是从天然甜料植物甜叶菊叶中提取的一类天然产物。甜菊糖苷分子式 $C_{38}H_{60}O_{18}$，相对分子质量804.88。

（1）性状　甜菊糖苷为白色至浅黄色晶体粉末，耐高温，在空气中易吸湿，易溶于水、乙醇。在酸性和碱性条件下都较稳定，如加入pH 3.0的软饮料中，室温下放置30d无变化。

（2）性能　甜菊糖苷的甜度约为蔗糖的300倍，甜味纯正，清凉甘甜，残留时间长，后味可口。对其他甜味剂有改善和增强作用。为非发酵物质，不使食物着色。甜菊糖苷与柠檬酸复配，改善甜味。食用后不被人体吸收，不产生热量。

（3）毒性　小鼠经口 $LD_{50}\geq15$g/kg体重。甜菊糖苷食用后不被人体吸收，较安全、无毒。

（4）应用　依据GB 2760—2014《食品安全国家标准　食品添加剂使用标准》，甜菊糖苷的使用范围和最大使用量（g/kg，以甜菊醇当量计）为：膨化食品0.17；风味发酵乳、饮料类（包装饮用水类除外）0.2；糕点0.33；调味品0.35；冷冻饮品（食用冰除外）、果冻（果冻粉以冲调倍数增加使用量）0.5；熟制坚果与籽类1.2；蜜饯凉果3.3；糖果3.5；茶制品（包括调味茶和代用茶）10.0。餐桌甜味料0.05g/份。

甜菊糖苷是糖尿病、肥胖病患者良好的天然甜味剂。

2. 山梨糖醇

山梨糖醇天然品广泛存在于植物界，如海藻，苹果、梨、葡萄等水果中。山梨糖醇一般以葡萄糖为原料，经催化加氢反应精制而成。山梨糖醇分子式 $C_6H_{14}O_6$，相对分子质量 182.17。

（1）性状　山梨糖醇为无色针状结晶，或白色晶体粉末，无臭；易溶于水，微溶于乙醇；耐酸、耐热性能好；与氨基酸、蛋白质等不易起美拉德反应。山梨糖醇液是含 67% ~73% 山梨糖醇的水溶液，为无色、透明稠状液体。

（2）性能　山梨糖醇有清凉的甜味，其甜度约为蔗糖的 50% ~70%。1g 山梨糖醇在人体内产生 12.56kJ 热量。山梨糖醇食用后不致龋齿，不被人体消化吸收，在血液内不转化为葡萄糖，也不受胰岛素影响。能保持甜、酸、苦味强度的平衡，增强食品的风味。

（3）毒性　小鼠经口 LD_{50} 23.2 ~25.7g/kg 体重。ADI 不作特殊规定。内服过量能引起腹泻、消化紊乱。

（4）应用　山梨糖醇除作为甜味剂外，还可作膨松剂、乳化剂、水分保持剂、稳定剂、增稠剂。

依照 GB 2760—2014《食品安全国家标准　食品添加剂使用标准》，山梨糖醇的使用范围和最大使用量（g/kg）为：冷冻鱼糜制品（包括鱼丸等）0.5；生湿面制品（如面条、饺子皮、馄饨皮、烧卖皮）30.0。其他如：炼乳及其调制产品、脂肪乳化制品－包括混合的和（或）调味的脂肪乳化制品（仅限植脂奶油）、冷冻饮品（除食用冰外）、果酱、腌渍的蔬菜、熟制坚果与籽类（仅限油炸坚果与籽类）、巧克力和巧克力制品、糖果、面包、糕点、饼干、焙烤食品馅料及表面用挂浆（仅限焙烤食品）、调味品、饮料类（包装饮用水类除外）、膨化食品、其他（豆制品工艺、酿造工艺、制糖工艺用），均按生产需要适量使用。

山梨糖醇有吸湿、保水作用，防止干燥，在口香糖、糖果生产中加入少许可起保持食品柔软、改进组织和减少硬化起砂的作用。在面包、糕点中用于保水目的。用于甜食等食品中能防止在物流过程变味；还可防止糖、盐等析出结晶，由于它是不挥发的多元醇，所以还有保持食品香气的功能。山梨糖醇还能螯合金属离子，用于罐头饮料和葡萄酒中，可防止因金属离子而引起食品混浊。

3. 木糖醇

木糖醇是木糖代谢的正常中间产物。在自然界中，广泛存在于果品、蔬菜、谷类、蘑菇之类食物和木材、稻草、玉米芯等植物中。木糖醇分子式 $C_5H_{18}O_5$，相对分子质量 152.15。

（1）性状　木糖醇是一种白色粉末或白色晶体五碳糖醇，有吸湿性。它易溶于水，微溶于乙醇，10% 水溶液的 pH 5.0 ~7.0。pH 3 ~8 时稳定，热稳定性好。

（2）性能　木糖醇是糖醇中最甜的一种，具有清凉甜味。它不受酵母菌和细菌作用，不发生美拉德反应；能预防、抑制龋齿的发生，进入体内后不产生热量。

（3）毒性　小鼠经口 LD_{50} 22g/kg 体重。ADI 不作特殊规定，安全。

（4）应用　依照 GB 2760—2014《食品安全国家标准　食品添加剂使用标准》，

木糖醇可在各类食品中按生产需要适量使用。

木糖醇主要作为糖的替代物添加于口香糖、硬糖等，可作糖尿病患者糖类替代品。

四、复合甜味剂

理想的甜味剂要求：安全无毒、甜味纯正，与蔗糖相似；高甜度、低热值，稳定性高，不致龋，价格合理。完全能达到这几点要求的甜味剂，目前还不存在。由于每一种甜味剂其甜味的口感和质感与蔗糖都有区别，且用量大时往往会产生不良风味和后味，用复合甜味剂就可克服这些不足之处。

不同种类甜味剂有协同效应，即甜味剂经复合后有协同增效作用，不仅可消除苦味、涩味，使味道更接近蔗糖，同时也相应提高了甜度。例如将蔗糖与葡萄糖混合，假设两糖的甜度互不影响、混合液的甜度应为两者甜度之和，若蔗糖溶液浓度为10%，其甜度为10，而葡萄糖溶液的浓度为5.3%，其甜度为3.5。计算所得甜度应为13.5，实际两者混合液的甜度为15.0。10%的果糖和蔗糖的混合液（60/40）比10%的蔗糖水溶液甜度提高30%。甜菊糖苷与蔗糖、甜蜜素与蔗糖都有很好的协同作用，两者合用可显著提高甜度。另一方面，由于甜味剂之间呈味的相乘作用，使用量可进一步减少，因而成本更低。例如，软饮料中同时使用几种甜味剂时，成本可大大降低。据报道，糖精、蔗糖和甜菊糖苷混合使用，可以使软饮料中的蔗糖用量减少，至少可减少标准配方用量的12%以上。

复合甜味剂举例：

（1）颗粒状（%）　糖精20，甘草甜素1，柠檬酸钠3，山梨糖醇2，蔗糖脂肪酸酯1，葡萄糖73。

（2）粉末状（%）　糖精15，柠檬酸钠5，葡萄糖80。

（3）颗粒状（%）　甘草7，柠檬酸钠10，甜菊糖苷3.5，苹果酸钠3，乳糖76.5。

（4）粉末状（%）　甜菊糖22，蔗糖37.7，麦芽糖30，糊精10，食盐0.3。

复合甜味剂不仅能提高甜度，还能赋予食品好的质地、口感。单一甜味剂使用时都有一定程度的缺陷，如糖精有一定的后苦味；甜菊糖苷有一定的草腥味；有报道称乳糖醇与高浓度的甜味剂配合使用，其味感、甜味强度和其他风味方面非常接近于蔗糖。以异麦芽糖、甜味素和异麦芽糖－甜菊糖苷制作的碳酸饮料，品尝不出后苦味。

正是因为各种甜味剂之间存在协同增效作用，复合甜味剂才具有使用方便、甜度高、甜味纯正、生产成本降低的特点，从而成为甜味剂开发、应用的一个重要发展方向。

项目三
增味剂

依据 GB 2760—2014《食品安全国家标准　食品添加剂使用标准》，增味剂是补充或增强食品原有风味的物质。增味剂亦称鲜味剂，或风味增强剂。食品增味剂的应用已有很长的历史，普遍受到人们的喜爱和欢迎。从汉字的结构来看，有“鱼”有“羊”谓之“鲜”。说明在我国古代，人们已经知道鱼类和动物的肉类具有鲜美的味道。在日常生活中经常利用各种鱼、肉以及蘑菇、海藻、各种蔬菜等制成鲜美滋味的汤类，用于增强食品的风味，引起强烈食欲。现代科学已经证明，这些不同风味的鲜美滋味是由各类食品所含的不同鲜味物质呈现出来的。例如，竹笋、酱油中含天门冬氨酸，贝类中含琥珀酸，鸡、鱼、肉汁中含 5′-肌苷酸，香菇中含 5′-鸟苷酸等，而显现出的鲜味构成了各自不同的独特风味。

一、 增味剂特性和分类

1. 增味剂特性

作为增味剂要同时具有以下三种呈味特性。

（1）本身具有鲜味，而且呈味阈值较低，即在较低的浓度时，也可以刺激感官而显示出鲜美的味道。不同的增味剂，其呈鲜味阈值亦不同，例如，谷氨酸钠的呈味阈值为 0.012g/100mL，天门冬氨酸钠为 0.10g/100mL，肌苷酸二钠为 0.025g/100mL，鸟苷酸二钠为 0.012g/100mL，琥珀酸二钠为 0.02g/100mL。

（2）对食品原有的味道没有影响。即食品增味剂的添加不会影响酸、甜、苦、咸等基本味对感官的刺激效果。

（3）能够补充和增强食品原有的风味。增味剂能给予食品一种令人满意的鲜美味道。尤其是在有食盐存在的咸味食品中具有更显著的增味效果。

2. 增味剂分类

增味剂根据其化学成分可分为氨基酸类增味剂、核苷酸类增味剂、有机酸类增味剂和复合增味剂等。

增味剂根据其来源可以分为动物性增味剂、植物性增味剂。

二、 氨基酸类增味剂

化学组成为氨基酸及其盐类的食品增味剂统称为氨基酸类增味剂。主要有谷氨酸钠、L-丙氨酸、氨基乙酸等。

1. 谷氨酸钠

谷氨酸钠俗称味精，分子式 $C_5H_8O_4NNa \cdot H_2O$。相对分子质量 187.13。

（1）性状　谷氨酸钠为无色至白色结晶或晶体粉末，无臭，易溶于水，溶解度随温度升高而增大；微溶于乙醇。水溶液一般加热也稳定。0.2% 水溶液 pH 为 7.0。无吸湿性，对光稳定。加热至 210℃ 时形成焦谷氨酸。在碱性、酸性条件下加热，呈味力下降。谷氨酸钠与酸，如盐酸作用，生成谷氨酸或谷氨酸盐酸盐；谷氨酸钠与碱作用，生成谷氨酸二钠，加酸后又生成谷氨酸钠。

市售味精按谷氨酸钠含量不同，一般可分为 99%、90%、80% 等，其中含量为 99% 的呈颗粒状结晶，而含量为 80% 的是粉末状或微小晶体状。

（2）性能　谷氨酸钠具有强烈的肉类鲜味，特别是在微酸性（pH 约为 6）中味道更鲜；用水稀释至 3000 倍，仍能感觉出其鲜味，其鲜味阈值为 0.014%。试验表明，当谷氨酸钠质量占食品质量 0.2% ~0.8% 时，能最大程度增进食品的天然风味。

谷氨酸钠有缓和咸、酸、苦味的作用，并能引出食品中所具有的自然风味。

（3）毒性　ADI 为 0 ~0.12g/kg 体重。谷氨酸钠进入胃后，受胃酸作用生成谷氨酸。

（4）应用　依照 GB 2760—2014《食品安全国家标准　食品添加剂使用标准》，谷氨酸钠可在各类食品中按生产需要适量使用。广泛用于家庭、饮食业、食品加工业，如汤、香肠、鱼糕、辣酱油、罐头等生产中。如在葡萄酒中添加 0.015% ~0.03% 的谷氨酸钠，能显著提高其自然风味。

2. 氨基乙酸

氨基乙酸又名甘氨酸，分子式 $C_2H_5NO_2$，相对分子质量 75.07。

（1）性状　甘氨酸为白色结晶或晶体粉末，无臭，有特殊甜味，水溶液呈酸性（pH 5.5 ~7.0）。易溶于水，难溶于乙醇。天然品存在于动物蛋白质内。

（2）性能　甘氨酸味觉阈值为 0.13%。

（3）毒性　无毒，有营养价值。

（4）应用　依照 GB 2760—2014《食品安全国家标准　食品添加剂使用标准》，甘氨酸使用范围和最大用量（g/kg）为：调味品、果蔬汁（浆）类饮料、植物蛋白饮料（固体饮料按稀释倍数增加使用量）1.0；预制肉制品、熟肉制品 3.0。

三、核苷酸类增味剂

核苷酸类增味剂，包括肌苷酸、核糖苷酸、鸟苷酸等及它们的钠、钾、钙等盐类。

1. 5′-鸟苷酸二钠

5′-鸟苷酸二钠亦称 5′-鸟苷酸钠和鸟苷-5′磷酸钠，简称 GMP，分子式 $C_{10}H_{12}N_5Na_2O_8P \cdot 7H_2O$，相对分子质量 533.26。

（1）性状　5′-鸟苷酸二钠为无色至白色结晶，或白色晶体粉末，含结晶水，无臭，有特殊的香菇鲜味。易溶于水；微溶于乙醇。吸湿强。5% 水溶液 pH 为 7.0 ~ 8.5。其水溶液在 pH 为 2 ~ 14 范围内稳定，加热 30 ~ 60min 几乎无变化。加热至 240℃时变为褐色，至 250℃时分解。在一般食品加工条件下，对酸、碱、盐和热均稳定。油炸条件下，3min 其保存率为 99.3%。

（2）性能　5′－鸟苷酸二钠具香菇特有的香味，其味阈值为 0.0035%。与谷氨酸钠复配使用，有明显的增鲜作用。

（3）毒性　小鼠经口 LD_{50}20g/kg 体重。ADI 不作特殊规定。5′－鸟苷酸二钠是否造成痛风尚无定论。

（4）应用　依照 GB 2760—2014《食品安全国家标准　食品添加剂使用标准》，5′－鸟苷酸二钠可在各类食品中按生产需要适量使用。广泛用于家庭、饮食业、食品加工业中。

2. 5′－肌苷酸二钠

5′－肌苷酸二钠亦称 5′－肌苷酸钠和肌苷－5′－磷酸二钠，简称 IMP，分子式 $C_{10}H_{11}N_4Na_2O_8P \cdot 7H_2O$，相对分子质量 527.20。

（1）性状　5′－肌苷酸二钠为无色至白色结晶，或白色晶体粉末，含结晶水，无臭，有特异的鲜鱼味，加热至 180℃时变为褐色，至 230℃左右发生分解。它易溶于水，微溶于乙醇。微有吸湿性，不潮解。5% 水溶液 pH 为 7.0 ~ 8.5。对酸、碱、盐和热均稳定，在一般食品加工条件下（pH 为 4 ~ 7）于 100℃加热 1h 不发生分解。可被动植物组织中的磷酸酯酶分解而失去鲜味。经油炸（170 ~ 180℃）加热 3min，其保存率为 99.7%。

（2）性能　5′－肌苷酸二钠为核苷酸类型鲜味剂，具有特异的肉类、鲜鱼味，味阈值为 0.012%。5′－肌苷酸二钠与谷氨酸钠以 1∶7 复配，有增强鲜味的效果。

（3）毒性　小鼠经口 LD_{50}12.0g/kg 体重。ADI 不作特殊规定。安全。

（4）应用　依照 GB 2760—2014《食品安全国家标准　食品添加剂使用标准》，5′－肌苷酸二钠可在各类食品中按生产需要适量使用。

添加 5′－鸟苷酸二钠和 5′－肌苷酸二钠的食品集荤素鲜味于一体，使甜、酸、苦、辣、鲜、香、咸诸味更加浓郁而协调，形成一种完美的鲜醇滋味。如在罐头食品中添加呈味核苷酸二钠后，能抑制淀粉味和铁腥味；在风味小食品如牛肉干、鱼片干等中应用能减少涩味，效果更理想。

3. 5′－呈味核苷酸二钠

5′－呈味核苷酸二钠又名呈味核苷酸二钠，主要由 5′－鸟苷酸二钠和 5′－肌苷酸钠组成，别名：核糖核苷酸二钠，核糖核苷酸钠。是由酵母所得核酸分解、分离制得；或由发酵法制取。

（1）性状　因 5′—呈味核苷酸（I + G）是 5′－肌苷酸钠与 5′－鸟苷酸钠各 50% 的混合物，本品其性状也与之相似，为白色至米黄色结晶或粉末，无臭。溶于水，微溶于乙醇。

（2）性能　味鲜，与谷氨酸钠合用有显著的协同作用，鲜度大增。5′尿苷酸二钠和5′胞苷酸二钠的呈味力较弱。

（3）毒性　见5′-肌苷酸二钠（IMP）和5′-鸟苷酸二钠（GMP）。ADI不作特殊规定。安全。

（4）应用　依照GB 2760—2014《食品安全国家标准　食品添加剂使用标准》，5′-呈味核苷酸二钠可在各类食品中按生产需要适量使用。

呈味核苷酸二钠可直接加入到食品中，是较为经济而且效果最好的鲜味增强剂，是方便面调味包、调味品如鸡精、鸡粉和增鲜酱油等的主要呈味成分之一。如在食品工业中，鲜味剂5’-呈味核苷酸二钠广泛用于液体调料，特鲜酱油，粉末调料，肉类加工，鱼类加工，饮食业等行业。本品常与谷氨酸钠（味精）混合使用，其用量约为味精的2%～5%；还可与其他多种增味剂成分合用，起增鲜作用。

此外，本品还对迁移性肝炎、慢性肝炎、进行性肌肉萎缩和各种眼部疾患有一定的辅助治疗作用。

四、其他类增味剂

1. 琥珀酸二钠

琥珀酸二钠有含结晶水的和无结晶水的。含结晶水琥珀酸二钠，分子式$C_4H_4Na_2O_4 \cdot 6H_2O$，相对分子质量270.15；无结晶水琥珀酸二钠，分子式$C_4H_4Na_2O_4$，相对分子质量162.06。

（1）性状　含结晶水琥珀酸二钠为白色晶体颗粒，无结晶水琥珀酸二钠为白色晶体粉末，无臭，无酸味，加热至120℃，失去结晶水成为无水物。它易溶于水，不溶于乙醇；在空气中稳定。

（2）性能　琥珀酸二钠有特异的贝类鲜味，味觉阈值为0.03%。与谷氨酸钠、呈味核苷酸二钠复配使用效果更好。

（3）毒性　对猫的最小致死量为2g/kg体重。

（4）应用　依照GB 2760—2014《食品安全国家标准　食品添加剂使用标准》，琥珀酸二钠使用范围和最大用量（g/kg）为：调味品20.0。

2. 复合增味剂

复合增味剂是由两种或多种单纯增味剂组合而成的增味剂复合物。它包括天然型和复配型两类。天然的复合增味剂包括萃取物和水解物两类，前者有各种肉、禽、水产、蔬菜（如蘑菇）等萃取物，后者包括动物、植物和酵母的水解物，多数是由天然的动物、植物、微生物组织细胞或其他细胞内生物大分子物质经过水解而制成，如各种肉类抽提物、酵母抽提物、水解动物蛋白、水解植物蛋白、水解微生物蛋白等。从它们的化学组成来看，主要的增味物是各种氨基酸和核苷酸，但由于比例的不同和少量其他物质的存在，而赋予食品各不相同的鲜味和风味。下面介绍几种复合增味剂。

（1）水解动物蛋白（HAP）　水解动物蛋白是通过蛋白酶对牛皮及骨头等含胶原蛋白产品的酶水解产物。水解动物蛋白是一种含糖蛋白质。又称为酶解胶原蛋白。

①性状：水解动物蛋白为淡黄色液体、糊状体、粉状体或颗粒，含有多种氨基酸，具有特殊的鲜味和香味。糊状水解动物蛋白，其总含氮量为8%～9%，脂肪<1%，水分为28%～32%。其组成氨基酸含量丰富，含有大量的氨基酸系列物质。因所用原料不同，制品中的氨基酸组成含量也各异。

②性能：制品的鲜味程度和风味因原料和加工工艺而各异。

③毒性：无毒，安全。

④应用：用于各种食品加工和烹饪。与增味剂复配使用，可产生各种独特风味。可应用于虾片、鱼片、虾球等，增强海鲜的鲜美风味，掩盖海鲜的不良风味，提高鱼制品的香、鲜度；膨化食品和饼干的调味等；加工肉类如香肠、肉球、牛肉、热狗、火腿、干肉等，能加强肉类天然味道，改进香味，减少肉腥味，降低生产成本，提高牛肉、鸡肉、猪肉香料的香气丰度。

（2）水解植物蛋白　水解植物蛋白液是植物性蛋白质在酸催化作用下，水解后的产物；又称氨基酸液（HVP）。

①性状：水解植物蛋白为淡黄至黄褐色液体、糊状体、粉状体或颗粒。2%水溶液的pH为5.0～6.5。

②性能：水解植物蛋白中含有较多的谷氨酸和天冬氨酸，故其鲜味强烈。由于多种氨基酸，还原糖的存在，在适应的温度下发生美拉德反应，可产生众多风味如家禽味、猪肉味、牛肉味等，可以增强食品的鲜美味，呈味力强；由于所用原料和加工工艺的不同，制品中氨基酸组成、含量也各异，制品的鲜味性质和程度也各异。

③毒性：无毒，安全。

④应用：由于动物蛋白质水解物的成本较高，植物蛋白质水解物HVP目前也被广泛用作肉类香精、调味料等食品的风味增强剂。水解植物蛋白广泛用于食品加工和烹调中，与增味剂复配使用，可产生各种独特风味；可抑制食品中的不良风味。例如用于方便面汤和酱包的调味汁增鲜、增香；用于如海鲜酱油、辣汁、醋等调味品的调香增鲜，提高鲜味，产生肉香效果；用于如沙丁鱼、秋刀鱼、鸡肉、猪肉、腌制蔬菜、海鲜等罐头食品，可除去异味如腥味、铁锈味等，增强肉香效果，改进产品风味。

（3）酵母抽提物　酵母抽提物是通过将酵母细胞内蛋白质降解成氨基酸和多肽，核酸降解成核苷酸，并把它们和其他有效成分，如B族维生素、谷胱甘肽、微量元素等一起从酵母细胞中抽提出来所制得的人体可直接吸收利用的可溶性营养物质与风味物质的浓缩物。

①性状：酵母抽提物为深褐色糊状或淡黄褐色粉末，呈酵母所特有的鲜味和气味。粉末制品具有很强的吸湿性。5%水溶液 pH 5.0 ~6.0。含谷氨酸、甘氨酸、丙氨酸等多种氨基酸，其氨基酸平衡良好，还含 5′ - 核苷酸，其组成比例则视原料和加工方法而异。

②性能：酵母抽提物具有鲜美浓郁的肉香味。有明显的增鲜、增减、缓和酸味、去除苦味的效果，并且对异味和异臭具屏蔽功能。

③毒性：无毒，安全。

④应用：酵母抽提物常与其他调味品合并使用，广泛用于各种加工食品，如汤类、酱油、香肠、米果等调味之用。也用作增香剂等。

（4）复配型复合增味剂　不同种类的食品增味剂配合使用具有协同增效作用。

①食品增味剂与食盐的配合使用：食品增味剂往往与食盐一起使用才能更好地显示出鲜美的味道，达到显著的增味效果。其实质可能是增味剂与食盐在水溶液中电离产生的正负离子相互作用。只有当大量的 Na 与 $HOOC(CH_2)_2CHNH_2COO^-$ 相遇在一起而相互作用时，对味觉受体的刺激才能大大增强。

②食品增味剂与其他氨基酸配合使用：食品增味剂还可以与丙氨酸、甘氨酸等氨基酸以及动物水解蛋白、植物水解蛋白等含有多种氨基酸的物质配合使用，效果更好。

③核苷酸类增味剂的配合使用：核苷酸类增味剂之间的配合使用，可以明显降低鲜味阈区，提高增味效果。例如，5′ - 肌苷酸二钠的鲜味阈值为 0.025g/100mL，当 5′ - 肌苷酸二钠与 5′ - 鸟苷酸二钠等量混合，其鲜味阈值降低为 0.0063g/100mL。

④食品增味制与其他有机酸配合使用：食品增味剂可以与柠檬酸、苹果酸、富马酸及其盐类配合使用，而成为具有不同特色的复合鲜味剂。

⑤氨基酸类增味剂与核苷酸类增味剂配合使用：氨基酸类增味剂与核苷酸类增味剂的配合使用，具有非常显著的协同增效作用。例如谷氨酸钠与 5′ - 肌苷酸二钠以 1∶1 的比例配合使用时，鲜味强度增加 8 倍；谷氨酸钠与等量的 5′ - 鸟苷氨酸配合使用，其鲜味强度提高 30 倍等。5′ - 肌苷酸二钠、5′ - 鸟苷酸二钠与谷氨酸钠复配使用，能显著提高鲜味，称为强力味精。

当然，要使食品的味道更鲜美、可口，食品增味剂配合使用增味效果更为显著，但必须经过试验，采用最适宜的配方。

五、 增味剂的合理使用

增味剂必须要科学、合理地在食品中使用，需要注意以下两点。

1. 溶解性

食品增味剂使用时，必须具有较大的溶解度。例如谷氨酸钠在 0℃ 时溶解度为

64.1%，20℃时为71.74%。若溶解度太低，即使具有鲜味也难于在食品中使用。

2. 稳定性

食品增味剂使用时，特别是要注意其温度稳定性、pH稳定性和化学稳定性。

（1）热稳定性　在食品烹调和加工过程中，经常需要加热，要避免食品增味剂受到破坏而影响效果。例如，谷氨酸和谷氨酸钠在高温条件下加热会脱水环化生成焦谷氨酸和焦谷氨酸钠；所以在应用的时候，要避免在高温条件下长时间加热。

（2）pH稳定性　在食品增味剂的使用过程中，要注意食品的pH对其影响。如肌苷酸钠和鸟苷酸钠在酸性条件下容易分解，影响其增味效果，故不能在酸性强的食品中使用。又如，谷氨酸钠在pH较低的情况下，变成谷氨酸，由于谷氨酸的鲜味没有谷氨酸钠强，要增加用量，才能达到所要求的效果；而在碱性条件下，谷氨酸钠则会变成谷氨酸二钠盐等，使其增味效果降低或消失。所以应在pH为中性或微酸性的食品中使用。

（3）化学稳定性　在某些条件下，食品增味剂会与其他物质发生化学反应，结果可能对食品增味剂的使用效果产生影响。例如，谷氨酸等在锌离子等存在的条件下，会发生反应生成难溶解的盐类，从而影响使用效果。再如，肌苷酸钠或鸟苷酸钠等增味剂，在磷酸酶的作用下发生水解反应生成没有增味作用的肌苷或鸟苷。所以，核苷酸类增味剂不宜在未经加工的生鲜食品中使用，必须将生鲜食品在85℃以上加热，使其中的磷酸酶失活后才能使用。

思考题

1. 酸度调节剂的作用有哪些？
2. 影响酸度调节剂风味的因素是什么？如何影响？
3. 举例说明酸度调节剂的性状、作用和应用。
4. 解释名词：相对甜度。
5. 甜度的影响因素有哪些？如何影响？
6. 比较两种常用合成甜味剂的性状、甜味和应用，有何异同点？
7. 举例说明天然甜味剂的性状、作用和应用。
8. 比较两种增味剂的性状、作用和应用。

实训内容

实训一 酸度调节剂性能比较及酸甜比的确定

一、实训目的

了解并比较几种酸度调节剂的性能，确定适宜的酸甜比。

二、实训材料

柠檬酸、乳酸、醋酸（均为食用）。

电炉。

三、实训步骤

（1）在台式天平上称取 0.1g 柠檬酸于烧杯中，量取 100mL 水用勺搅拌至溶解。

（2）用吸量管吸取乳酸 0.2mL 于烧杯中，量取 100mL 水，用勺搅拌混匀。

（3）用吸量管吸取醋酸 0.2mL 于烧杯中，量取 100mL 水，用勺搅拌混匀。

（4）比较“1、2、3”的风味、酸味。

（5）取“1”中 50mL，加蔗糖，确定适宜的酸甜比。

四、思考题

（1）影响酸度调节剂风味的因素是什么？

（2）举例说明酸度调节剂的性状、作用。

实训二 甜味剂性能比较及食盐对甜度的影响

一、实训目的

（1）了解并比较几种甜味剂的性能。

（2）了解食盐对几种甜味剂甜度的影响。

二、实训材料

蔗糖、甜蜜素、甜菊糖、糖精、甘露糖醇、山梨糖醇、食盐（均为食用）。

电炉。

三、实训步骤

（1）在台式天平上称取 3g 蔗糖于烧杯中，量取 100mL 水倒入，用勺搅拌至溶解。

（2）同上法分别称取 0.2g 甜蜜素、甜菊糖、糖精于烧杯中，分别量取 100mL 水溶解。

（3）同上法分别称取 0.2g 甘露糖醇、山梨糖醇于烧杯中。分别量取 10mL 水溶解。

（4）比较“（1）、（2）、（3）”中各物质甜度：取 1/2 加热再试，比较加热前后的甜度。

（5）取“1”中50mL，加2g蔗糖、0.25g食盐，与“1”比较甜度；再加0.25g食盐，再与“1”比较甜度。

四、思考题

（1）比较常用合成、天然甜味剂的性状、甜味有何异同点。

（2）食盐对甜度有什么影响？甜度的影响因素有哪些？

实训三 食品的调味

一、实训目的

通过味的调配，初步掌握常见的酸度调节剂、甜味剂和增味剂的协同效应。

二、实训材料

天然果汁2~3种，酸度调节剂、甜味剂各3种，核苷酸，味精，精盐，乌梅汁（均为食用级）。

三、实训步骤

（1）辨别三种酸度调节剂和三种甜味剂的不同味质感并初步试验它们的阈值。

（2）对比现象和变味现象实验已有砂糖、精盐、酸味剂等呈味剂，请你设计实验过程和呈味剂用量，进行呈味的对比现象和变味现象实验，并说明第一味对第二味的加强或减弱的影响，先尝味对后味味质感的影响，进行列表比较说明。

（3）相乘效应实验已有精盐、味精、核苷酸，请你设计实验过程和用量，并实验与品尝，说明相乘效应的结果，列表比较说明。

（4）相抵效应实验已有精盐、醋酸、糖、奎宁、味精等呈味剂，设计并实验相抵效应，列表说明。

（5）味质感比较相同浓度的柠檬酸和乳酸溶液的味质感与酸味强度的比较。

（6）自制饮料的调味－如乌梅汁饮料取60mL乌梅汁，用砂糖、精盐进行调味设计，比较加呈味剂前后的酸涩味变化情况，并说明其原因。

四、思考题

（1）由呈味的对比现象和变味现象实验，说明第一味对第二味的加强或减弱的影响。

（2）由相乘效应实验，比较说明相乘效应的结果。

（3）由相抵效应实验，说明相抵效应。

（4）自制饮料的调味，如乌梅汁饮料，比较调味前后的酸涩味变化情况，并说明其原因。

（5）请从日常生活中举一例说明酸度调节剂、甜味剂、增味剂的相互作用。

模块五

食品着色剂

学习目标与要求

了解食品合成着色剂、天然着色剂作用机理；掌握各种食品着色剂的性能、应用。

学习重点与难点

重点： 食品合成着色剂、天然着色剂的应用。

难点： 各种食品着色剂的作用机理。

学习内容

项目一 食品着色剂的分类、色调和使用特性

食品着色剂又称食用色素，依据 GB 2760—2014《食品安全国家标准　食品添加剂使用标准》，着色剂是指使食品赋予色泽和改善食品色泽的物质。

食品着色剂是一类重要的食品添加剂，因为在食品的色、香、味、形等感官特性中，颜色最先刺激人的感觉（尤其是视觉）。

色泽是食品内在审美价值重要的属性之一，也是鉴别食品质量的基础。一般新鲜食品大都具有自然色泽，构成对人的感官刺激，引起人们的食欲。人们甚至可以根据其色泽预见食品的营养价值、变质与否以及商品价值的高低。例如，红、黄色的食物多含维生素 A、微量元素铁等成分；绿色食物多含纤维素、叶绿素、维生素等。又如，变质的食品所含有的天然色素受到微生物和理化因素的破坏会变

成其他不正常的色泽，或者颜色消失，因此人们可一定程度上将食品颜色的变化情况作为食用价值的标志。

由于受光、热、氧和其他因素的影响，食物固有的色素会受到破坏。随着食品工业的发展，为了保护食品正常的色泽，减少食品批次之间色差，保持外观的一致性、提高商品价值，人们通过添加一定量着色剂达到着色目的。此外，对食品着色有时是为了标示的需要，如一些西方国家将食盐染色，专门用于高盐食品，以便提醒人们注意盐的摄取量。这都刺激了对色素的需求，也导致形成了食品添加剂的一朵奇葩——着色剂工业的发展。

一、 食品着色剂的分类

着色剂按来源分为天然色素和人工合成色素两大类。天然色素常用的如β－胡萝卜素、甜菜红、花青素、玫瑰茄红、辣椒红素、红曲色素、姜黄、酱色等。人工合成色素种类繁多，但可用于食品着色的安全无毒的并不多，我国允许使用的包括胭脂红、柠檬黄、日落黄、苋菜红、赤藓红、靛蓝和亮蓝等。

按着色剂溶解性质的不同，可分为水溶性着色剂和油溶性着色剂两大类。如人工着色剂胭脂红、柠檬黄、日落黄、苋菜红、靛蓝和亮蓝等；天然色素中甜菜红、花青素、玫瑰茄红等为水溶性。β－胡萝卜素、辣椒红素、姜黄、红曲色素等为脂溶性色素。但一些色素的水溶性可以通过工艺处理进行改变，如β－胡萝卜素不溶于水，但可通过乳化方法生产出既可溶于水，也可溶于油脂的色素。

此外还可按结构进行分类，如人工合成着色剂可分为偶氮类、氧蒽类和二苯甲烷类。天然着色剂又可分为吡咯类、多烯类、酮类、醌类和多酚类。

二、 颜色与色素分子结构的关系

1. 物体对光选择性的吸收

物体形成一定的颜色是由于其吸收了部分光波，同时又反射出没有吸收的光波。人的肉眼看到的颜色，是由物体反射的不同可见光所组成的综合色。例如，如果物体吸收的只是不可见光的光波，那么物体反射的是全部可见光的综合色——白色；如果物体吸收了绝大部分可见光，那么物体反射的可见光非常少，物体就显黑色（或接近黑色）；当物体只选择性地吸收部分可见光，则其显示的颜色是由未被吸收的可见光所组成的综合色（也称为被吸收光波组成色的互补色），如物体选择性地吸收绿色光，那么物体显示的是其互补色紫色。

着色剂一般为有机化合物。构成有机化合物的各原子之间大都以共价键连结。构成有机化合物的各原子的原子轨道相互组合形成分子轨道。分子轨道主要是σ轨道和π轨道，它们属于成键轨道，能级较低；与它们相应的是σ^*轨道和π^*轨道，属于反键轨道。

当化合物吸收光能时，分子从入射光中吸收适合于使分子能量跃迁的相应波长光子能量。即低能级电子吸收光子时，就会从能量较低的轨道（基态）跃迁到能量较高的轨道（激发态），可产生：$\sigma \rightarrow \sigma^*$、$\pi \rightarrow \pi^*$、$n \rightarrow \pi^*$等跃迁。产生跃迁的类型与电子本身处于什么轨道以及它吸收的光子能量大小有关。如表5－1所示。

表5－1　能级跃迁与电子吸收光波的关系

能级跃迁	吸收光的波长（λ）/nm	吸收光的能量（J）/×10^19
$\sigma \rightarrow \sigma^*$	150	1.32
$\pi \rightarrow \pi^*$	165	1.20
$n \rightarrow \pi^*$	280	0.70

π电子易激发，吸收可见光；σ电子难激发，需要紫外光。

2. 颜色与色素分子结构的关系

有机化合物分子在紫外和可见光区域内（200～800nm）有吸收峰的基团称为生色团。常见的生色团含双键（不饱和键），如：

$$\rangle C{=}C\langle \qquad \rangle C{=}O \qquad \rangle C{=}S$$

$$—N{=}N— \qquad —N{=}O$$

分子中含有一个生色团的物质吸收可见区域波长的光时，该物便呈颜色。可见光波长与肉眼对应的颜色如表5－2所示。有些基团，如羧基、氨基、醚基、硝基、巯基、卤素原子等，它们本身并不产生颜色，但当与其共轭体系或生色基团相连时，可使吸收波长向长波方向迁移，这些基团称为助色基团，如：

$$—CHO \qquad —COOH \qquad —NO_2$$

助色基团含孤对电子。如偶氮苯为橙色，而对硝基苯偶氮邻苯二酚则为红褐色。

表5－2　单色可见光波长与对应颜色的关系

可见光波长/nm	对应的颜色	可见光波长/nm	对应的颜色
770～620	红	530～500	绿
620～590	橙	500～470	青
590～560	黄	470～430	蓝
560～530	黄绿	430～380	紫

3. 着色剂的成色机理

物体所显的颜色并非为被吸收的可见光的颜色，而是可见光颜色的互补色。物质所显示的色彩与其分子结构中生色基团和助色基团的多少和构造有关。共轭多烯化合物吸收光波波长与双键数有关。碳碳双键（C═C）越多，而且均邻近相连形成有效的 $\pi-\pi$ 共轭体系时，其吸收的可见光波长也越大。而分子中虽有许多碳碳双键，但没有相邻连结形成 $\pi-\pi$ 共轭体系，则不会显示颜色。着色剂的有效 $\pi-\pi$ 共轭体系一旦受到破坏，就会颜色消失或改变颜色。

三、 食品着色的色调与调配

1. 色调的选择

色调是一个表面呈现近似红、黄、绿、蓝颜色的一种或两种色的目视感知属性。色调仅对于彩色而言。食品大多具有丰富的色彩，而且其色调与食品内存品质和外在美学特性具有密切的关系。因此，在食品的生产中，特定的食品采用什么色调是至关重要的。食品色调的选择依据是心理或习惯上对食品颜色的要求，以及色与风味、营养的关系。要注意选择与特定食品应有的色调，或根据拼色原理调制出相应的特征颜色。如樱桃罐头、杨梅果酱应选择相应的樱桃红、杨梅红色调，红葡萄酒应选择紫红，白兰地选择黄棕色等。又如糖果的颜色可以其香型特征为依据来选择，如薄荷糖多用绿色、橘子糖多用红色或橙色、巧克力糖多用棕色等。

有些产品，尤其是带壳、带皮的食品，在不对消费者造成错觉的前提下可使用艳丽的色彩，如彩豆、彩蛋等。

2. 色调的调配

根据颜色技术原理，红、黄、蓝为基本三原色，理论上可采用三原色依据其比例和浓度调配出除白色之外的任何色调。而白色可调整彩色的深浅。其简易调色原理如下所示：

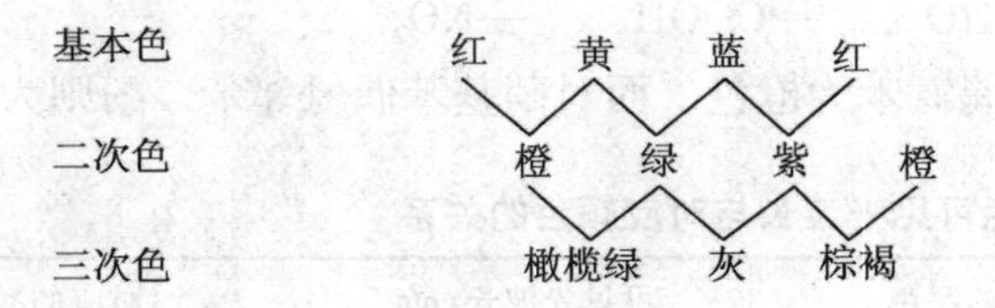

各种着色剂溶解于不同溶剂中可产生不同的色调和强度，尤其是在使用两种或数种着色剂拼色时更显著。例如一定比例的红、黄、蓝三色的混合物，在水溶液中色较黄，而在50%酒精中则较红。此外，食品在着色时是潮湿的，当水分蒸发逐渐干燥时，着色剂亦会随之较集中于表层，产生所谓的“浓缩影响”，特别是在食品与着色剂的亲和力低时更为明显。拼色时还要注意各种着色剂的稳定性不同，因此可能导致合成色色调的变化，如靛蓝褪色较快，柠檬黄则不易褪色，由其合成的绿色会逐渐转变为黄绿色。运用以上原理进行拼色往往只适用于合成着色剂。天然着色剂由于其坚牢度低、易变色和对环境的敏感性强等因素，不易用于拼色。

采用着色剂对食品进行色调调配还要考虑着色剂和成品的色价、色价损失等因素；另外，各种着色剂的表现力均有其特定条件、对象及使用要求，如果滥用会适得其反。我国使用的主要合成着色剂的调色性能如表 5-3 所示。

表 5-3　我国使用的主要合成着色剂的调色性能

复合色调	配色色素及配比/%							
	苋菜红	赤藓红	诱惑红	胭脂红	亮蓝	靛蓝	日落黄	柠檬黄
蛋黄色	—	6	—	—	—	—	—	94
蛋黄色	—	—	—	—	—	—	30	70
橙色	—	—	5	—	—	—	—	95
黄金瓜色	—	—	—	—	13	—	—	87
咖啡色	10	—	—	35	6	—	—	49
咖啡色	—	—	—	32	4	—	—	64
巧克力色	36	—	—	—	—	16	—	48
巧克力色	—	25	—	—	15	—	60	—
巧克力色	—	—	52	—	8	—	—	40
巧克力色	14	—	—	36	—	16	—	34
草莓色	73	—	—	—	—	—	27	—
草莓色	—	5	95	—	—	—	—	—
葡萄色	76	—	—	—	—	8	16	—
葡萄酒色	75	—	—	—	4	—	—	21
绿色	—	—	—	—	28	—	—	72
茶绿色	6	—	—	—	—	15	—	79
叶绿色	—	—	—	—	40	—	—	60
果绿色	—	—	—	—	20	—	—	80
红黑色	43	—	—	—	—	25	—	32
黑色	—	—	—	—	—	57	43	—

四、食品着色剂的使用特性

在食品加工中要正确运用着色剂的染色作用，必须了解食品着色剂的各种特性。

1. 吸光值与色价

根据朗伯－比尔定律，溶液的吸光值（E）与溶液浓度 c、光程 L 成正比，即：$E = KcL$，K 为比例常数。当入射光强度、波长、体系温度、溶液浓度、光程一定时，色液的吸光值越高，该着色剂的染色力越强，使用时浓度也要求越低。

对于天然着色剂的染色力可用色价来表示，色价也称为比吸光值，即 100mL 溶液中含有 1g 色素，光程为 1cm 时的吸光值，用 $E_{1cm}^{1\%}$ 表示。天然着色剂的色价越高，其染色力也越强。但一般天然着色剂的色价远低于合成着色剂，因此，使用时浓度会比较高。

2. 溶解性

食品着色剂，最重要的溶剂包括水、乙醇和油脂。由于油溶性的合成色素毒性大，各国一般不允许使用，可选用油溶性的天然着色剂。若要将水溶性合成色素用于酒类和油脂含量高的食品，必须将其进行乳化、分散。

除了考虑着色剂水溶性或脂溶性、溶解度大小外，还必须考虑影响其溶解的许多因素。温度对水溶性着色剂的溶解度影响较大，一般溶解度随着温度的上升而增加。水的 pH、盐的存在与种类、水的硬度等也有影响。在低 pH 时往往浓度会降低，有形成色素酸的可能；而盐类可发生盐析作用，降低其溶解度；水的硬度高时则易形成色淀。

3. 染着性

食品着色剂的染着性包含着色剂与食品成分结合力大小（或分散均匀与稳定程度大小）、是否变色等含义。对于液态食品，着色剂能很好地溶解与分散，而且稳定（如不易沉淀）形成色价高、色调良好的状态，其染着力良好。对于半固态和固态食品，着色剂能与蛋白质、淀粉等分子结合，而且稳定、不变色，其染着力较好。一些天然色素的染着力不稳定与其不易分散、易变色有关，例如葡萄皮提取色素溶于酒类或酸性饮料时可形成色调颇佳的紫红色，但对冰淇淋着色时，则与蛋白质结合形成蓝色。染着性与溶解性、坚牢度等有密切关系。

4. 坚牢度

坚牢度是衡量着色剂在其所染着的物质上对周围环境适应程度的一种量度。它取决于自身和染着对象的化学结构、性质以及环境生化条件的影响。坚牢度是一个综合性指标，可从以下因素对其影响的大小来评判。

（1）耐热性　着色剂的生色体系受热可能被分解破坏，导致褪色或失色。另外与着色剂共存的糖类、盐、酸、碱等物质对其耐热也会产生影响。合成色素中靛蓝、胭脂红耐热性较弱，柠檬黄、日落黄则较强；天然色素大部分均表现出耐热性弱的特点。

（2）耐酸性　果汁、果酱、糖果、饮料、配制酒、发酵乳制品等食品一般酸度较大。一些着色剂在强酸性条件下可能会形成着色剂沉淀或变色，如靛蓝。一些色素耐酸性较强，如柠檬黄、日落黄及一些多酚类天然着色剂。

（3）耐碱性　如使用碱性膨松剂、果蔬的碱液预处理等碱性环境。此时要避免耐碱性弱的着色剂如胭脂红、花青素等处于碱性环境中。

（4）抗氧化－还原性　有机着色剂被氧化、被还原都将可能导致生色体系的破坏。着色剂的抗氧化性与其自身结构及环境因素如有强氧化能力的成分、氧化酶、重金属离子等有关。氧蒽类着色剂耐氧化性比较强，而偶氮类、天然着色剂耐氧化能力一般较弱。着色剂被还原是由一些还原剂（如抗坏血酸、二氧化硫等）、金属离子（如亚铁离子等）等因素引起。氧蒽类着色剂耐还原性相当稳定，而靛蓝、偶氮类、醌类等着色剂耐还原性较弱。

（5）抗光性　日光、紫外线均能导致着色剂的光分解，引起褪色和失色。有重金属离子存在时可加速光分解。大多数天然着色剂、靛蓝的耐紫外线性较弱，而柠檬黄、日落黄的耐光性较强。

项目二

合成着色剂

一、合成着色剂特点和发展

着色剂的发展经历了一个曲折的过程。19世纪中叶以前，主要应用的是从生物原料中提取的天然着色剂。1856年英国人 Perkins 采用有机方法首次合成人工染料（苯胺紫），开创了染料合成工业的新纪元。由于合成染料坚牢度高、染着力强、色泽艳丽、易于调色且成本低廉，故很快取代天然着色剂用于食品的着色并达到滥用的程度。到20世纪研究结果发现大多数合成染料具有致畸、致癌、致突变或导致其他肝、肾、肠胃等疾病的毒性或毒性嫌疑，于是各国纷纷相继禁用许多合成着色剂。近年来“苏丹红”事件为人们再次敲响了警钟。但是由于合成着色剂优良的性能和食品工业发展的需求，不同国家对合成着色剂采取不同的使用政策。通过制定食品法规，在限制其用量和应用范围的安全性管理条例下，允许部分合成着色剂仍可使用。

合成着色剂的发展方向主要为人工合成天然等同物着色剂和高分子聚合物着色剂，这主要是基于其安全性好的原因。天然等同物着色剂是指通过化学方法合成自然界本身存在的、安全无毒且稳定性较好的天然着色剂。例如，现在世界上食品工业所使用的β－胡萝卜素，基本属于采用化学合成工艺生产的，而不是从植物中提取的。

同时还将对合成着色剂使用性能进行改造。对于性能非常优良但具有一定毒性的合成着色剂，人们将其加工成不被人体吸收（或吸收比例极小）的高分子聚合物着色剂。

部分常用合成着色剂的主要性质见表5－4。

表 5-4　部分允许使用的合成着色剂的主要性质

名称	不褪色性*						溶解度/（g/100mL）			
	光	热	碱	果酸	苯甲酸	SO_2	水	甘油	乙醇	丙二醇
柠檬黄	A	A（至105℃）	B（转红）	A	A	A	10	7	微溶	2
喹啉黄	B	B（至105℃）	D	A	D	A	14	微溶	微溶	微溶
日落黄	A	A（至205℃）	C（转红）	A	A	C	10	4	微溶	1
胭脂红	B	A（至105℃）	B	B	B	C	12	微溶	微溶	4
苋菜红	B	A（至105℃）	C（转蓝）	A	B	C	7	1	微溶	微溶
赤藓红	C	B（至105℃）	C（转蓝）	D	D	B	6	3	1	16
靛蓝	C	C（至105℃）	D	C	D	D	1	微溶	微溶	微溶
亮蓝	B	A（至105℃）	B	A	A	A	20	5	微溶	20

注：*性能由好变差依次为A、B、C、D。

二、主要的合成着色剂

1. 胭脂红

胭脂红又名丽春红4R。相对分子质量604.48。

（1）性状　胭脂红为红色颗粒或粉末，无臭，溶于水，微溶于乙醇；不溶于油脂；耐光性较好，对柠檬酸、酒石酸稳定；耐热性、耐还原性差；耐细菌性较差；遇碱、强酸变褐色。对氧化-还原作用敏感。

（2）性能　胭脂红0.1%水溶液为红色的澄清液。着色力较弱。

（3）毒性　ADI为0~4mg/kg体重；LD_{50}≥19.3g/kg体重（小鼠，经口）。

（4）应用　依照GB 2760—2014《食品安全国家标准　食品添加剂使用标准》，胭脂红及其铝色淀的使用范围和最大使用量（g/kg，以胭脂红计）为：蛋卷0.01；可食用动物肠衣类、植物蛋白饮料、胶原蛋白肠衣0.025；调制乳、风味发酵乳、调制炼乳（包括加糖炼乳及使用了非乳原料的调制炼乳等）、冷冻饮品（食用冰除外）、蜜饯凉果、腌渍的蔬菜、可可制品、巧克力和巧克力制品（包括代可可脂巧克力及制品）以及糖果（装饰糖果、顶饰和甜汁除外）、虾味片、糕点上彩装、焙烤食品馅料及表面用挂浆（仅限饼干夹心和蛋糕夹心）、果蔬汁（浆）饮料、含乳饮料、碳酸饮料、风味饮料（仅限果味饮料）、配制酒、果冻（如用于果冻粉，按冲调倍数增加使用量）、膨化食品0.05，；水果罐头、装饰性果蔬、糖果和巧克力制品包衣0.1；调制乳粉和调制奶油粉0.15；调味糖浆、蛋黄酱、沙拉酱0.2；果酱、水果调味糖浆、半固体复合调味料（蛋黄酱、沙拉酱除外）0.5。

2. 苋菜红

苋菜红又称鸡冠花红、蓝光酸性红，相对分子质量604.48。

（1）性状　苋菜红为红棕色粉末或颗粒。无臭；耐光、耐热性强，耐氧化－还原性差；对柠檬酸、酒石酸稳定；遇碱变暗红色；遇铜、铁易褪色；易溶于水；微溶于乙醇。在盐酸中发生黑色沉淀。对氧化－还原作用敏感。

（2）性能　苋菜红0.01%水溶液为品红色。若制品中着色剂含量较高，则色素粉末有带黑的倾向。染色力较弱。

（3）毒性　ADI为0～0.5mg/kg体重。LD_{50}≥10g/kg体重（小鼠，经口）。

（4）应用　依照GB 2760—2014《食品安全国家标准　食品添加剂使用标准》，苋菜红及其铝色淀的使用范围和最大使用量（g/kg，以苋菜红计）为：冷冻饮品（食用冰除外）0.025；蜜饯凉果、腌渍的蔬菜、可可制品、巧克力和巧克力制品（包括代可可脂巧克力及制品）以及糖果、糕点上彩装、焙烤食品馅料及表面用挂浆（仅限饼干夹心）、果蔬汁（浆）类饮料（高糖果蔬汁类饮料按照稀释倍数加入）、碳酸饮料、风味饮料（仅限果味饮料，高糖果味饮料按照稀释倍数加入）、固体饮料（为按冲调倍数稀释后液体中的量）、配制酒、果冻（如用于果冻粉，以冲调倍数增加使用量）0.05；装饰性果蔬0.1；固体汤料0.2；果酱、水果调味糖浆0.3。

3. 赤藓红

赤藓红亦称樱桃红。相对分子质量897.88。

（1）性状　赤藓红为红褐色粉末或颗粒；无臭；不溶于油脂；溶于水、乙醇、丙二醇和甘油。中性水溶液呈红色，酸性时有黄棕色沉淀，碱性时产生红色沉淀。耐光、耐酸性差。耐热、耐还原性好。吸湿性强。

（2）性能　赤藓红具有良好的染着性，尤其对蛋白质的染色性好。在需高温焙烤的食品和碱性及中性的食品中着色力较其他合成红色素强。

（3）毒性　ADI为0～0.1mg/kg体重。LD_{50}6.8g/kg体重（小鼠，经口）。

（4）应用　依照GB 2760—2014《食品安全国家标准　食品添加剂使用标准》，赤藓红及其铝色淀的使用范围和最大使用量（g/kg，以赤藓红计）为：肉灌肠类、肉罐头类0.015；熟制坚果与籽类（仅限油炸坚果与籽类）、膨化食品0.025；凉果类、可可制品、巧克力和巧克力制品（包括代可可脂巧克力及制品）以及糖果（05.01.01可可制品除外）、糕点上彩装、酱及酱制品、复合调味料、果蔬汁（浆）类饮料（固体饮料按稀释倍数增加使用量）、碳酸饮料、风味饮料（仅限果味饮料，固体饮料按稀释倍数增加使用量）、配制酒0.05；装饰性果蔬0.1。

4. 柠檬黄

柠檬黄又称酒石黄。相对分子质量534.36。

（1）性状　柠檬黄为橙黄色粉末或颗粒；无臭。耐光、耐热性强；在柠檬酸、酒石酸中稳定，遇碱稍变红；还原时褪色；易溶于水，中性和酸性水溶液呈金黄色。微溶于乙醇、油脂。

（2）性能　柠檬黄是着色剂中最稳定的一种；可与其他合成色素复合使用，

调色性能优良；易着色，坚牢度高。

（3）毒性　ADI为0~7.5mg/kg体重。LD_{50}12.75g/kg体重（小鼠，经口）。安全。

（4）应用　柠檬黄是使用量最大的合成食用色素。依照GB 2760—2014《食品安全国家标准　食品添加剂使用标准》，柠檬黄及其铝色淀的使用范围和最大使用量（g/kg，以柠檬黄计）：蛋卷0.04；风味发酵乳、调制炼乳（包括加糖炼乳及使用了非乳原料的调制炼乳等）、冷冻饮品（食用冰除外）焙烤食品馅料及表面用挂浆（仅限风味派馅料、仅限使用柠檬黄）、焙烤食品馅料及表面用挂浆（仅限饼干夹心和蛋糕夹心）、果冻（如用于果冻粉，按冲调倍数增加使用量）0.05；谷类和淀粉类甜品（如米布丁、木薯布丁，如用于布丁粉，按冲调倍数增加使用量）0.06；即食谷物包括碾轧燕麦（片）0.08；蜜饯凉果、装饰性果蔬、腌渍的蔬菜、熟制豆类、加工坚果与籽类、可可制品、巧克力和巧克力制品（包括代可可脂巧克力及制品）以及糖果、虾味片、糕点上彩装、香辛料酱（如芥末酱、青芥酱）、饮料类（包装饮用水类除外，固体饮料按稀释倍数增加使用量）、配制酒、膨化食品（仅限使用柠檬黄）0.1；液体复合调味料0.15；粉圆、固体复合调味料0.2；除胶基糖果以外的其他糖果、面糊（如用于鱼和禽肉的拖面糊）、裹粉、煎炸粉、焙烤食品馅料及表面用挂浆（仅限布丁、糕点）、其他调味糖浆0.3；果酱、水果调味糖浆、半固体复合调味料0.5。

5. 日落黄

日落黄又称晚霞黄。相对分子质量452.38。

（1）性状　日落黄为橙红色粉末或颗粒；无臭；吸湿性强；耐光、耐热性强；在柠檬酸、酒石酸中稳定；遇碱变褐红色；易溶于水，中性和酸性水溶液呈橙黄色；碱性时红棕色，用水稀释后呈黄色；微溶于乙醇。

（2）性能　与柠檬黄相似。

（3）毒性　ADI为0~2.5mg/kg体重。LD_{50}2.0g/kg体重（小鼠，经口）。

（4）应用　依照GB 2760—2014《食品安全国家标准　食品添加剂使用标准》，日落黄及其铝色淀的使用范围和最大使用量（g/kg，以日落黄计）：谷类和淀粉类甜品（如米布丁、木薯布丁，如用于布丁粉，按冲调倍数增加使用量）0.02；果冻（如用于果冻粉，按冲调倍数增加使用量）0.025；调制乳、风味发酵乳、调制炼乳（包括加糖炼乳及使用了非乳原料的调制炼乳等）、含乳饮料0.05；冷冻饮品（食用冰除外）0.09；水果罐头（仅限西瓜酱罐头）、蜜饯凉果、熟制豆类、加工坚果与籽类、可可制品、巧克力和巧克力制品（包括代可可脂巧克力及制品）以及糖果、虾味片、糕点上彩装、焙烤食品馅料及表面用挂浆（仅限饼干夹心）、果蔬汁（浆）饮料、乳酸菌饮料、植物蛋白饮料、碳酸饮料、特殊用途饮料、风味饮料、配制酒、膨化食品（仅限使用日落黄）0.1；装饰性果蔬、粉圆、复合调味料0.2；除胶基糖果以外的其他糖果、糖果和巧克力制品包衣、面糊（如用于鱼和禽肉的拖面糊）、裹粉、煎炸粉、焙烤食品馅料及表面用挂浆（仅限布丁、糕点)、其他调味糖浆0.3；果酱、水果调味糖浆、半固体复合调味料0.5；固体饮料0.6。

6. 靛蓝

靛蓝亦称为食品蓝、酸性靛蓝。相对分子质量466.35。

(1) 性状　靛蓝为蓝棕至红棕色粉末或颗粒。易溶于水，中性水溶液呈蓝色。酸性时呈蓝紫色，碱性时呈绿至黄绿色。微溶于乙醇。不溶于油脂。耐热、耐光、耐碱性差，易还原。吸湿性强。中性或碱性水溶液能被亚硫酸钠还原成无色体，在空气中氧化后又复色。

(2) 性能　靛蓝易着色，有独特的色调。

(3) 毒性　ADI为0~5mg/kg体重。LD_{50}≥2.5g/kg体重（小鼠，经口）。

(4) 应用　靛蓝使用广泛。依照GB 2760—2014《食品安全国家标准　食品添加剂使用标准》，靛蓝及其铝色淀使用范围和最大使用量（g/kg，以靛蓝计）为：腌渍的蔬菜0.01；熟制坚果与籽类（仅限油炸坚果与籽类）、膨化食品（仅限使用靛蓝）0.05；蜜饯类、凉果类、可可制品、巧克力和巧克力制品（包括代可可脂巧克力及制品）以及糖果、糕点上彩装、焙烤食品馅料及表面用挂浆（仅限饼干夹心）、果蔬汁（浆）饮料（固体饮料按稀释倍数增加使用量）、碳酸饮料、风味饮料（仅限果味饮料，固体饮料按稀释倍数增加使用量）、配制酒0.1；装饰性果蔬0.2；除胶基糖果以外的其他糖果0.3。

项目三
天然着色剂

一、天然着色剂特点和发展

天然着色剂大部分取自植物（如各种花青素、类胡萝卜素），部分取自动物（如胭脂虫红）和矿物（如二氧化钛）。国际上已开发的天然着色剂已达100种以上。

对于天然着色剂的安全性人们也给予过考虑。除个别色素如藤黄有毒外，天然着色剂本身基本上是无毒的。其安全性主要是受霉变、溶剂残存和其他污染影响。日本对天然色素不加限制，可自由使用。

大部分天然着色剂稳定性差、染着力不强、生产成本高、不易调色、应用面小，因此在使用中效果比不上合成着色剂。常用天然着色剂的性质见表5-5。

食品天然着色剂的发展方向是开发性能佳、稳定的天然着色剂品种和对资源丰富的天然着色剂进行稳定改性，以提高其性能，从而达到既符合安全性要求，又满足食品工业发展需要的目的。

表 5－5　常用天然着色剂的性质

类别	色素名称	主要成分	稳定性						溶解度/(g/100mL)			食品中有效浓度/(mg/kg)	备注
			光	热	氧	微生物	酸	碱	水	植物油	乙醇		
花色苷	葡萄皮红	花葵素	差	差	差	中	好	差	易溶	不溶	易溶	0.5～5	(1)一般酸性时呈红色，中性时呈紫色，碱性时呈蓝色 (2)金属离子(尤其是锡、铁和锰)呈色转蓝
	杨莓红	花青素	好	好	好	中	好	差	易溶	不溶	易溶		
	玫瑰茄红	花翠素	可	中	好	中	好	差	易溶	不溶	易溶		
	黑加仑红		好	好	好	中	好	差	易溶	不溶	易溶		
	玉米黄	锦葵素	好	极好	好	中	好	差	易溶	不溶	易溶		
	萝卜红	天然气葵苷	好	好	好	中	好(橘红色)	中(黄色)	易溶	不溶	易溶		
类胡萝卜素	番茄红素	番茄红素	好	好	好	中	好	好	不溶	溶(0.1)	—		低酸性时可发生沉淀，遇金属离子变混
	胭脂树橙	红木素	中	好	极好	好	差	好	不溶	溶	溶	0.5～10	
	胭脂树橙	降红木素	中	好	极好	好	差	好	溶	不溶	溶		
	β－胡萝卜素	β－胡萝卜素	中	好	差	中	好	好	不溶	微溶(0.05～0.1)	不溶	2.5～50	对二氧化硫和抗坏血酸稳定
	辣椒红	辣椒红	中	好	差	中	好	好	不溶	溶	—	0.2～10	
	栀子黄	藏花素	差	好	差	中	好	中	溶	不溶	溶		
	叶黄素	叶黄素	差	好	中	中	好	好	不溶	溶	溶		对二氧化硫很稳定

黄酮类	可可色素	聚酮糖苷	极好	极好	好	好	好	好	易溶	不溶	易溶		遇铅、铁离子成黑色
	菊黄素	查尔酮苷等	极好	极好	好	好	好（黄色）	可（橙黄色）	易溶	不溶	易溶		
	红花黄	红花黄	好	中	中	中	好	可	易溶	不溶	不溶		
甜菜碱色素	甜菜红	甜菜红苷	差	差	中（溶液） 中（溶液）	好（粉状）	好	差	溶	不溶	溶		对 SO_2 稳定，pH3.5～5.0 时取稳定
奎宁类	胭脂虫红	胭脂虫红酸	好	好	好	好	好（呈橙色）	沉淀（紫色）	溶	不溶	溶	25～1000	
	紫胶红	紫胶酸	好	极好	极好	好	好	中	微溶	不溶	溶		中性时染色性差
卟啉类	叶绿素铜钠	叶绿素铜钠	好	好	好	好	可沉淀	好	溶	不溶	溶		
类黑精	酱色	—	好	好	好	好	视品种而异	视品种而异	易溶	不溶	易溶	1000～5000	
其他有机色素	姜黄	姜黄素	差	好	中	可	好	可（橙）	微溶	溶	溶	油树脂 2～640	
	核黄素	视黄素	差	好	中	可	好	差	微溶	微溶	不溶		
	植物炭黑	碳	极好	极好	极好	极好	极好	极好	不溶	不溶	不溶		
	蓝靛果红	蓝靛	差	好	好	—	可	差	溶	不溶	微溶		
	红曲色素	番茄红等	可	极好	好	极好	可	好	不溶	溶	溶		
无机色素	二氧化钛	二氧化钛	极好	极好	极好	极好	极好	不溶	不溶	不溶	不溶	50～5000	

二、 常用天然着色剂

1. 甜菜红

甜菜红又称甜菜根红。它是用食用红甜菜根制取的一种天然着色剂。

(1) 性状　甜菜红为红色至深紫色液体、块或粉末，或糊状物。有异臭。易溶于水、牛乳，难溶于醋酸，不溶于乙醇、油脂。中性至酸性范围内呈红紫色。碱性条件下呈黄色。于60℃加热30min，褪色较严重。不因氧化而褪色、变色。可因光照而略褪色。铁、铜离子含量多时会发生褐变。紫外线促进光劣化。添加抗氧化剂如L－抗坏血酸可防止光劣化。

(2) 性能　甜菜红对食品染着性好，较稳定。且由于绝大多数食品的pH都为酸性，而其颜色在此pH范围内不发生变化。在生产低水分活性的食品时，使用甜菜红可收到满意的染着和色泽持久的效果。

(3) 毒性　ADI不作限制规定。

(4) 应用　依照GB 2760—2014《食品安全国家标准　食品添加剂使用标准》，甜菜红可在各类食品中按生产需要适量使用。

2. 辣椒红

辣椒红又称辣椒色素。可用溶剂萃取辣椒植物的果实，再分离，经减压浓缩得辣椒色素。

(1) 性状　一般辣椒红为具有特殊气味的深红色黏性油状液体。几乎不溶于水，溶于大多数非挥发性油，部分溶于乙醇。耐热性较好。铁、铜、钴等离子促使其褪色，遇铅离子形成沉淀。

(2) 性能　辣椒红油溶性好，乳化分散性、耐热性及耐酸性较好，应用于经高温处理的肉类食品有良好的着色效果。

(3) 毒性　ADI未作规定。$LD_{50} \geqslant 75g/kg$ 体重（大鼠，经口）。

(4) 应用　依照GB 2760—2014《食品安全国家标准　食品添加剂使用标准》，辣椒色素的使用范围和最大使用量（g/kg）为：调理肉制品（生肉添加调理料）0.1；糕点0.9；焙烤食品馅料及表面用挂浆1.0；冷冻米面制品2.0。冷冻饮品（食用冰除外）、腌渍的蔬菜、熟制坚果与籽类（仅限油炸坚果与籽类）、可可制品、巧克力和巧克力制品，包括代可可脂巧克力及制品、糖果、面糊（如用于鱼和禽肉的拖面糊）、裹粉、煎炸粉、方便米面制品、粮食制品馅料、糕点上彩装、饼干、腌腊肉制品类（如：咸肉、腊肉、板鸭、中式火腿、腊肠）、熟肉制品、冷冻鱼糜制品（包括鱼丸等）、调味品（盐及代盐制品除外）、果蔬汁（浆）类饮料（固体饮料按稀释倍数增加使用量）、蛋白饮料类（固体饮料按稀释倍数增加使用量）、果冻（如用于果冻粉，按冲调倍数增加使用量）、膨化食品，按生产需要适量使用。

辣椒色素广泛代油溶性焦油着色剂使用。

3. 葡萄皮色素

葡萄皮色素又称为葡萄皮红。由制造葡萄酒或葡萄汁的皮渣，除去种子，用酸性乙醇或酸性水溶液萃取果皮，萃取液经精制、真空浓缩而得。

（1）性状　葡萄皮色素为红至暗紫色液状、块状、粉末状或糊状物质，稍臭；溶于水、乙醇，不溶于油脂；铁离子存在下呈暗紫色。耐热性不强，抗坏血酸可提高其耐光性。

（2）性能　葡萄皮色素色调随pH变化，在pH低于3.5的水溶液中呈稳定的玫瑰红色，pH4～5呈淡紫红色，pH高于6时色调转蓝，并随着pH升高而加深。在酸性乙醇液中呈清亮玫瑰红色。染色性不强，聚磷酸盐能使色调稳定；遇蛋白质色调变蓝。因此，该色素适宜用于染着酸性饮料或果酒。

（3）毒性　ADI为0～25mg/kg体重。

（4）应用　依照GB 2760—2014《食品安全国家标准　食品添加剂使用标准》，葡萄皮红的使用范围和最大使用量（g/kg）为：冷冻饮品（食用冰除外）、配制酒1.0；果酱1.5；糖果、焙烤食品2.0；饮料类（包装饮用水除外，固体饮料按照稀释倍数增加使用）2.5。

4. β－胡萝卜素

β－胡萝卜素是胡萝卜素中一种最普通的异构体。胡萝卜素以胡萝卜、辣椒、南瓜等蔬菜含量较多，水果、谷类、蛋黄中也存在。它有三种异构体：α－胡萝卜素、β－胡萝卜素、γ－胡萝卜素，其中以β－胡萝卜素最重要，其相对分子质量为536.88。

（1）性状　β－胡萝卜素为紫红色或暗红色晶体粉末；不溶于水；微溶于乙醇、食用油。在弱碱性时比较稳定，酸性时则不稳定。受光、热、空气影响后色泽变淡。遇重金属离子，特别是铁离子则褪色。

（2）性能　β－胡萝卜素呈黄色至橙色色调，低浓度时呈橙黄色至黄色，高浓度时呈橙红色。它为油溶性色素，对油脂性食品着色性能良好。

（3）毒性　ADI无特殊规定，一般公认安全。LD_{50}8g/kg体重（油溶液，狗，经口）。

（4）应用　依照GB 2760—2014《食品安全国家标准　食品添加剂使用标准》，β－胡萝卜素的使用范围和最大使用量（g/kg）为：稀奶油（淡奶油）及其类似品、熟肉制品0.02；调味糖浆0.05；其他油脂或油脂制品（仅限植脂末）0.065；装饰性果蔬、可可制品、巧克力和巧克力制品，包括代可可脂巧克力及制品、焙烤食品馅料及表面用挂浆、膨化食品0.1；腌渍的蔬菜、腌渍的食用菌和藻类、0.132；其他蛋制品0.15；发酵的水果制品、干制蔬菜、蔬菜罐头、食用菌和藻类罐头0.2；即食谷物包括碾轧燕麦（片）0.4；糖果、水产品罐头、0.5；非熟化干酪、蒸馏酒、发酵酒（葡萄酒除外）0.6；调制乳、风味发酵乳、调制乳粉和调制奶油粉、熟化干酪、再制干酪、干酪类似品、以乳为主要原料的即食风味食品或其预制产品（不包括冰淇淋和风味发酵乳）、水油状脂肪乳化制品、混合和调味的脂肪乳化制品、脂肪类甜品、冷冻饮品（食用冰除外）、醋、油或盐渍水果、水果罐头、果酱、水果甜品（包括果味液体甜品）、蔬菜泥（酱，番茄沙司除外）、其他加工蔬菜、其他加工食用菌和藻类、加工坚果与籽类、面糊（如用于鱼和禽肉的拖面糊）、裹粉、煎炸粉、油炸面制品、杂粮罐头、方便米面制品、冷冻米面制品、谷类和淀粉类甜品（如米布丁、木薯布丁）、粮食制品馅料、焙烤食品、冷冻鱼糜制品（包括鱼丸等）、预制水产品（半成品）、熟制水产品（可直接食用）、蛋制品（改变其物理性状）、植物饮料、果冻（如用于果冻粉，按冲调倍数增加使用量）1.0；固体复合调味料、半固体复合调味料、液体复合调味料、果蔬汁（浆）饮料、蛋白饮料类、碳酸饮料、茶（类）饮料、咖啡（类）饮料、特殊用途饮料、风味饮料（固体饮料按稀释倍数增加使用量）2.0；肉制品的可食用动物肠衣、5.0；糖果和巧克力制品包衣、装饰水果（如工艺造型,）、顶饰（非水果材料）和甜汁20.0。

5. 栀子黄

栀子黄也称藏花素、黄栀子。由栀子果实、香椿属植物的花、毛蕊花属植物的花、藏红花的花等制取的一种食用天然黄色素。将栀子果实等粉碎成粉末，用水或乙醇浸出成黄色液体，然后浓缩、干燥而成。

（1）性状　栀子黄为红棕色针状晶体。微臭。易溶于热水成橙色溶液。微溶于无水乙醇；不溶于油脂。水溶液呈黄色。耐光、耐热性在中性或碱性时佳，酸性时差。遇铁变黑。

（2）性能　栀子黄在碱性环境下黄色色调鲜明，对蛋白质的染色性比对淀粉佳，pH4～10对亲水性食品具有良好的染着力。

（3）毒性　LD_{50}为27g/kg体重（大鼠，经口），是我国传统中药材。

（4）应用　依照GB 2760—2014《食品安全国家标准　食品添加剂使用标准》，栀子黄色素的使用范围和最大使用量（g/kg）为：冷冻饮品（食用冰除外）、蜜饯类、坚果与籽类罐头、可可制品、巧克力和巧克力制品（包括代可可脂巧克力及制品）以及糖果、生干面制品、果蔬汁（浆）类饮料、风味饮料（仅限果味饮料）、配制酒、果冻（如用于果冻粉，按冲调倍数增加使用量）、膨化食品0.3；糕点0.9；生湿面制品（如面条、饺子皮、馄饨皮、烧卖皮）、焙烤食品馅料及表面用挂浆1.0；人造黄油（人造奶油）及其类似制品（如黄油和人造黄油混合品）、腌渍的蔬菜、熟制坚果与籽类（仅限油炸坚果与籽类）、方便米面制品、粮食制品馅料、饼干、熟肉制品（仅限禽肉熟制品）、调味品（盐及代盐制品除外）、固体饮料1.5。

6. 可可（壳）色素

可可（壳）色素又称可可豆色素。由可可豆经发酵、焙炒的黄酮类物。

（1）性状　可可色素为巧克力色粉末，无臭，无异味。易溶于水。在 pH7 左右稳定，pH 大于5.5 时红色色调较强，pH 小于5.5 时黄橙色色调较强，但巧克力本色不变。耐热性、耐光性、耐氧化性均好。但耐还原性差，遇还原剂易褪色。

（2）性能　可可色素对淀粉、蛋白质着色性能良好，有良好的抗氧化性。

（3）毒性　LD_{50}≥10g/kg 体重（大鼠，经口）。安全。

（4）应用　依照 GB 2760—2014《食品安全国家标准　食品添加剂使用标准》，可可色素的使用范围和最大使用量（g/kg）为：冷冻饮品（食用冰除外）、饼干0.04；植物蛋白饮料（固体饮料按稀释倍数增加使用量）0.25；面包0.5；糕点0.9；焙烤食品馅料及表面用挂浆、配制酒1.0；碳酸饮料（固体饮料按稀释倍数增加使用量）2.0；可可制品、巧克力和巧克力制品（包括代可可脂巧克力及制品）以及糖果、糕点上彩装3.0。

7. 焦糖色

焦糖色又名酱色，是我国产量最大的天然着色剂。

焦糖可由不同方法进行生产，可用蔗糖、转化糖、乳糖、麦芽糖浆、糖蜜、淀粉的水解物和各水解组分为原料，常用的是蔗糖和以葡萄糖为主的淀粉水解产物。将糖在160～200℃加热约3h，使其焦糖化，用碱中和而得。由于所用催化剂的不同，将焦糖分为四种不同产品。

Ⅰ类：普通法焦糖色，是在碱或酸存在和受控制加热条件下制成，即由碳水化合物用或不用碱加热制成者，但不用铵盐或亚硫酸盐。

Ⅱ类：苛性硫酸盐焦糖色，是由碳水化合物在有亚硫酸盐而无铵盐存在下，用碱加热制成。

Ⅲ类：氨法焦糖色，由碳水化合物在有铵盐而无亚硫酸盐存在下，用或不用酸或碱加热制成者。

Ⅳ类：亚硫酸铵法焦糖色，由碳水化合物在铵盐和亚硫酸盐均存在下，用或不用酸或碱加热制成者。

（1）性状　焦糖色为深褐至黑色的液体、块状、粉末状或糊状物质；带焦糖香味；有愉快苦味；溶于水和稀醇溶液。在玻璃板上均匀涂抹成一薄层，为透明的红褐色。0.1%水溶液呈透明棕色，在日光照射下至少能保持6h稳定。酱色的色调受 pH 及在大气中暴露时间的影响。

以砂糖为原料制得的焦糖色，对酸、盐稳定性好；以淀粉或葡萄糖为原料、以碱做催化剂制得的焦糖色耐碱性强，对酸和盐不稳定；而用酸做催化剂制得的焦糖色，对酸和盐稳定。

（2）性能　焦糖色色调受 pH、大气影响。

以砂糖为原料制得的焦糖色，红色色度高，着色力低。以淀粉或葡萄糖为原料制得的焦糖色，红色色度高；但用酸做催化剂制得的焦糖色，着色力差。

(3) 毒性　ADI值：Ⅰ类不作限制性规定；Ⅱ类未作规定；Ⅲ类和Ⅳ类0～200mg/kg。LD_{50}≥1.9g/kg体重（大鼠，经口）。

(4) 应用　依照GB 2760—2014《食品安全国家标准　食品添加剂使用标准》，焦糖色的使用范围和最大使用量：

①焦糖色（加氨生产）（g/kg）：醋1.0；果酱1.5；调制炼乳（包括加糖炼乳、调味甜炼乳及使用了非乳原料的调制炼乳）、冷冻饮品（食用冰除外）、含乳饮料（固体饮料按稀释倍数增加使用量）2.0；风味饮料（仅限果味饮料，固体饮料按稀释倍数增加使用量）5.0；面糊（如用于鱼和禽肉的拖面糊）、裹粉、煎炸粉12.0；果冻（如用于果冻粉，按冲调倍数增加使用量）50.0。

威士忌、朗姆酒6.0g/L；黄酒、30.0 g/L；白兰地、配制酒、调香葡萄酒、啤酒和麦芽饮料、50.0 g/L。

可可制品、巧克力和巧克力制品（包括代可可脂巧克力及制品）以及糖果、粉圆、即食谷物，包括碾轧燕麦（片）、饼干、调味糖浆、酱油、酱及酱制品、复合调味料、果蔬汁（浆）饮料（固体饮料按稀释倍数增加使用量）、均按生产需要适量使用。

②焦糖色（苛性硫酸盐）（g/ L）：白兰地、威士忌、朗姆酒、配制酒6.0。

③焦糖色（普通法）：果酱1.5、膨化食品2.5g/kg。威士忌、朗姆酒6.0g/L。

调制炼乳（包括加糖炼乳及使用了非乳原料的调制炼乳等）、冷冻饮品（食用冰除外）、可可制品、巧克力和巧克力制品（包括代可可脂巧克力及制品）以及糖果、面糊（如用于鱼和禽肉的拖面糊）、裹粉、煎炸粉、即食谷物包括碾轧燕麦（片）、饼干、焙烤食品馅料及表面用挂浆（仅限风味派馅料）、调理肉制品（生肉添加调理料）、调味糖浆、醋、酱油、酱及酱制品、复合调味料、果蔬汁（浆）类饮料（固体饮料按稀释倍数增加使用量）、含乳饮料（固体饮料按稀释倍数增加使用量）、风味饮料（固体饮料按稀释倍数增加使用量）、白兰地、配制酒、调香葡萄酒、黄酒、啤酒和麦芽饮料、果冻（如用于果冻粉，按冲调倍数增加使用量），均按生产需要适量使用。

④焦糖色（亚硫酸铵法）（g/kg）：咖啡（类）饮料、植物饮料0.1；调制炼乳（包括加糖炼乳及使用了非乳原料的调制炼乳）1.0；冷冻饮品（食用冰除外）、含乳饮料2.0；面糊（如用于鱼和禽肉的拖面糊）、裹粉、煎炸粉、即食谷物，包括碾轧燕麦（片）2.5；粮食制品馅料（仅限风味派）7.5；酱及酱制品、料酒及制品、茶（类）饮料10.0；黄酒30.0；饼干、复合调味料、50.0g/kg。

威士忌、朗姆酒6.0g/L；白兰地、配制酒、调香葡萄酒、啤酒和麦芽饮料50.0g/L；

可可制品、巧克力和巧克力制品（包括代可可脂巧克力及制品）以及糖果、酱油、果蔬汁（浆）类饮料、碳酸饮料、风味饮料（仅限果味饮料）、固体饮料类、按生产需要适量使用。

思考题

1. 结合着色剂的发展历史，简述着色剂对食品工业的促进作用。
2. 简述着色剂的发展趋势。
3. 着色剂的成色机理是什么？与着色剂的保护有什么关系？
4. 简述合成着色剂与天然着色剂的优缺点。
5. 请结合常用着色剂的性质和颜色调色原理，分别写出用着色剂调配绿色、橙色、紫色、灰色、褐色的组合。
6. 举例简述我国天然着色剂的应用情况。

实训内容

实训一 食品着色剂的调色

一、实训目的

掌握颜色调色原理，并进一步了解食品着色剂的性质与应用时的注意事项。

二、实训材料

胭脂红、柠檬黄、靛蓝、葡萄皮色素、姜黄、栀子蓝（均为食用级）、蒸馏水。

天平等。

三、实训步骤

1. 橙色的调色

配制0.1%胭脂红水溶液和0.5%的柠檬黄水溶液，按红∶黄=1∶2（V/V）的比例将两种溶液混合，观察调配后溶液的色泽。可改变胭脂红和柠檬黄溶液的调配比例，观察调配后溶液的色泽变化。

2. 紫色的调色

配制0.1%胭脂红水溶液和0.1%的亮蓝水溶液，按红∶蓝=2∶1（V/V）的比例将两种溶液混合，观察调配后溶液的色泽。可改变胭脂红和亮蓝溶液的调配比例，观察调配后溶液的色泽变化。

3. 绿色的调色

配制0.5%柠檬黄水溶液和0.1%的亮蓝水溶液，按黄∶蓝=1∶1（V/V）的比例将两种溶液混合，观察调配后溶液的色泽。可改变柠檬黄和亮蓝溶液的调配比例，观察调配后溶液的色泽变化。

4. 咖啡色的调色

用0.1%胭脂红水溶液、0.5%柠檬黄水溶液和0.1%的亮蓝水溶液，按红∶黄∶蓝=

1:2:2（V/V）的比例将三种溶液混合，观察调配后溶液的色泽。可改变胭脂红、柠檬黄和亮蓝溶液的调配比例，观察调配后溶液的色泽变化。

四、思考题

1. 颜色调色原理是什么？

2. 将上述实验观察的结果进行分析、小结。

实训二 食品着色剂的稳定性

一、实训目的

通过实验增强对食品着色剂氧化-还原、光、热等稳定性的感性认识。

二、实训材料

（1）色素溶液（1%） 胭脂红、苋菜红、柠檬黄、靛蓝、葡萄皮色素、姜黄、焦糖色等（均为食用级）。

（2）试剂 1%高锰酸钾溶液，1%抗坏血酸溶液，1%三氯化铁溶液，1%硫酸铜溶液，1%硫酸锡溶液。

紫外灯、比色管、烧杯、天平等。

三、实训步骤

1. 光稳定性

取上述色素溶液10mL分别加入两支比色管，一支存放于暗处作为对比样，另一支排列于开着的紫外灯之前照射2~4h。观察两种样品的色调差别。

2. 热稳定性

取上述色素溶液10mL分别加入两支比色管，一支存放于室温暗处作为对比样，另一支于95℃水浴加热0.5~1h。观察两种样品的色调差别。

3. 氧化还原稳定性

取上述色素溶液10mL分别加入三支比色管，一支存放于室温暗处作为对比样，另两支分别滴入数滴高锰酸钾溶液和抗坏血酸溶液，振荡均匀，静置10~30min。观察两种样品的色调差别。

4. 金属离子稳定性

取上述色素溶液10mL分别加入四支比色管，一支存放于室温暗处作为对比样，另三支分别滴入数滴氯化铁、硫酸铜、硫酸锡溶液，振荡均匀，静置10~30min。观察两种样品的色调差别。

四、思考题

1. 氧化-还原、光、热对食用色素稳定性的影响如何？

2. 将上述观察结果进行分析、小结。

实训三 调味糖浆的制作

一、实训目的

通过实验了解调味糖浆的制作，增强食用色素的感性认识。

二、实训器材

瓷盆，天平，电磁炉等。

三、实训材料、步骤（可以二选一）

1. 冷冻饮品的调味糖浆的制作

（1）组分及其质量分数　果葡糖浆30%～50%；白砂糖1%～10%；CMC 0.1%～1.0%；柠檬酸0.1%～1.0%；食用香精0.1%～2.0%；食用色素少许；苯甲酸钠0.01%～0.1%。

（2）步骤　将上述组分按其重量百分比加入至一干净瓷盆，加饮用水至组分之和为100%，搅拌至黏稠状，倒入准备好的容器中即可。

2. 自制可可糖浆（西点调味酱）

（1）组分　可可粉10g；牛乳300g；白砂糖少许；可可色素少许。

（2）步骤　选择电磁炉的炖奶按钮，温度调至最低加热牛乳。然后将可可粉倒入热牛乳中，不停搅拌至融化。加入白砂糖少许，可可色素少许。搅拌至黏稠时关火。冷却后倒入准备好的容器中储存。

四、思考题

（1）冷冻饮品的调味糖浆的制作中选择合适的食品着色剂及其合适的量，简述理由。

（2）自制可可糖浆制作中，选择可可色素的合适量。

模块六

食品护色剂和漂白剂

学习目标与要求

了解食品发色剂、漂白剂的作用机理；掌握各种发色剂、漂白剂的性能、应用。

学习重点与难点

重点：食品发色剂、漂白剂的应用。

难点：食品发色剂、漂白剂的作用机理。

学习内容

项目一 食品护色剂

在食品加工过程中，为了改善或保护食品的色泽，除了使用色素直接对食品进行着色外，有时还需要添加适量护色剂。依据 GB 2760—2014《食品安全国家标准　食品添加剂使用标准》，护色剂即能与肉及肉制品中呈色物质作用，使之在食品加工、保藏等过程中不致分解、破坏，呈现良好色泽的物质。

一、食品护色剂的护色机理

原料肉的红色，是由肉组织中肌红蛋白（Mb）及血红蛋白（Hb）所呈现的一种感官颜色。因两者均含有正铁血红素，故统称为正铁血红素。一般肌红蛋白占

70%～90%，是表现肉颜色的主要成分。新鲜肉中的肌红蛋白易被氧化，红色变褐。

为了使肉制品呈鲜艳的红色，在加工过程中多添加硝酸盐、亚硝酸盐。硝酸盐在细菌（亚硝酸菌）的作用下还原成亚硝酸盐。亚硝酸盐在一定的酸性条件下会生成亚硝酸。一般宰后成熟的肉因含乳酸，其反应为：

$$NaNO_2 + CH_3CHOHCOOH \longrightarrow HNO_2 + CH_3CHOHCOONa \quad (6-1)$$

亚硝酸很不稳定，即使在常温下也可分解产生亚硝基（NO）：

$$3HNO_2 \longrightarrow H^+ + NO_3^- + 2NO + H_2O \quad (6-2)$$

此时生成的亚硝基会很快地与肌红蛋白反应生成鲜艳的、亮红色的亚硝基肌红蛋白（MbNO），其反应为：

$$Mb + NO \longrightarrow MbNO \quad (6-3)$$

亚硝基肌红蛋白遇热后，放出巯基（—SH），变成了具有鲜红色的亚硝基血色原。

由式（6－2）可知亚硝酸分解生成NO，也生成少量的硝酸，而且NO在空气中也可以被氧化成亚硝酸根NO_2，进而与水反应生成硝酸。其反应如下：

$$2NO + O_2 = 2NO_2 \quad (6-4)$$

$$2NO_2 + H_2O \longrightarrow HNO_2 + HNO_3 \quad (6-5)$$

如式（6－4）、式（6－5）所示生成硝酸，不仅亚硝酸基被氧化，而且抑制了亚硝基肌红蛋白的生成。由于硝酸的氧化作用很强，即使肉中含有烟酰胺的还原型辅酶或含巯基（—SH）的还原性物质，也不能防止部分肌红蛋白被氧化成高铁肌红蛋白。因此在使用硝酸与硝酸盐的同时常使用L－抗坏血酸、L－抗坏血酸钠等还原性物质来防止肌红蛋白的氧化。另外，烟酰胺也有促进护色的作用。在肉类制品的腌制过程中添加适量的烟酰胺，可以防止肌红蛋白在从亚硝酸到生成亚硝基期间的氧化变色。因而又将L－抗坏血酸与烟酰胺称为护色助剂。

二、肉类护色剂

1. 亚硝酸钠、亚硝酸钾

亚硝酸钠，分子式$NaNO_2$，相对分子质量69.00。亚硝酸钾分子式KNO_2，相对分子质量85.00。

（1）性状　亚硝酸钠为无色或微带黄色结晶，味微咸，易潮解；易溶于水，水溶液呈碱性；在乙醇中微溶。外观、口味均与食盐相似。

亚硝酸钾性状与亚硝酸钠相似。

（2）性能　亚硝酸钠、亚硝酸钾（统称为亚硝酸盐）用于肉类腌制，护色效果良好。

亚硝酸盐对提高腌肉的风味也有一定的作用。在肉制品中，亚硝酸盐对抑制微生物的增殖也有一定的作用，亚硝酸盐对肉毒梭状芽孢杆菌有特殊抑制作用，这也是使用亚硝酸盐的重要理由。

（3）毒性　亚硝酸盐小鼠经口 LD_{50}220mg/kg 体重。ADI 为 0～0.2mg/kg 体重（亚硝酸盐总量，以亚硝酸钠计）。是食品添加剂中急性毒性较强的物质之一，极量一次为 0.3g。亚硝酸盐与仲胺能在人胃中合成亚硝胺而可能致癌。摄取多量亚硝酸盐进入血液后，可能导致组织缺氧，症状为头晕、恶心、呕吐、全身无力、心悸，严重时全身皮肤发紫，严重呼吸困难、血压下降、昏迷、抽搐，会因呼吸衰竭而死亡。

（4）应用　依照 GB 2760—2014《食品安全国家标准　食品添加剂使用标准》，亚硝酸钠、亚硝酸钾的使用范围和最大使用量（以亚硝酸钠计，g/kg）为：腌腊肉制品类（如咸肉、腊肉、板鸭、中式火腿、腊肠等）、酱卤肉制品类、熏、烧、烤肉类、油炸肉类、肉灌肠类、发酵肉制品类 0.15，残留量≤30mg/kg；西式火腿（熏烤、烟熏、蒸煮火腿）类 0.15，残留量≤70mg/kg；肉罐头类 0.15，残留量≤50mg/kg。

亚硝酸钠、亚硝酸钾还可作防腐剂。

2. 硝酸钠、硝酸钾

硝酸钠分子式 $NaNO_3$，相对分子质量 85.00。硝酸钾分子式 KNO_3，相对分子质量 101.00。

（1）性状　硝酸钠为白色结晶，允许带浅灰色、浅黄色粉末，味咸并稍苦，有潮解性。易溶于水，微溶于乙醇与甘油，10%的水溶液呈中性。

硝酸钾性状与硝酸钠相似。

（2）性能　参照亚硝酸钠。

（3）毒性　ADI 为 0～5mg/kg（硝酸盐总量，以硝酸钠计）。硝酸盐的毒性主要由它在食物中、水中或胃肠道内被还原成亚硝酸盐所致。

（4）应用　依照 GB 2760—2014《食品安全国家标准　食品添加剂使用标准》，护色剂硝酸钠、硝酸钾的使用范围和最大使用量（以亚硝酸钠计，g/kg）为：腌腊肉制品类（如咸肉、腊肉、板鸭、中式火腿、腊肠等）、酱卤肉制品类、熏、烧、烤肉类、油炸肉类、西式火腿（熏烤、烟熏、蒸煮火腿）类、肉灌肠类、发酵肉制品类 0.5，残留量≤30mg/kg。

硝酸钠、硝酸钾也可作防腐剂。

在肉类腌制时，除单独使用硝酸盐或亚硝酸盐外，也有同时使用硝酸盐及亚硝酸盐。

硝酸钠、硝酸钾系危险品，与有机物等接触即着火燃烧或爆炸。应注意防火。贮存时要密封保存。

3. 异抗坏血酸及其钠盐

异抗坏血酸及其钠盐的功能除作为抗氧化剂外，还有护色剂作用。异抗坏血酸及其钠盐可以把氧化型的褐色高铁肌红蛋白还原为红色的还原型肌红蛋白。

异抗坏血酸与亚硝酸盐有高度的亲和力，在机体内能防止亚硝基化作用，从而能抑制亚硝基化合物的生成。所以在肉类腌制时添加适量的异抗坏血酸，有可能防止生成致癌物质。

异抗坏血酸及其钠盐的性质和使用在模块三食品抗氧化剂项目三水溶性抗氧化剂中已介绍。

三、 亚硝胺的致癌性

许多亚硝胺对实验动物有致癌性，亚硝胺的致癌性问题已引起多方面的高度重视。亚硝酸盐与仲胺能在人胃中合成亚硝胺。仲胺是蛋白质代谢的中间产物。虽然尚无直接的论据证实由于食品中存在硝酸盐、亚硝酸盐及仲胺而引起人类的致癌，但是从食品安全的角度出发，应予以高度重视。

虽然硝酸盐与亚硝酸盐的使用受到了很大限制，但至今国内外仍在继续使用，其原因就是亚硝酸盐对保持腌肉制品的色、香、味有特殊的作用，迄今尚未发现理想的替代物质。更重要的原因是亚硝酸盐对肉毒梭状芽孢杆菌的抑制作用。据国外报道在不使用亚硝酸盐的情况下，肉毒中毒事件时有发生。所以在修改使用标准时，就要在产生亚硝胺致癌的可能性和防止肉制品中毒的危险性之间进行权衡。在限制其使用的同时，必须在工艺上采取杀菌等相应的措施，以保证充分有效地防止食用肉制品中毒。在肉制品加工中应严格控制亚硝酸盐及硝酸盐的使用量，使之降低到最低水平，以保障人民的健康。

研究表明，抗坏血酸与亚硝酸盐有高度的亲和力，在机体内能防止亚硝基化作用，从而几乎能完全抑制亚硝基化合物的生成。所以在肉类腌制时添加适量的抗坏血酸，有可能防止生成致癌物质。据报道向肉制品中直接加入一氧化氮溶液，能使产品生成稳定的色泽。在其中加入抗坏血酸可以显著地改善色泽，并能强烈地降低成品中亚硝酸根的含量。试验中加入一氧化氮饱和的0.1%及0.05%抗坏血酸溶液处理的产品，亚硝酸根残存量最少，色泽最好。

另有报告称在亚硝酸和二甲胺的混合物水溶液中添加氨基酸，发现氨基酸呈中性和酸性时则完全可以阻止二甲基亚硝胺的生成。又有报告称添加0.5%～1.0%赖氨酸盐和精氨酸等量混合物，同时并用10mg/kg的亚硝酸钠，灌肠制品的色调可以发挥得相当好。可见氨基酸类物质有可能加大幅度降低亚硝酸钠的用量。

项目二

食品漂白剂

食品的色、香、味一直为消费者所重视，尤其是将色泽列于第一，可知颜色对食品的重要性。在加工蜜饯、干果类食品时，常发生褐变作用而影响外观。这时就希望变白。因此，漂白在食品工业中，对于食品色泽有重要的作用。能破坏、抑制食品的发色因素，使色素褪色或使食品免于褐变的添加剂称为漂白剂。

从作用上看，漂白剂可分为还原漂白剂及氧化漂白剂两大类。氧化漂白剂已经在模块二食品防腐剂与杀菌剂项目六杀菌剂中介绍。我国实际使用的主要是还原漂白剂：亚硫酸及其盐类。

一、 常用漂白剂

1. 硫磺

硫磺，分子式S，相对分子质量32。

（1）性状　硫磺易燃，燃烧产生二氧化硫。

（2）性能　熏硫就是燃烧硫磺产生二氧化硫。熏硫可使果片表面细胞破坏，促进干燥，同时由于二氧化硫的还原作用，可破坏酶的氧化系统，阻止氧化作用，使果实中单宁物质不被氧化成棕褐色。一般果蔬干制品可防止褐变。对果脯、蜜饯来说可以使成品保持浅黄色或金黄色。熏硫还可以保存果实中维生素C；此外，还有抑制微生物的作用，达到防腐的目的。

（3）毒性　二氧化硫是一种有害气体，在空气中浓度较高时，对于眼和呼吸道黏膜有强刺激性。如1L空气中含数毫克二氧化硫，可因声门痉挛窒息而死。我国规定二氧化硫在车间空气中的最高容许浓度为$20mg/m^3$。

（4）应用　依照GB 2760—2014《食品安全国家标准　食品添加剂使用标准》，硫磺的使用范围和最大使用量（只限用于熏蒸，最大使用量以二氧化硫残留量计，g/kg）为：水果干类、食糖0.1；干制蔬菜0.2；蜜饯凉果0.35；经表面处理的鲜食用菌和藻类0.4；魔芋粉0.9。

进行熏硫处理，熏蒸果片等时必须注意熏硫室中硫磺品质要优良，含杂质宜少。其中砷含量应低于0.0003%。熏硫室要严密，车间通风要良好。贮存时注意防火。

2. 二氧化硫

二氧化硫，别名亚硫酸酐，分子式SO_2，相对分子质量64.07。

（1）性状　二氧化硫在常温下是一种无色的气体，有强烈的刺激臭，有窒息性；气体相对密度为空气的2.263倍；易溶于水与乙醇，溶于水时一部分与水化合成亚硫酸；亚硫酸不稳定，即使在常温下，如不密封亦容易分解；当加热时更迅速地分解而放出二氧化硫。-10℃时二氧化硫冷凝成无色的液体。

（2）性能　同硫磺。

（3）毒性　同硫磺。

（4）应用　依照GB 2760—2014《食品安全国家标准　食品添加剂使用标准》，二氧化硫的使用范围和最大使用量（以二氧化硫残留量计，g/kg）为：啤酒和麦芽饮料 0.01；食用淀粉 0.03；淀粉糖（果糖、葡萄糖、饴糖、部分转化糖等）0.04；经表面处理的鲜水果、蔬菜罐头（仅限竹笋、酸菜）、干制的食用菌和藻类、食用菌和藻类罐头（仅限蘑菇罐头）、坚果与籽类罐头、生湿面制品（如面条、饺子皮、馄饨皮、烧卖皮，仅限拉面）、冷冻米面制品（仅限风味派）、调味糖浆、半固体复合调味料、果蔬汁（浆）（浓缩果蔬汁、浆按浓缩倍数折算，固体饮料按稀释倍数增加使用量）、果蔬汁（浆）类饮料（浓缩果蔬汁、浆按浓缩倍数折算，固体饮料按稀释倍数增加使用量）0.05；水果干类、腌渍的蔬菜、可可制品、巧克力和巧克力制品（包括代可可脂巧克力及制品）以及糖果、饼干、食糖 0.1；干制蔬菜、腐竹类（包括腐竹、油皮等）0.2；蜜饯凉果 0.35；干制蔬菜（仅限脱水马铃薯）0.4。

葡萄酒、果酒 0.25g/L；甜型葡萄酒及果酒系列产品 0.4g/L；

液态二氧化硫需贮存于耐压钢瓶中。二氧化硫不但是漂白剂，还是防腐剂、抗氧化剂。

3. 亚硫酸钠

亚硫酸钠有无水亚硫酸钠、结晶亚硫酸钠。无水亚硫酸钠分子式 Na_2SO_3，相对分子质量 126.05。结晶亚硫酸钠分子式 $Na_2SO_3 \cdot 7H_2O$，相对分子质量 252.16。

（1）性状　亚硫酸钠为白色粉末或结晶。易溶于水，微溶于乙醇；水溶性呈碱性，在空气中徐徐氧化成为硫酸盐，其与酸反应产生二氧化硫。无水亚硫酸钠比含结晶水的稳定。

（2）性能　植物性食品的褐变，多与氧化酶的活性有关，亚硫酸钠在被氧化时将着色物质还原，对氧化酶的活性有很强的阻碍作用而呈现强烈的漂白作用。所以制作果干、果脯时使用亚硫酸钠可以防止酶性褐变。另外，亚硫酸钠与葡萄糖等能进行加成反应，阻断含碳基的化合物与氨基酸的缩合反应，防止了由糖氨反应造成的非酶性褐变。

亚硫酸钠是强还原剂，有显著的抗氧化作用。它能消耗果蔬组织中的氧，对于防止果蔬中维生素 C 的氧化破坏有效。

（3）毒性　小白鼠 LD_{50}175g/kg 体重（以 SO_2 计）。ADI 为 0～0.7mg/kg 体重（二氧化硫和亚硫酸盐的总评价，以 SO_2 计）。

（4）应用　依照 GB 2760—2014《食品安全国家标准　食品添加剂使用标准》，亚硫酸钠的使用范围和最大使用量同二氧化硫。

4. 低亚硫酸钠

低亚硫酸钠又称连二亚硫酸钠，称为食品工业用保险粉，分子式 $Na_2S_2O_4$，相对分子质量 174.11。

（1）性状　低亚硫酸钠为白色结晶粉末。有二氧化硫的臭气。易溶于水，几乎不溶于乙醇。在空气中易氧化分解，潮解后析出硫磺。

（2）性能　参照亚硫酸钠。本品比一般亚硫酸盐的还原性更强烈，是亚硫酸类漂白剂中还原力和漂白力最强的。

（3）毒性　参照亚硫酸钠。

（4）应用　依照 GB 2760—2014《食品安全国家标准　食品添加剂使用标准》，低亚硫酸钠的使用范围和最大使用量同二氧化硫。

5. 焦亚硫酸钠

焦亚硫酸钠别名偏重亚硫酸钠。分子式 $Na_2S_2O_5$，相对分子质量 190.13。

（1）性状　焦亚硫酸钠为白色结晶或粉末，有二氧化硫的臭气。易溶于水与甘油，微溶于乙醇；1% 水溶液 pH 为 4.0 ~ 5.5，在空气中放出二氧化硫而分解；具有强还原性。

焦亚硫酸盐类不稳定，但臭味较小。

（2）性能　参照亚硫酸钠。

（3）毒性　参照亚硫酸钠。

（4）应用　焦亚硫酸盐类价格较低。依照 GB 2760—2014《食品安全国家标准　食品添加剂使用标准》，焦亚硫酸钠的使用范围和最大使用量同二氧化硫。

二、使用漂白剂的注意事项

1. 各种亚硫酸类物质中有效二氧化硫含量

亚硫酸盐都能产生强还原性的亚硫酸。各种亚硫酸类物质中有效二氧化硫含量见表 6－1 所示。

表 6－1　各种亚硫酸类物质中有效二氧化硫含量

名称	分子式	有效二氧化硫/%
液态二氧化硫	SO_2	100
亚硫酸（6% 溶液）	H_2SO_3	6.0
亚硫酸钠	$Na_2SO_3 \cdot H_2O$	25.42
无水亚硫酸钠	Na_2SO_3	50.84
亚硫酸氢钠	$NaHSO_3$	61.59
焦亚硫酸钠	$Na_2S_2O_5$	57.65
低亚硫酸钠	$Na_2S_2O_4$	73.56

2. 使用漂白剂注意事项

（1）食品中如存在金属离子时，则可将残留的亚硫酸氧化。此外，由于其显著地促进已被还原色素的氧化变色，所以注意在生产时，不要混入铁、铜、锡及其他重金属离子，可以同时使用金属离子螯合剂。

（2）亚硫酸盐类的溶液易分解失效，最好是现用现配制。

（3）用亚硫酸漂白的物质，由于二氧化硫消失后容易复色，所以通常多在食品中残留一定量二氧化硫使用。由于食品的种类不同，使用量和残留量也不一样。残留量高的制品会造成食品有二氧化硫的臭气，对后添加的香料、色素和其他添加剂也有影响，对人体健康也会有影响。

（4）亚硫酸盐类不能抑制果胶酶的活性，所以有损于果胶的凝聚力。

（5）亚硫酸盐类渗入水果组织后，加工时若不把水果破碎，只用简单的加热方法是较难除尽二氧化硫的，所以用亚硫酸盐类保藏的水果只适于制作果酱、果干、果酒、果脯、蜜饯等，不能作为罐头的原料。另外，如用二氧化硫残留量高的原料制罐头时罐体腐蚀严重（铁罐），并由此而产生大量硫化氢。这一点更应注意。

（6）柠檬酸（0.0025%）等可作为薯类淀粉漂白剂的增效剂。

（7）某些化学试剂虽然漂白效果很好，但对人体有严重伤害，如用吊白粉（甲醛合次硫酸氢钠）脱色，会使食品中残留有害的甲醛，所以在食品中是禁止使用的。

思考题

1. 简述发色剂的发色机理。
2. 简述亚硝酸钠的性能、应用。
3. 写出焦亚硫酸钠、保险粉的别名、分子式。
4. 举例简述一漂白剂的性能、应用。
5. 写出吊白粉的化学名称。
6. 简述亚硫酸盐的漂白作用。

实训内容

实训一 香肠的护色

一、实训目的

了解食品护色剂护色机理；熟悉食品护色剂的使用。

二、实训材料

1. 仪器

电炉、烘箱、冰箱等。

2. 材料

猪肉，盐，味精，白糖，白酒，亚硝酸钠，异抗坏血酸，柠檬酸，干肠衣

(均为食用级)。

三、实训步骤

1. 实训参考配方

精瘦猪肉8kg、肥猪肉2kg、盐0.3kg、味精30g，白糖1kg、白酒1kg、亚硝酸钠4g、异抗坏血酸10g，柠檬酸1.5g、干肠衣6m。

2. 操作步骤

(1) 整理和腌制　瘦猪肉选用猪后臀肉，肥肉选用猪板肥膘，先去骨皮，修去硬筋，切成约1cm的肉丁，用温水漂洗去浮油，沥干水备用。将食盐等辅料加少量水溶解拌入肉中翻拌均匀，腌制30~40min。

(2) 灌肠　将干肠衣先用温水泡软，一头套在漏斗上系紧，另一端用细棉绳扎紧，随后便可灌肠。然后用针刺有气泡处释放气泡，最后用细棉绳扎紧上端。

(3) 干燥　结扎好的鲜生肠可吊于横杆上于日光下晒7~15d至肠衣干缩并紧贴肉馅。亦可直接用烘箱进行鼓风干燥：温度45~50℃，时间36~48h。

加工好的香肠于室温暗处放置一段时间成熟，形成香肠特有的风味。

3. 国家香肠卫生标准部分主要指标

(1) 感官指标　瘦肉呈红色、枣红色，脂肪呈乳白色，色泽分明，外表有光泽；腊香味纯正浓郁，具有中式香肠固有的风味；滋味鲜美，咸甜适中；外形完整，长短、粗细均匀，表面干爽呈现收缩后的自然皱纹。

(2) 理化指标　亚硝酸钠（以$NaNO_2$计）<20mg/kg。

四、思考题

(1) 阐述香肠制品的护色机理。

(2) 香肠生产中添加亚硝酸钠、异抗坏血酸，并且添加柠檬酸，为什么?

实训二　果干的护色、加工

具体见模块十五食品加工助剂中实训一无花果干加工。

实训三　蘑菇罐头加工

一、实训目的

了解食品护色剂护色机理；熟悉食品护色剂的使用。

二、实训材料

马口铁罐或玻璃瓶罐、预煮机、排气机、密封机、灭菌罐等。

鲜蘑菇；焦亚硫酸钠、柠檬酸、盐（均为食用级）。

三、实训步骤

1. 蘑菇原料的选择

片状菇罐头的原料，菌盖直径≤4.5cm，碎片菇罐头的原料，菌盖直径≤6.0cm。

2. 漂洗

将鲜菇倒入0.03%焦亚硫酸钠溶液中，轻轻地上下翻动，洗去泥沙、杂质以及菇表层的蜡状物、脂质等。漂洗2min后，捞出放入流水中洗净。

3. 预煮

先把配制好的0.1%柠檬酸溶液在预煮机中煮沸，然后放入漂洗好的蘑菇，水∶菇≈3∶2。继续煮沸至煮透，8~10min后快速冷却。

4. 装罐

马口铁罐或玻璃瓶罐洗净，倒置于洁净的架子上沥干。将蘑菇装入罐中。

5. 加汤汁

汤汁配方：精盐2.3%~2.5%，柠檬酸0.05%。汤汁装入蘑菇罐中。加汤汁时汤汁温度≥80℃。

6. 预封、排气和密封

预封后及时排气。加热排气时，装罐排气温度为85~90℃，7min。

7. 灭菌和冷却

排气密封后的罐头应立即进行灭菌。灭菌完毕冷却。

四、思考题

（1）阐述蘑菇的护色机理。

（2）蘑菇生产中为什么添加柠檬酸?

模块七 食品用香料

学习目标与要求

了解食品用香料、香精的呈香原因；掌握各种食品用天然香料、合成香料、香精的性能、应用。

学习重点与难点

重点：食品用香料、香精的应用。

难点：食品用香料、香精的呈香原因。

学习内容

项目一 食品用香料、香精的呈香和使用特点

食品的香气是食品中挥发性物质的微粒悬浮于空气中，经过鼻孔刺激嗅觉神经，然后传至大脑而引起的感觉。食品的香是嗅觉、口感的综合，对人有强烈的吸引力，控制着人的食欲。能用嗅觉辨别出该种物质存在的最低浓度称为香气阈值。香味物质在食品香气中所起的作用是不同的，若以数值定量化，则称为香气值或发香值，香气值是香味物质的浓度与它的阈值之比，即：

$$香气值 = \frac{香味物质的浓度}{阈值}$$

一般香气值 <1 时，这种香味物质不会引起人们的感觉。咀嚼食物时所感知的香味与香气密切相关。食物进入口腔所引起的味觉称香味。香气和香味在感知上

是相辅相成的。

在食品的加工中为了改善和增强食品的芳香味或满足人们的感官需要，常在食品中添加香料和香精。依据 GB 2760—2014《食品安全国家标准　食品添加剂使用标准》，食品用香料是能够用于调配食品香精，并使食品增香的物质。香料一般具挥发性；在食品加香中，目前除橘子油、香兰素等少数产品外，一般均不单独使用香料。通常是数种至几十种香料调和起来，才能适应应用上的需要，这些经配制而成的香料称为香精。在食品中使用食品用香料、香精的目的是使食品产生、改变或增强风味。

一、香料、香精的分类

香料的香味是由多种挥发性物质所组成。香料是具有挥发性的有香物质，按来源不同，可分为天然香料和人造香料。天然香料又分为植物性香料及动物性香料；人造香料包括单离香料（从天然香料中分离出来的单体香料）及合成香料（以石油化工产品、煤焦油产品等为原料经合成反应而得到的单体香料）。香料、香精的分类和用途见图 7－1。

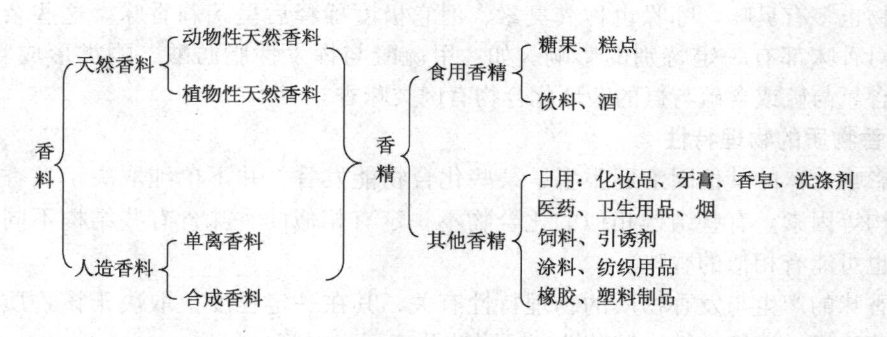

图 7－1　香精、香料的分类和用途

二、香料、香精的呈香原因

1. 发香物质的化学结构

发香物质一般属于有机化合物。发香物质发香的原因、香味的差异和强度的不同，主要在于其发香基团的不同、碳链结构的不同、取代基相对位置的不同及分子中原子空间排布的不同。

（1）发香物质中必须有一定种类的发香基团　发香基团决定了气味的种类。其中包括：含氧基团：羟基、醛基、酮基、羧基、醚基、苯氧基、酯基、内酯基等；含氮基团：氨基、亚氨基、硝基、肼基等；含芳香基团：芳香醇、芳香醛、芳香脂、酚类及酚醚等；含硫、磷、砷等原子的化合物及杂环化合物。单纯的碳氢化合物极少具有怡人的香味。

（2）碳链结构　分子中碳原子数目、双链数目、支链、碳链结构等均对香味产生影响。不饱和化合物常比饱和化合物的香气强。双键能增加气味强度，三键的增强能力更强，甚至产生刺激性。如：丙醇 $CH_3CH_2CH_2OH$ 香味平淡，而丙烯醇（$CH_2=CHCH_2OH$）香味就强烈，苯丙醛（$C_6H_5CH_2CH_2CHO$）则具有刺激性香味。一般说来，分子中碳原子数在10～15香味最强。醇类分子中的碳原子在1～3时具有轻快的醇香，4～6的有麻醉性气味，7以上的有芳香性，10以内的醇相对分子质量增加时气味增加，10以上的气味渐减以至无味。

（3）取代基相对位置不同对香气的影响　取代基相对位置不同对香气的影响很大，尤其是对于芳香族化合物影响更大。如：香兰素是香兰气味，而异香兰素是大茴香味。

（4）分子中原子的空间排布不同对香味所产生的影响　一种化合物不同的同分异构体，往往气味不同。例如：R顺式结构的叶香醇比反式结构的橙花醇要香得多。两种左、右旋异构体香气强弱也不同。

（5）杂环化合物中的杂原子对香味的影响　有机的硫化物多有臭味，含氮的化合物也多有臭味。吲哚也称粪臭素，但它极度稀释后呈茉莉香味。这些杂环化合物对香味都有一定特别的影响。如：甲硫醚与挥发性脂肪酸、酮类形成乳香。某些含氧与硫或含硫与氮的杂环化合物有肉类味香。

2. 发香物质的物理特性

影响香味的其他因素还很多，某些化合物能发香，并不单纯取决于发香基团和结构等因素。有些结构相似的化合物不一定有相似的香味，有些结构不同的化合物也可能有相似的香味。

香味的产生与发香物质的物理特性有关，其在一定程度上取决于该物质的电性、蒸汽压、溶解特性、扩散性、吸附性及表面张力等。

例如：美国学者Amoore从有机物中挑出20多种与樟脑气味相同的化合物，它们的结构无共同之处，但化合物的形状和大小一样。他认为，当物质分子几何形状与特定形态的生理感觉器官位置相吻合时，就有类似的气味。又如：香味剂的气味与其分子的电性存在一定关系，如在苯环上存在吸电子基如—CHO、—NO_2、—CN等，一般产生类似的气味。

三、香料、香精的使用

1. 食品用香料、香精的使用原则

依据GB 2760—2014《食品安全国家标准　食品添加剂使用标准》，食品用香料、香精的使用原则如下。

（1）在食品中使用食品用香料、香精的目的是使食品产生、改变或提高食品的风味。食品用香料一般配制成食品用香精后用于食品加香，部分也可直接用于食品加香。食品用香料、香精不包括只产生甜味、酸味或咸味的物质，也不包括增味剂。

（2）食品用香料、香精在各类食品中按生产需要适量使用，表 B.1 中所列食品没有加香的必要，不得添加食品用香料、香精，法律、法规或国家食品安全标准另有明确规定者除外。除表 B.1 所列食品外，其他食品是否可以加香应按相关食品产品标准规定执行。

（3）用于配制食品用香精的食品用香料品种应符合本标准的规定。用物理方法、酶法或微生物法（所用酶制剂应符合本标准的有关规定）从食品（可以是未加工过的，也可以是经过了适合人类消费的传统的食品制备工艺的加工过程）制得的具有香味特性的物质或天然香味复合物可用于配制食品用香精（注：天然香味复合物是一类含有食品用香味物质的制剂）。

（4）具有其他食品添加剂功能的食品用香料，在食品中发挥其他食品添加剂功能时，应符合本标准的规定。如：苯甲酸、肉桂醛、瓜拉纳提取物、双乙酸钠（又名二醋酸钠）、琥珀酸二钠、磷酸三钙、氨基酸等。

（5）食品用香精可以含有对其生产、贮存和应用等所必需的食品用香精辅料（包括食品添加剂和食品）。食品用香精辅料应符合以下要求：

①食品用香精中允许使用的辅料应符合相关标准的规定。在达到预期目的前提下尽可能减少使用品种。

②作为辅料添加到食品用香精中的食品添加剂不应在最终食品中发挥功能作用，在达到预期目的前提下尽可能降低在食品中的使用量。

（6）食品用香精的标签应符合相关标准的规定。

（7）凡添加了食品用香料、香精的食品应按照国家相关标准进行标示。

（8）不得添加食用香料、香精的食品名单　依照 GB 2760—2014《食品安全国家标准　食品添加剂使用标准》，不得添加食用香料、香精的食品名单列于表 B.1；有：巴氏杀菌乳、灭菌乳、发酵乳、稀奶油、植物油脂、动物油脂（包括猪油、牛油、鱼油和其他动物脂肪等）、无水黄油、无水乳脂、新鲜水果、新鲜蔬菜、冷冻蔬菜、新鲜食用菌和藻类、冷冻食用菌和藻类、原粮、大米、小麦粉、杂粮粉、食用淀粉、生鲜肉、鲜水产、鲜蛋、食糖、蜂蜜、盐及代盐制品、饮用天然矿泉水、饮用纯净水、其他饮用水、茶叶、咖啡。

较大婴儿和幼儿配方食品中可以使用香兰素、乙基香兰素和香荚兰豆浸膏（提取物），最大使用量分别为 5mg/100mL、5mg/100mL 和按照生产需要适量使用，其中 100mL 以即食食品计；企业应按照冲调比例折算成配方食品中的使用量；婴幼儿谷类辅助食品中可以使用香兰素，最大使用量为 7mg/100g，其中 100g 以即食食品计，生产企业应按照冲调比例折算成谷类食品中的使用量；凡使用范围涵盖

0～6个月婴幼儿配方食品不得添加任何食用香料。

2. 香料、香精的使用注意点

（1）选择合适的添加时机　香精、香料都有一定的挥发性，因此必须按照工艺要求，选择合适的时机进行添加，如尽可能在加工后期或加热后冷却时添加，添加时应搅拌均匀，使香味成分均匀地渗透到食品中去，加入香味剂时，最好一点一点慢慢加入并减少其在空气中的暴露。

（2）添加顺序应正确　多种香料、香精混合使用时，应先加香味较淡的，然后加香味较浓的。例如柑橘→柠檬→香槟→香蕉→香橼→葡萄等。

香料、香精在碱性环境中不稳定，使用膨松剂的焙烤食品使用香料、香精时要注意分别添加，以防碱性物质与香料香精发生反应，否则，将影响食品的色、香、味，如香兰素与碳酸氢钠接触后失去香味，变成红棕色。

（3）使用中注意香味剂与食品环境的协调　香精、香料在使用前必须做预备试验，因为香味剂加入食品后，其效果是不同的，有时香味会改变。原因是香味受其他原料、其他添加剂、食品加工过程、人的感觉影响。所以要在预备试验中找到最佳使用效果才在食品加工中应用。

含气的饮料、食品和真空包装的食品，体系内部的压力、包装过程，都会引起香味的改变，对这类食品都要增减其中香味剂的某些成分。

要防止香料香精的氧化、聚合及水解作用。

（4）掌握合适的添加量　食品生产中，香料、香精的用量要适当，添加量过少，固然影响效果，添加量过多，也会带来不良的效果。这要求称量要准确，使用时应尽可能使香精、香料在食品中均匀分布。

（5）掌握温度、时间及其稳定性　使用香精、香料时要注意使用温度、时间及其稳定性，还要按照香精、香料特性来使用。

项目二

食品用天然香料

一、概述

食品用香料分子内含有一个或数个发香团，这些发香团在分子内以不同的方式结合，使食用香料具有不同类型的香气和香味。

我国是最早使用香料的文明古国之一，有着丰富的天然资源。如薄荷、桂花、玫瑰、桂皮、肉豆蔻、八角、花椒等；我国生产的茉莉花浸膏、柠檬油、香叶油、薰衣草油和薄荷脑都是驰名中外的优质产品。鸢尾、素馨、香茅、依兰、白兰、山苍子和留兰香等也享有盛名。

这些香料中的香味成分，大都以游离态或苷的形态存在于植物的各个部位，如在天然香精油中，从种子中提取出的有苦杏仁油、茴香籽油、芥菜籽油和芥子油，从果实中提出的有杜松子油、胡椒油、辣椒油，从花中提取的有丁香油、啤酒花油，从根、皮中提取的有桂皮油、姜油、柠檬油等。

天然香料的产品大都是液态，含有挥发性的萜烯、芳香族、脂族和脂环族等成分。提取方法主要是水蒸气蒸馏、挥发性溶剂浸提、压榨法等。一般将其加工为精油或浸膏的形式。精油是水蒸气蒸馏、压榨法提取的，由多种有机物组成；浸膏是挥发性溶剂浸提物；酊是含水乙醇抽出物。

二、 常用天然香料

1. 咖啡酊

咖啡酊含有挥发性酯类、乙酸、醛等60余种芳香物质和咖啡因、单宁、焦糖等。由茜草科木本咖啡树的成熟种子，经焙烤，冷却后磨成细粒状，后用有机溶剂提取而得。

（1）性状　咖啡酊为棕褐色液体，具有咖啡香气味和口味。

（2）性能　咖啡酊具有赋予食品咖啡香味的性能。

（3）毒性　一般公认为安全物质。

（4）应用　依照 GB 2760—2014《食品安全国家标准　食品添加剂使用标准》，咖啡酊在各类食品中按生产需要适量使用，主要用于酒类、软饮料和糕点等。

2. 甘草酊

甘草酊主要含有甘草素、甘草次酸、甘草苷等。甘草洗净、干燥，然后用乙醇提取，提取液经过滤、浓缩即得。

（1）性状　甘草酊为黄色至橙黄色液体，有微香，味微甜。

（2）性能　甘草酊具增香、解毒等功效。

（3）毒性　性平，无毒性。

（4）应用　依照 GB 2760—2014《食品安全国家标准　食品添加剂使用标准》，在各类食品中按生产需要适量使用。

3. 留兰香油

留兰香油又称薄荷草油、矛形薄荷油或绿薄荷油。主要成分有 L－香芹酮、L－柠檬烯、L－水芹烯、桉叶素、薄荷酮和松油醇等。以留兰香的茎、叶为原料，采取水蒸气蒸馏法提油。

（1）性状　留兰香油为无色或微带黄色，或黄绿色液体，有留兰香叶的特征香气。

（2）性能　留兰香油能使食品有留兰香的香气，产生特殊风味。

（3）毒性　无毒。

(4) 应用　依照 GB 2760—2014《食品安全国家标准　食品添加剂使用标准》，留兰香油可在各类食品中按生产需要适量使用，可以直接用于糖果、胶姆糖，还可用于调配香精。

4. 甜橙油

甜橙油有冷磨油、冷榨油和蒸馏油 3 种，主要成分为烯（90% 以上）、类醛、辛醛、已醛、柠檬醛、甜橙醛、芳樟醇等。可采用冷磨法、冷榨法、蒸馏法提油。

(1) 性状　冷榨品和冷磨品为深橘黄色或红棕色液体，有天然的橙子香气，味芳香。遇冷变混浊。与乙醇混溶，溶于冰醋酸。蒸馏品为无色至浅黄色液体，具有鲜橙皮香气。溶于大部分非挥发性油、乙醇。不溶于甘油。

(2) 性能　甜橙油是多种食用香精的主要成分，也可直接用于饮料等食品，赋予其天然橙香气味。

(3) 毒性　白鼠 $LD_{50}>5.0g/kg$ 体重。一般公认安全。

(4) 应用　依照 GB 2760—2014《食品安全国家标准　食品添加剂使用标准》，甜橙油可在各类食品中按生产需要适量使用，主要用于调配橘子、甜橙等果型香精，也直接用于食品，如清凉饮料、啤酒、糖果、糕点等。

5. 柠檬油

柠檬油有冷磨品和蒸馏品两种，其主要成分有苎烯（90%）、柠檬醛、辛醛、壬醛、癸醛、蒎烯、芳樟醇、乙酸香叶酯和香叶醇等。将柠檬鲜果进行冷磨法或蒸馏法提油。

(1) 性状　柠檬油冷磨品为浅黄色至深黄色，或绿黄色液体，具有清甜的柠檬果香气，味辛辣微苦。可与无水乙醇、冰醋酸混溶。几乎不溶于水。蒸馏品为无色至浅黄色液体，气味和滋味与冷榨品同。可溶于大多数挥发性油、乙醇，可能出现混浊。不溶于甘油。

(2) 性能　柠檬油赋予糖果、饮料、面包等制品以浓郁的柠檬鲜果皮的特征气味。

(3) 毒性　大鼠经口 $LD_{50}>5.0g/kg$ 体重。一般公认安全。

(4) 应用　依照 GB 2760—2014《食品安全国家标准　食品添加剂使用标准》，柠檬油可在各类食品中按生产需要适量使用，多用于糖果、面包制品、软饮料等；也是柠檬香精的主要原料。

6. 亚洲薄荷油

亚洲薄荷油主要成分为薄荷脑（即薄荷醇）、薄荷酮、乙酸薄荷酯、丙酸乙酯、α-蒎烯、戊醇-3、莰烯、苎烯、胡薄荷酮、异戊醛、糠醛及已酸等。以薄荷全草为原料，用水蒸气蒸馏法提取。

(1) 性状　亚洲薄荷油为淡黄色或淡草绿色液体，温度稍降低即会凝固，有强烈的薄荷香气和清凉的微苦味。

(2) 性能　亚洲薄荷油赋予食品薄荷清香，使口腔有清凉感，有清凉和兴奋等作用，构成食品特殊风味。

（3）毒性　ADI 未作规定。

（4）应用　依照 GB 2760—2014《食品安全国家标准　食品添加剂使用标准》，亚洲薄荷油可在各类食品中按生产需要适量使用，主要用于糕点、胶姆糖、罐头、果冻、果酱等。也是薄荷香精的主要原料。

7. 大茴香油

大茴香油又称八角茴香油，主要成分有：大茴香脑（80% ~95%）、大茴香醛、大茴香酮、苎烯和芳樟醇等。将八角茴香的新鲜枝叶或成熟的果实粉碎后采用水蒸气蒸馏法提取，得油。

（1）性状　大茴香油为无色透明或浅黄色液体，具有大茴香的特征香气，味甜。易溶于乙醇。微溶于水。

（2）性能　大茴香是常用的烹调用香辛料，大茴香油用于食品使之具有八角茴香的香气，特别适用于酒、饮料中，使它们具有特征香气。有兴奋、镇咳等作用。

（3）毒性　八角茴香是人们数千年来使用的调味料，一般公认安全物质。

（4）应用　依照 GB 2760—2014《食品安全国家标准　食品添加剂使用标准》，大茴香油可在各类食品中按生产需要适量使用，主要用于酒类、碳酸饮料、糖果及焙烤食品等。

8. 月桂叶油

月桂叶油主要成分有桉叶素（约 50%）、丁香酚、柠檬酸、蒎烯、乙酰基丁香酚、α－水芹烯、L－芳樟醇、香叶醇等。以月桂树的鲜叶、茎和木质化的小枝为原料，用水蒸气蒸馏法制取。

（1）性状　月桂叶油为无色或浅黄色液体，具有芳香辛辣的气味，味甜，易挥发；溶于乙醇和大多数非挥发性油中。不溶于甘油。对弱碱和有机酸相当稳定。

（2）性能　月桂叶油对副食品增香效果良好，并有一定的防霉性能。

（3）毒性　一般公认安全。

（4）应用　依照 GB 2760—2014《食品安全国家标准　食品添加剂使用标准》，月桂叶油可在各类食品中按生产需要适量使用，多用于香肠、罐头、泡菜、沙司、汤和调味料等。

9. 桉叶油

桉叶油的主要成分有桉叶素（65% ~85%）、蒎烯、莰烯、水芹烯、乙酸香叶醇、异戊醛、香茅醛等。是以天然桉叶树、香樟树等的枝叶为原料，用水蒸气蒸馏法提取而得。

（1）性状　桉叶油为无色或微黄色液体，具有桉叶素刺激性清凉香气味。溶于乙醇，几乎不溶于水。

（2）性能　桉叶油除用于配制食品香精，可提高香精增香性能外，还有杀菌防腐作用。

（3）毒性　兔子 LD_{50} >5.0g/kg 体重。

（4）应用　依照 GB 2760—2014《食品安全国家标准　食品添加剂使用标准》，桉叶油可在各类食品中按生产需要适量使用。主要用于口香糖、配制止咳糖型香精等。

项目三 食品用合成香料

食品用合成香料一般不单独用于食品的加香，多用于配成食用香精后使用。下面介绍直接使用的主要几种。

1. 柠檬醛

柠檬醛分子式 $C_{10}H_{16}O$，相对分子质量 152.24。

（1）性状　柠檬醛为无色或淡黄色液体，有强烈的类似无萜柠檬油的香气，为 α-柠檬醛（香叶醛）和 β-柠檬醛（橙花醛）的混合物。能与醇、甘油、丙二醇、精油等混溶。不溶于水，在碱中不稳定，能与强酸聚合。

（2）毒性　大鼠经口 LD_{50} 4.96g/kg 体重。ADI 为 0～0.5mg/kg 体重，一般公认安全。

（3）应用　依照 GB 2760—2014《食品安全国家标准　食品添加剂使用标准》，柠檬醛可在各类食品中按生产需要适量使用。主要用于饮料、糖果、焙烤食品、配制果香型香精等。

2. 香兰素

香兰素化学名称为 4-羟基-3-甲氧基苯甲醛，分子式 $C_8H_8O_3$，相对分子质量 152.15。

（1）性状　香兰素为白色至微黄色针状结晶或晶体粉末，具有类似香荚兰豆香气，味微甜。易溶于乙醇、冰醋酸和热挥发性油等。溶于水、甘油。对光不稳定，在空气中逐渐氧化。遇碱或碱性物质易变色。

（2）毒性　大鼠经口 LD_{50} 1.58g/kg 体重，ADI 为 0～10mg/kg 体重。一般公认安全。

（3）应用　依照 GB 2760—2014《食品安全国家标准　食品添加剂使用标准》，香兰素可在各类食品中按生产需要适量使用。主要用于饼干、糕点、冷饮、糖果，配制香草、巧克力、奶油型香精等。

3. 糠醛

糠醛，分子式 $C_5H_4O_2$，相对分子质量 96.09。

（1）性状　糠醛为无色液体，暴露在光和空气中变成棕红色而树脂化，具有类似谷类、苯甲醛的气味，有焦糖味。极易溶于乙醇。易溶于热水。

（2）毒性　大鼠经口 LD_{50}0.127g/kg 体重。糠醛能刺激皮肤和黏膜。

（3）应用　依照 GB 2760—2014《食品安全国家标准　食品添加剂使用标准》，糠醛可在各类食品中按生产需要适量使用。主要用于配制面包、奶油硬糖、咖啡等热加工型香精。

4. 苯甲醛

苯甲醛亦称安息香醛、人造苦杏仁油，分子式 C_7H_6O，相对分子质量 106.12。

（1）性状　苯甲醛为无色或淡黄色液体，有苦杏仁香气，焦味。与乙醇、油混溶，微溶于水。不稳定，遇空气和光氧化成苯甲酸。能随水蒸气挥发。

（2）毒性　大鼠经口 LD_{50}1.3g/kg 体重。ADI 为 0 ~ 5mg/kg 体重。苯甲醛对神经有麻醉作用，对皮肤有刺激作用。

（3）应用　依照 GB 2760—2014《食品安全国家标准　食品添加剂使用标准》，苯甲醛可在各类食品中按生产需要适量使用。主要用于罐头，配制杏仁、樱桃、桃、果仁型香精等。

5. 丁香酚

丁香酚亦称丁子香酚、丁香油酚和4 - 烯丙基 - 2 - 甲氧基苯酚，分子式 $C_{10}H_{12}O_2$，相对分子质量164.20。

（1）性状　丁香酚为无色或淡黄色液体，具有浓郁的竹麝香气味。溶于乙醇、挥发性油中，溶于冰醋酸和苛性碱，不溶于水。具有很强的杀菌力。在空气中色泽逐渐变深，液体变稠。

（2）毒性　大鼠经口 LD_{50}2.68g/kg 体重，ADI 为 0 ~ 2.5mg/kg 体重。无毒。

（3）应用　依照 GB 2760—2014《食品安全国家标准　食品添加剂使用标准》，丁香酚可在各类食品中按生产需要适量使用。主要用于配制烟熏火腿、坚果和香辛料型香精等。

6. 麦芽酚

麦芽酚亦称 3 - 羟基 - 2 - 甲基 - 4 - 吡喃酮，分子式 $C_5H_6O_3$，相对分子质量 126.11。

（1）性状　麦芽酚是一种有芬芳香气的白色晶粉，并有焦糖样香甜味。其溶液较稳定，溶于水、乙醇；遇碱变性，易与铁生成络盐。适合于水果味、焦糖味为基础的食品，如果酒、巧克力等。麦芽酚水溶液有弱酸性，因此在酸性条件下增香效果好。麦芽酚对咸味无作用，对酸/甜味、香/甜味有增强作用，对苦味、涩味有消杀作用。

（2）毒性　小鼠经口 LD_{50}1.4g/kg 体重。ADI 为 0 ~ 1mg/kg 体重。

（3）应用　依照 GB 2760—2014《食品安全国家标准　食品添加剂使用标准》，麦芽酚可在各类食品中按生产需要适量使用。主要用于配制各种水果型香精，也直接用于巧克力、糖果、罐头、果酒、果汁、面包、糕点、咖啡、汽水等。

麦芽酚对一些香味起增效作用，在肉、蛋、奶食品中效果显著。如添加在肉制品中，能和肉中氨基酸起作用，明显增加肉香。对水果制品可根据水果的不同风味增香，添加在各种天然果汁配制的食品中，可明显提高果味。加入饮料后，可抑制苦、酸味。加入以糖精代替糖的低热或疗效食品和饮料中，也可使糖精所产生的、一种滞后的较强的苦味大大减少且获得最适宜的甜度，口感也由粗糙变得圆润。麦芽酚可使2个或2个以上的风味更加协调，使整体香味更统一，产生令人满意的特征风味。

7. 乙基麦芽酚

乙基麦芽酚亦称3－羟基－2－乙基－4－吡喃酮，分子式 $C_7H_8O_3$，相对分子质量140.14。

(1) 性状　乙基麦芽酚为白色或淡黄色结晶或晶体粉末，具有非常甜蜜的持久焦糖甜香气，味甜，稀释后呈凤梨、草莓等温和的果香味。溶于乙醇、水及丙二醇。乙基麦芽酚的性能和效力较麦芽酚强4~6倍。

(2) 毒性　小鼠经口 LD_{50} 1.2g/kg 体重，ADI 为 0~2mg/kg 体重。

(3) 应用　依照 GB 2760—2014《食品安全国家标准　食品添加剂使用标准》，乙基麦芽酚可在各类食品中按生产需要适量使用。主要用于配制草莓、葡萄、菠萝、香草型香精等。

8. 丁酸异戊酯

丁酸异戊酯亦称酪酸异戊酯，分子式 $C_9H_{18}O_2$，相对分子质量158.23。

(1) 性状　丁酸异戊酯为无色透明液体，具类似生梨香气。易溶于乙醇，几乎不溶于水、丙二醇和甘油。

(2) 毒性　大鼠经口 LD_{50} 12.21g/kg 体重。ADI 为 0~3mg/kg 体重（以异戊醇表示）。

(3) 应用　依照 GB 2760—2014《食品安全国家标准　食品添加剂使用标准》，丁酸异戊酯可在各类食品中按生产需要适量使用。主要用于饮料、糖果、焙烤食品，配制香蕉、菠萝、杏、樱桃和什锦水果等型香精。

9. 山楂核烟熏香味料1号、2号

山楂核烟熏香味料主要成分为愈创木酚、4－甲基愈创木酚、2，6－二甲氧基酚、糠醛、5－甲基糖醛、乙酰基呋喃等。

(1) 性状　山楂核烟熏香味料1号为淡黄色到橘红色易流动液体，存放期间有少量焦油状物析出，有浓郁天然烟熏香气兼有鲜咸味感。山楂核烟熏香味料2号为棕红色或暗棕色易流动液体，有浓郁烟熏香气、烟熏肉样香气。溶于乙醇和水。

(2) 毒性　无毒。

(3) 应用　依照 GB 2760—2014《食品安全国家标准　食品添加剂使用标准》，山楂核烟熏香味料1号、2号可在各类食品中按生产需要适量使用。多用于鱼、肉、禽制品、豆制品。

山楂核烟熏香味料除用于熏制食品除赋香外，还有一定的防腐功能。

项目四 食用香精

香料工业生产出来的天然香料和人造香料，由于香气类型不能满足人们的要求，除少数品种外，一般不单独使用，需由数种或几十种香料，按照适当比例调配成具有一定香型的混合制品以后，才能添加于产品之中。这种以大自然的含香食物为模仿对象，用各种安全性高的香料及辅助剂，经调配而成的香料混合物称为调和香料，在商业上习惯称之为香精。

一、 食用香精分类和调香

根据香精的形态，我国使用的食用香精主要分为水溶性香精、油溶性香精、乳化性香精及粉末香精四种。香型多是模仿各种果香调和的果香型香精，大多用于饮料食品中；酒用香型香精主要有朗姆酒香、杜松子酒香、白兰地酒香及威士忌酒香等；在糕点、糖果中主要为杏仁香、香草香、咖啡香、奶油香、焦糖香等香型香精；在方便食品中各种肉味香精则比较常见。

调配香精的过程为调香。调香是一种技术和艺术的结合，要经过拟方、调配、修饰、加香等多次反复实践才能确定。在配制中首先以一种或几种天然香料或人工香料调配成所需香味的主体，这种香味主体称主香剂。主香剂是构成香精的主体香气－香型的基本原料。在香精中有的只用一种作主香剂，如调和橙花香精只用橙叶油作主香剂，多数情况下是用多种至数十种作主香剂，如调和玫瑰香精，常用香叶酸、香辛酸、苯乙酸、香叶油等数种香料作主香剂。然后在主食体中加入合香剂、修饰剂来补充香味和掩蔽某些香味。合香剂也称协调剂，用作合香剂的香料香型要与主香剂相类似。合香剂的作用是调和各种成分的香气，使主香剂更加突出。修饰剂也称变调剂，用作修饰剂香料的香型与主香剂不属于同一类型，是一种使用少量即可奏效的暗香成分，其作用是使香精格调变化。

合适的合香剂使香味在幅度和深度上得到扩充，修饰剂将香味调整，为了得到一定的保留性和挥发性，还要加入定香剂和溶剂等。定香剂也称保香剂，其作用是使香精中各种香料成分挥发物挥发均匀，防止快速蒸发，使香精香气更加持久，如麝香、龙涎香等动物性天然香料；安息香脂、檀香油等植物性天然香料以及香兰素、香豆素等合成香料等。经过一定时间的圆熟，就制成食用香精的基态类型，称为香基，再进一步熟化后，将香基稀释，加工成各种香型的产品（见图7－2）。

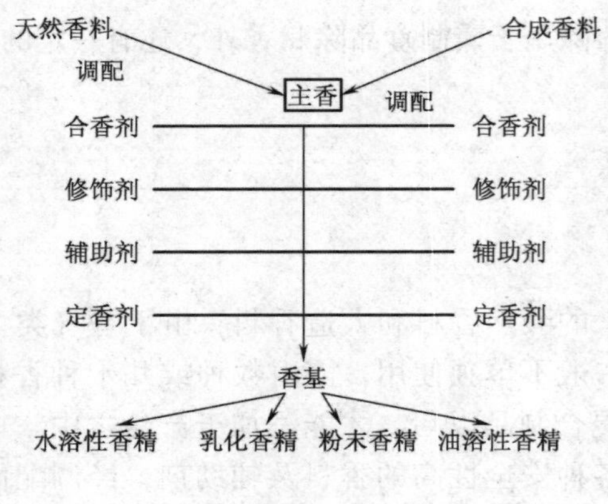

图 7－2　食用香精的基态类型和调配

二、 主要使用的香精类型

1. 水溶性香精

水溶性香精是将各种天然香料、合成香料调配成的主香体溶解于蒸馏水、乙醇或甘油等稀释剂中，必要时再加入町剂、萃取物或果汁而制成的，为食品中使用最广泛的香精之一。

（1）性状　水溶性香精一般为透明的液体，其色泽、香气、香味和澄清度符合各型号的指标。在水中透明溶解或均匀分散，具有轻快香气，耐热性较差，易挥发。水溶性香精不适合用于在高温加工的食品。由于香精含有各种香料和稀释剂，除了容易挥发，有些香料还易变质。一般主要是氧化、聚合、水解等作用的结果，引起并加速这些作用的则往往是温度、空气、水分、阳光、碱类、重金属等，要注意香精的贮存。

（2）配制　将各种香料和稀释剂按一定比例与适当顺序互相混溶，经充分搅拌，再过滤而成。香精若经一定成熟期贮存，其香气往往更为圆熟。水溶性香精一般分柑橘型香精和酯型水溶性香精，它们的制法不完全相同。

柑橘型香精的制法：将柑橘类植物精油和 40% ~60% 乙醇于抽出锅中，搅拌，进行浸提。浸提物密闭保存 2 ~3d 后进行分离，于 －5℃ 左右冷却数日，趁冷将析出的不溶物过滤除去，必要时进行调配，经圆熟后即得成品。用作柑橘类精油原料的有橘子、柠檬、白柠檬、柚子、柑橘等。

酯型水溶性香精（水果香精）的制法：将主香体（香基）、醇和蒸馏物混合溶解，然后冷却过滤，着色即得制品。下面介绍几种酯型水溶性香精的配方（%）。

苹果香精：苹果香基 10、乙醇 55、苹果回收食用香味料 30、丙二醇 5。

葡萄香精：葡萄香基 5、乙醇 55、葡萄回收食用香味料 30、丙二醇 10。

香蕉香精：香蕉香基 20、水 25、乙醇 55。

菠萝香精：菠萝香基7、乙醇48、柑橘香精10、水25、柠檬香精10。

草莓香精：麦芽酚1、乙醇55、草莓香基20、水24。

西洋酒香精：乙酸乙酯5、酒浸剂10、丁酸乙酯1.5、乙醇55、甲酸乙酯2.5、水25、异戊醇1。

咖啡香精：咖啡酊90、10%呋喃硫醇0.05、甲酸乙酯0.5、丁二酮0.02、西克洛汀0.5、丙二醇8.93。

香草香精：香荚兰酊剂90、麦芽酚0.2、香兰素3、丙二醇6.3、乙基香兰素0.5。

（3）应用　食用水溶性香精可用于汽水、冰淇淋、冷饮、酒、酱、糖、糕饼等食品的赋香。汽水、冰棒中用量为0.02%～0.1%，酒中用量为0.1%～0.2%，用于软糖、糕饼夹馅、果子露等，用量为0.35%～0.75%。针对香味的挥发性，对工艺中需加热的食品应尽可能在加热冷却后或在加工后期加入。对要进行脱臭、脱水处理的食品，应在处理后加入。

2. 油溶性香精

油溶性香精是普通的食用香精，通常是用精炼植物油脂、甘油或丙二醇等油溶性溶剂将香基加以稀释而成。

（1）性状　食用油溶性香精为透明的油状液体，色泽、香气、香味和澄清度符合各型号的指标，不发生表面分层或浑浊现象。以精炼植物油作稀释剂的食用油溶性香精，在低温时会发生冻凝现象。香味的浓度高，在水中难以分散，耐热性高，留香性能较好，适合于高温操作的食品。

（2）配制　油溶性香精通常是取香基10%～20%和植物油、丙二醇等80%～90%（作为溶剂），加以调和即得制品。下面介绍几种油溶性香精的配方（%）。

苹果香精：苹果香基15、植物油85。

香蕉香精：香蕉香基30、柠檬油3、植物油67。

葡萄香精：葡萄香基10、麦芽酚0.5、乙酸乙酯10、植物油79.5。

菠萝香精：菠萝香基15、植物油83、柠檬油2。

草莓香精：草莓香基20、麦芽酚0.5、乙酸乙酯5、植物油74.5。

咖啡香精：咖啡油树脂50、10%呋喃硫醇0.2、甲基环戊烯酮醇2、丁二酮0.1、麦芽酚1、丙二醇46.7。

香荚兰香精：香荚兰油树脂30、麦芽酚1、香兰素5、丙二醇42、乙基香兰素2、甘油20。

（3）应用　食用油溶性香精主要用于焙烤食品、糖果等赋香。用量为：糕点、饼干中0.05%～0.15%，面包中0.04%～0.1%，糖果中0.05%～0.1%。

3. 乳化香精

乳化香精是由食用香料、食用油、密度调节剂、抗氧化剂、防腐剂等组成的油相和由乳化剂、防腐剂、酸味剂、着色剂、蒸馏水（或去离子水）等组成的水相，经高压均质、乳化制成的乳状液。通过乳化可抑制挥发；并且节约乙醇，成本较低。但若配制不当可能造成变质，并造成食品的细菌性污染。

（1）性状　乳化香精为粒度小于2μm，并均匀分布、稳定的乳状液体系。香气、香味符合同一型号的标准样。稀释1万倍，静置72h，无浮油，无沉淀。

乳化香精的贮存期为6~12个月，若使用贮存期过久的乳化香精，能引起饮料分层、沉淀。乳化香精不耐热、冷，温度降至冰点时，乳化体系破坏，解冻后油水分离；温度升高，分子运动加速，体系的稳定性变低，原料易受氧化。

（2）配制　将油相成分、香料、食用油、密度调节剂、抗氧化剂和防腐剂加以混合制成油相。将水相成分、乳化剂、防腐剂、酸味剂和着色剂溶于水制成水相。然后将两相混合，用高压均质器均质、乳化，即制成乳化香精。

（3）应用　乳化香精适用于汽水、冷饮的赋香。用量：雪糕、冰淇淋、汽水为0.1%，也可用于固体饮料，用量为0.2%~1.0%。

4. 粉末香精

（1）性状　使用赋形剂，通过乳化、喷雾干燥等工序可制成一种粉末状香精。

由于赋形剂（胶质物、变性淀粉等）形成薄膜，包裹香精，可防止受空气氧化或挥发损失，且贮运方便，特别适用于憎水性的粉状食品的加香。

（2）配制　粉末香精可分为四种配制法。

①载体与香料混合的粉末香精。将香料与乳糖等载体混合，使香料附着在载体上，即得该种香精。如取香兰素10%，乳糖80%，乙基香兰素10%，将它们粉碎混合，过筛即得粉末香兰香精。主要用于糖果、冰淇淋、饼干等食品。

②喷雾干燥制成的粉末香精。将香料预先与乳化剂、赋形剂一起分散于水中，形成胶体分散液，然后进行喷雾干燥，成为粉末香粉。这种粉末香精，其香料为赋形剂所包裹，可防止氧化和挥发，香精的稳定性和分散性也都较好。如取橘子油10份、20%阿拉伯树胶液450份，采用与乳化香精同样的方法制成乳状液，然后进行喷雾干燥，即得到柑橘油被阿拉伯胶包裹的球状粉末橘子香精。

③薄膜干燥法制成的粉末香精。将香料分散于糊精、天然树胶或糖类的溶液中，然后在减压下薄膜干燥成粉末。这种方法去除水分需要较长的时间，在此期间香料易挥发变质。

④微胶囊香精。这种香精将香料包藏于微胶囊内，与空气、水分隔离，香料成分能稳定保存，不会发生变质和大量挥发等情况，具有使用方便、放香缓慢持久的特点。

主要采取两种胶囊化技术，第一种是真胶囊化技术，即以液体香精为核心，周围被如明胶一样的外壳包围，此方法技术成本较高，应用范围有限；第二种是将众多超细香精珠滴包埋在由不同载体组成的基质中。目前在香精行业实现胶囊化主要有喷雾干燥法、压缩和附聚法、流化床法、挤压法及凝聚法和沉浸式喷嘴法几种。

（3）主要工艺流程　粉末香精主要工艺流程为：

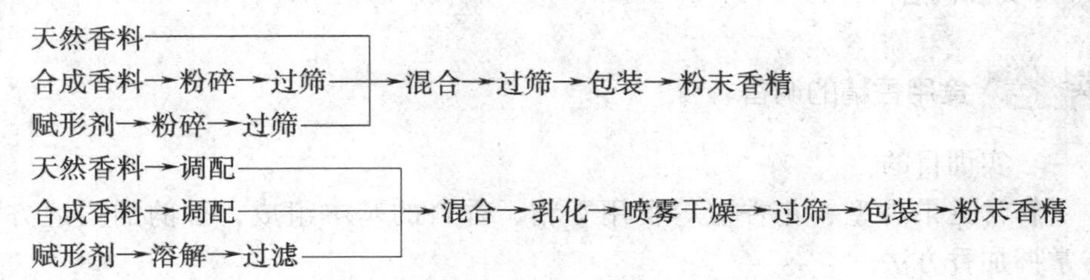

（4）应用　粉末香精主要用于粉末果汁粉、固体饮料、粉末状食品、调味品及方便食品汤料等。

5. 肉味香精

肉味香精就是具有肉类风味的肉香型粉末香精。

（1）分类　肉味香精按工艺可分为：合成肉香精、反应调理型香精和拌和型香精。合成肉香精是采用天然或化工原料，通过化学合成的方法制取香料化合物，按主香、辅香、头香、定香的设计比例而定的香精。反应调理型香精是利用羰胺原理将氨基酸、多肽等与糖类进行系列反应生成及促进二次生成物生成的香精。拌和型香精是同时具有上述两种香精特点，但更多以合成香精调配为主的香精。

肉味香精按风味可分为猪肉香精、鸡肉香精、牛肉香精、羊肉香精和海鲜香精。

肉味香精按常用香型风格可分为炖肉风格香精、优雅烧烤风格香精、肉汤风格香精及纯天然肉香风味香精。

（2）生产肉味香精的原料　目前用于肉味香精的原料主要是：①一种或几种纯氨基酸和还原糖系统；②HVP（动物水解蛋白）与含硫氨基酸及还原糖等经加热制成，这种香精香味还不十分逼真于肉香味；③以肉蛋白质为基料生产肉味香精，如用木瓜蛋白酶、胰蛋白酶或胃蛋白酶对火鸡肉进行水解，水解物再与含硫化合物及还原糖共热，即产生强烈肉香。

（3）应用　肉味香精用于蛋白的加香、人造肉及各种汤料、方便食品等。采用肉味香精对食品进行赋香可增加肉香味并减少肉提取物的添加量，降低成本。

思考题

1. 什么是香精、香料？使用时应注意什么问题？
2. 举例说明一种天然香料的性状和应用。
3. 如何更有效地从天然香料中提取香料和配制香精？
4. 简述粉末香精的制作方法。

实训内容

实训一 食用香精的调香

一、实训目的

了解常见果香型、花香型等食用香精、香料的基本组成，香韵的描述方法，初步掌握加香方法。

二、实训材料

果香型、花香型香精各3~5种，香辛料3种，天然果汁2~3种（均为食用级）。

分析天平，恒温水浴锅。

三、实训步骤

(1) 记忆数种香料、香精、并写出香型、香韵。

(2) 在未标名称的香精样品中，进行观察、嗅辨后，写出香精名称和香型。

(3) 模拟天然果汁饮料的调香、加香实验，试配制橙汁或柠檬汁饮料，记录用量和呈香效果。

四、思考题

(1) 如何进行食品调香?

(2) 食用香精、香料的添加量多少有什么影响?

实训二 冰淇淋的调香

一、实训目的

了解常见食用香精、香料在食品中的应用。

二、实训材料

奶油，白糖，蛋，香草精，香兰素。

冰箱。

三、实训步骤

1. 实训配方

奶油200mL，白糖适量，蛋2只，香草精、香兰素适量。

2. 操作步骤

(1) 取一只大碗，放入鲜奶油，加入白糖1匙，充分搅匀。

(2) 另取一只大碗，放入蛋清，充分搅拌至起泡，放入白糖适量，继续搅拌。

(3) 在搅匀的蛋清中加入蛋黄，充分混合后，加入香草精、香兰素再搅拌。搅拌后放入鲜奶油碗中，继续搅拌；放入冰箱冷冻间冷冻2~3h。冷冻期间取出搅拌2~3次，冰淇淋即成。

四、思考题

（1）什么时间加入香草精、香兰素为好？

（2）冰淇淋中还可以采用什么香精？

模块八 食品乳化剂

学习目标与要求

了解乳化基本理论和乳化剂的作用机理，常用的天然乳化剂、合成乳化剂的性质；掌握乳化剂的表面活性及其与食品成分的特殊作用；几种常用的天然乳化剂、合成乳化剂的应用。

学习重点与难点

重点：常用的天然乳化剂、合成乳化剂的性能、应用。

难点：乳化和乳化剂的基本理论，乳化剂的表面活性及其与食品成分的特殊作用。

学习内容

项目一 食品乳化剂的作用机理

一、乳化作用

1. 乳状液

两不混溶的液相，一相以微粒状（液滴或液晶）分散在另一相中形成的两相体系称为乳状液。

乳状液中以液滴形式存在的一相称为分散相（也称内相、不连续相）；另一相是连成一片的，称为分散介质（也称外相、连续相）。根据分散相粒子或质点的大小，把乳状液分为粗乳状液（粒度≥0.1μm）和微乳状液（粒度大致为0.01～0.1μm）。食品中常见的乳状液，一相是水或水溶液，统称为亲水相；另一相是与水相混溶的有机相，如油脂或同亲油物质与亲油又亲水溶剂组成的溶液，统称为亲油相。两种不相混溶的液体，如水和油相混合时能形成两种类型的乳状液，即水包油型（O/W，其中O代表油，W代表水，O在前，W在后，表示油被水包裹，/表示O和W形成了乳状液体系）和油包水型（W/O）乳状液。在水包油型乳状液中油以微小滴分散在水中，油滴为分散相，水为分散介质，如牛奶即为一种O/W型乳状液；在油包水型乳状液中则相反，水以微小液滴分散在油中，水为分散相，油为分散介质，如人造奶油即为一种W/O型乳状液。

2. 乳状液的稳定性

乳状液稳定要求是分散相微粒状缩小两相相对密度差，提高分散介质的黏度。

影响乳状液稳定的因素有：微粒大小（0.5～5μm好），乳化剂结构。

制备乳状液时，使一种液体以微小的液滴分散在另一种液体中，这时被分散的液体表面积明显扩大。试验结果表明，体积为1cm^3的一个油滴（球表面积4.83cm^3，直径1.24cm）分散成直径为2×10^{-4}cm（2μm）的2.39×10^{11}个微小油滴，表面积增大到30000cm^3，即增大了6210倍。这些微小的油滴较连成一片的油相具有高得多的能量。这种能量（也称为表面能或表面张力）同表面平行，并阻碍油滴的分布。因此，反抗表面张力必须要做功，所消耗的功W与表面积增大ΔA和表面张力γ成正比：

$$W=\Delta A\cdot\gamma$$

从上式可看出，降低表面张力，可以使机械功明显减小。反之，机械能或物理化学能也可以替代乳化剂所做的功。因此，在实践中总是把这两者结合起来运用。当有固相存在时，应加入热能作为第三种能，使其融解，因为在乳化作用之前，被乳化相必须以液体形式存在。

单纯以机械能制备乳状液，得到的乳状液体系很不稳定，容易破坏。为使乳状液较长时间地保持稳定，需要加入助剂以抑制两相分离，使它在热力学上稳定。如，使用稳定剂可提高乳状液的黏度和界面膜的强度，可使以机械法制得的乳状液保持稳定。

界面膜的弹性和体系的黏度是乳状液稳定的重要因素。亲水胶体都具有与被乳化的粒子相互作用的能力，它们以络合的方式聚集加成到被保护的粒子上。亲水胶体可使被保护粒子的电荷或其溶剂化物膜增强或者两者同时均增强。

3. 对乳化剂的要求

由于乳状液两液体的界面积增大，在热力学上是不稳定的。为使乳状液体系稳定，需加入降低界面能的乳化剂。乳化剂可以降低两相之间的界面张力，使形成的乳状液保持稳定。乳化剂的典型功能是起乳化作用。乳化作用中，对乳化剂的最重要的要求有两点。

（1）乳化剂必须吸附或富集在两相之间的界面上。因此，乳化剂要有界面活性或表面活性，即它能降低互不混溶两相的界面张力。

（2）乳化剂必须给予乳状液粒电荷，使它们相互排斥，或必须在乳状液粒子周围形成一种稳定的、黏性特别高的甚至是固态的保护膜。因此，作为乳化剂的物质必须具一定的化学结构，才能起到乳化作用。

二、乳化剂

依据GB 2760—2014《食品安全国家标准　食品添加剂使用标准》，乳化剂是能改善乳化体中各种构成相之间的表面张力，形成均匀分散体或乳化体的物质。

1. 乳化剂的分子结构特点

乳化剂具有亲水基和疏水基的表面活性剂的分子结构特点。表面活性剂分子一般是由非极性的、亲油（疏水）的碳氢链部分和极性的、亲水（疏油）的基团共同构成的；并且这两部分分别处于分子的两端，形成不对称的结构。因此，表面活性剂分子是一种两亲分子，具有既亲油又亲水的两亲性质。

通常表面活性剂分子具有至少一个对强极性物质有亲和性的基团（极性基团）和至少一个对非极性物质有亲和性的基团（非极性基团）。极性基团是这样一种官能基团，其电子分布使分子呈现出明显的偶极矩。这种基团决定了表面活性剂分子对极性液体，特别是对水的亲和性，即表面活性剂的亲水特性。因此，极性基团也称为亲水基团。非极性基团是表面活性剂分子的有机碳氢链部分，其电子分布对偶极矩没有贡献。这种非极性基团决定了表面活性剂分子对非极性液体，特别是对极性小的有机溶剂的亲和性，即表面活性剂的亲油（疏水）特性。因此，非极性基团也称为亲油基团。表面活性剂分子中既存在亲水基团，又存在亲油基团，故能与水相和油相同时发生作用，于是表面活性剂分子在两相界面上发生定相排列。这是乳化剂具有界面活性或表面活性的先决条件。其亲水基一般是溶于水或能被水湿润的基团，如羟基；其亲油基一般是与油脂结构中烷烃相似的碳氢化合物长键，故可与油脂互溶。

把很少量的乳化剂溶解在或分散在一种液体中，乳化剂分子优先吸附在界面或表面上，并在基上定向排列，形成一定的组织结构（表面吸附膜或界面吸附膜）；在溶液内部则缔合而形成胶束。溶液中加入乳化剂后，由于发生这样一系列物理化学变化，就能显著降低水的表面张力或液/液界面张力，改变体系的界面状态，从而产生润湿或反润湿、乳化或破乳、起泡或消泡、加溶等一系列作用，使乳化剂在食品加工中得到广泛应用。

2. 乳化剂的HLB值

乳化剂的乳化能力与其亲水、亲油的能力有关，亦即与其分子中亲水、亲油基的多少有关。如亲水的能力大于亲油的能力，则呈水包油型的乳化体，即油分散于连续相水中。乳化剂亲水亲油平衡的乳化能力的差别一般用“亲水亲油平衡值”（简称 HLB 值）表示。

规定亲油性为100%的乳化剂，其HLB值为0（以石蜡为代表），亲水性为100%者为20（以油酸钾为代表），其间分成20等分，以此表示其亲水、亲油性的强弱和应用特性（HLB值0~20者是指非离子表面活性剂，绝大部分食品用乳化剂均属于此类；离子型表面活性剂的HLB值则为0至40）。因此，凡HLB值小于10的乳化剂主要是亲油性的，而等于或大于10的乳化剂则具有亲水特征。非离子型乳化剂的HLB值与其相关性质见表8-1。从表中可以看出，随着乳化剂亲水、亲油性的不同，尚未具有发泡、防黏、软化、保湿、增溶、脱模、消泡等作用。

表8-1　　非离子型乳化剂的HLB值与其相关性质

<table>
<tr><th rowspan="2">HLB 值</th><th colspan="2">所占百分数/%</th><th rowspan="2">在水中性质</th><th rowspan="2">应用范围</th></tr>
<tr><th>亲水基</th><th>亲油基</th></tr>
<tr><td>0</td><td>0</td><td>100</td><td rowspan="2">HLB 1~4，不分散</td><td></td></tr>
<tr><td>2</td><td>10</td><td>90</td><td>HLB 1.5~3，消泡作用</td></tr>
<tr><td>4</td><td>20</td><td>80</td><td>HLB 3~6，略有分散</td><td>HLB 3.5~6，W/O 型乳化作用（最佳3.5）</td></tr>
<tr><td>6</td><td>30</td><td>70</td><td rowspan="2">HLB 6~8，经剧烈搅打后呈乳浊状分散</td><td>HLB 7~9，湿润作用</td></tr>
<tr><td>8</td><td>40</td><td>60</td><td rowspan="2">HLB 8~18，O/W 型乳化作用（最佳12）</td></tr>
<tr><td>10</td><td>50</td><td>50</td><td>HLB 8~10，稳定的乳状分散</td></tr>
<tr><td>12</td><td>60</td><td>40</td><td rowspan="2">HLB 10~13，趋向透明的分散</td><td rowspan="2">HLB 13~15，清洗作用</td></tr>
<tr><td>14</td><td>70</td><td>30</td></tr>
<tr><td>16</td><td>80</td><td>20</td><td rowspan="2">HLB 13~20，呈溶解状透明胶体状液</td><td rowspan="2">HLB 15~18，助清作用</td></tr>
<tr><td>18</td><td>90</td><td>10</td></tr>
<tr><td>20</td><td>100</td><td>0</td><td></td><td></td></tr>
</table>

每一种乳化剂的HLB值，可用实验方法来测定，但很繁琐、费时。对非离子型的大多数多元醇脂肪酸酯类乳化剂，可按下式求得：

$$\mathrm{HLB}=20\left(1+\frac{S}{A}\right)$$

式中　S——脂肪酸酯的皂化值

　　　A——脂肪酸的酸值

此式适用于多元醇脂肪酸酯及其环氧乙烷加成物，如司盘、吐温之类。此外，还有多种针对不同适用对象的计算HLB值的方法。如对仅有环氧乙烷基团为亲水基的乳化剂，可按下式计算：

$$\mathrm{HLB}=20\left(1-\frac{M_0}{M}\right)\quad 或\quad \mathrm{HLB}=20\,\frac{M_W}{M}$$

式中　M_W——亲水基部分的相对分子质量

M_0——亲油基部分的相对分子质量

M——总相对分子质量

一般认为，HLB值具有加和性。因而，可以预测一种混合乳化剂的HLB值。对于非离子乳化剂，两种或两乳化剂混合使用时，混合乳化剂的HLB值可按其组成的各个乳化剂的质量百分比加以核算：

$$HLB_{ab} = HLB_a \cdot A\% + HLB_b \cdot B\%$$

式中　HLB_{ab}——混合乳化剂a、b的加和HLB值

HLB_a——乳化剂a的HLB值

$A\%$——HLB_a在混合物中所占质量分数,%

HLB_b——乳化剂b的HLB值

$B\%$——HLB_b在混合物中所占质量分数,%

3. 乳化剂的作用

乳化剂只需添加少量，即可显著降低油水两相界面张力，使之形成均匀、稳定的分散体或乳化体。

（1）表面活性作用　乳化剂最主要的是典型的表面活性作用：乳化、破乳、助溶、增溶、悬浮、分散、湿润、起泡作用。

（2）乳化剂的其他功能　除典型的表面活性作用外，乳化剂在食品中还具有许多其他功能，如消泡、抑泡、增稠、润滑、保护、与类脂相互作用、与蛋白质相互作用、与碳水化合物相互作用等。这些表面活性作用和在食品中的特殊作用相互结合，是乳化剂作为食品添加剂广泛应用的基础。

如乳化剂与碳水化合物的络合作用。大多数乳化剂的分子中有线型的脂肪酸长链，可与直链淀粉连接而成为螺旋复合物，可降低淀粉分子的结晶程度，并进入淀粉颗粒内部而阻止支链淀粉的结晶程度，防止淀粉制品的老化、回生、凝沉作用，对保持面包、糕点等潮湿性淀粉类食品具有柔软性和保鲜性。高度纯化的单硬脂酸甘油酯体现这种作用最为明显。

又如乳化剂与蛋白质的络合作用。蛋白质由20种氨基酸所组成，这些氨基酸可因其极性等不同而表现出亲水性和疏水性，可分别通过氢键与乳化剂的亲水基团或疏水基团结合；与乳化剂结合的蛋白质包括乳蛋白、肉类蛋白、卵蛋白和谷类蛋白等所有食品的蛋白质。

通过乳化剂与蛋白质的络合作用，在焙烤制品中可强化面筋的网状结构，防止因油水分离所造成的硬化，同时增强韧性和抗拉力（如面条），以保持其柔软性，抑制水分蒸发，增大体积，改善口感。

在有水存在时，乳化剂还可使脂类化合物成为稳定的乳化液。当没有水存在时，可使油脂出现不同类型的结晶。一般情况下，油脂的晶型是处在不稳定的α-晶型或β-初级晶型，这时的熔点较低，但可以缓慢地从低熔点的α-晶型过渡到

高熔点的、相对稳定的β－晶型。油脂的不同晶型会赋予食品不同的感官性能和食用性能。因此，在食品加工中往往需要加入具有变晶性的物质，以延缓或阻滞晶型的变化。一些趋向于α－晶型的亲油性乳化剂具有变晶的性质，故常用来调节油脂的晶型。在食品加工中，用作油脂晶型调节剂的有蔗糖脂肪酸酯、司盘60、司盘65、乳酸单双甘油酯、乙酸单双甘油酯以及某些聚甘油脂肪酸酯。例如，在糖果和巧克力制品中，可通过乳化剂以控制固体脂肪结晶的形成、晶型和析出，防止糖果返砂、巧克力起霜，以及防止人造奶油、起酥油、巧克力浆料、花生白脱乃至冰淇淋中粗大结晶的形成等。

乳化剂中的饱和脂肪酸键能稳定液态泡沫，可用作发泡助剂。相反，不饱和脂肪酸键能抑制泡沫，故可用作乳品、蛋白加工中的消泡剂，冰淇淋中的“干化”剂。

使用食品乳化剂，不仅能提高食品质量，延长食品的贮存期，改善食品的感官性状，而且还可以防止食品变质，便于食品加工和保鲜，有助于新型食品的开发，因此乳化剂已成为现代食品工业中必不可少的食品添加剂。

4. 乳化剂的分类

食品乳化剂的分类方法很多。按来源可分为天然的和人工合成的乳化剂。天然乳化剂常见的有改性大豆磷脂、酪蛋白、卵磷脂等。合成乳化剂有甘油脂肪酸酯类、蔗糖脂肪酸酯类、山梨糖醇酐脂肪酸酯类、聚氧乙烯山梨醇酐脂肪酸酯类、有机酸单甘酯类、聚甘油脂肪酸酯类、脂肪酸丙二醇酯类、硬脂酰乳酸酯及其盐类、松香甘油酯类等。

按亲水基团在水中是否离解成电荷可分为离子型和非离子型乳化剂。绝大部分食品乳化剂属于非离子型，如蔗糖脂肪酸酯、甘油脂肪酸酯、司盘60等在水中无基团电离带电，属于非离子型乳化剂；离子型乳化剂又可按其在水中电离形成离子所带的电性分为：阴离子型、阳离子型和两性离子型乳化剂。阴离子乳化剂指带一个或多个在水中能电离形成带负电荷的官能团的乳化剂，如烷、烃链（及芳香基团）上带羰酸盐、磺酸盐、磷酸盐等乳化剂；阳离子乳化剂指带一个或多个在水中能电离形成带正电荷的官能团的乳化剂，如烷、烃链（及芳香基团）上带季铵盐等基团的乳化剂；两性离子乳化剂指在水中能同时电离出带正电荷和负电荷的官能团的乳化剂，如烷基二甲基甜菜碱。

按HLB值、亲水亲油性可分为亲水型、亲油型和中间型乳化剂。以HLB值10为亲水亲油性的转折点：HLB值小于10的乳化剂为亲油型；HLB值大于10的乳化剂为亲水型；在HLB值10附近的为中间型乳化剂。

5. 乳化剂的发展方向

随着食品工业的迅速发展和加工食品的多样化，世界各国都极为重视食品乳化剂的开发研究、生产和应用。食品乳化剂正向系列化、多功能、高效率、便于使用等方面发展，特别是致力于复配型和专用型乳化剂的研究。食品乳化剂的种类是相对稳定的，但新型食品乳化剂和新的食品加工工艺层出不穷，而且有限的乳化剂经过科学地复配，可以得到满足多方面需要的众多系列化复合产品。如从便于使用的角度出发，食品乳化剂正从块状产品向粉末状和浆状产品过渡。例，分子蒸馏单甘酯，有效物含量超过99%，直接与粉状食品原料混合，即可获得良好的使用效果。又如，将30%～60%单甘酯与39%～69.5%的植物油一起熔融混合，再加入0.5%～1%淀粉酶和蛋白酶，即可制成在常温下乳化分散的浆状商品，用于面包、糕点、饼干等食品，具有较高的防老化效果。通过对食品特殊成分与乳化剂作用性能的研究，通过科学的复配，乳化剂的专业化程度越来越高。专用型乳化剂在改善食品品质、提高食品档次方面也发挥着越来越重要的作用。如，已开发出专用于干酪、奶粉、人造奶油等食品的专用卵磷脂乳化剂。其他类型食品大都也有专用型的特定复配乳化剂，如专用于肉类制品的低热能乳化剂、鱼和肉类制品专用的胶体制剂、用作油炸食品发泡剂的卵磷脂、糕点混合配料用的混合乳化剂、面包和松软糕点用的胶质固体等。

项目二

常用食品乳化剂

一、 脂肪酸甘油酯

脂肪酸甘油酯主要包括单、双甘油脂肪酸酯；由甘油的单酯和双酯组成，部分为三酯。其脂肪酸系食用脂肪或构成油脂的脂肪酸；其分子中的脂肪酸基团多为硬脂酸、棕榈酸等高级脂肪酸，也可以是醋酸、乳酸等低级脂肪酸。

作为乳化剂，效果好的是单脂肪酸甘油酯（双酯的乳化能力仅为单酯的1%），是目前产量最大的乳化剂。

1. 单甘油脂肪酸酯

单甘油脂肪酸酯简称单甘酯，分子式 $C_{21}H_{42}O_{47}$，相对分子质量358.57。

（1）性状　单甘油脂肪酸酯为微黄色蜡状固体。凝固点不低于54℃。不溶于水，与热水强烈振荡混合时可分散于热水中。溶于热乙醇、油等。可燃。

（2）性能　单甘油脂肪酸酯 HLB 值2.8～3.5；具有良好的亲油性，系 W/O 型乳化剂；因本身的乳化性很强，也可作为 O/W 型乳化剂。

（3）毒性　ADI 不作限制性规定。安全。单甘油脂肪酸酯经人体摄取后，在肠内完全水解，形成正常代谢的物质，对人体无害。但过多摄取，可能患肾结石。

（4）应用　依照 GB 2760—2014《食品安全国家标准　食品添加剂使用标准》，单、双甘油脂肪酸酯（油酸、亚油酸、柠檬酸、亚麻酸、棕榈酸、山嵛酸、硬脂酸）使用范围和最大使用量（g/kg）为：香辛料类5.0；其他糖和糖浆（如红糖、赤砂糖、冰片糖、原糖、果糖、糖蜜、部分转化糖、槭树糖浆）6.0；黄油和浓缩黄油 20.0；生干面制品 30.0。

稀奶油、生湿面制品（如面条、饺子皮、馄饨皮、烧卖皮）、婴幼儿配方食品、婴幼儿辅助食品等，按生产需要适量使用。

2. 乳酸脂肪酸甘油酯

乳酸脂肪酸甘油酯是由乳酸和脂肪酸部分酯化的混合物。

（1）性状　乳酸脂肪酸甘油酯稠度从柔软至坚硬的蜡状固体。不溶于冷水，能分散于热水。溶于热异丙醇、棉籽油。遇较强的氧化剂、碱类发生氧化、水解等反应。乳酸甘油单硬脂酸酯对热的稳定性略差，使用时应避免长时间受热。

（2）性能　乳酸脂肪酸甘油酯属 W/O 型乳化剂，HLB 值 3～4。具有保持脂肪 α-晶型的作用，增强和稳定泡沫。

（3）毒性　一般公认安全。

（4）应用　依照 GB 2760—2014《食品安全国家标准　食品添加剂使用标准》，乳酸脂肪酸甘油酯用在稀奶油中的最大使用量（g/kg）为：5.0。此外，可在其他各类食品中按生产需要适量使用。

二、蔗糖脂肪酸酯

蔗糖脂肪酸酯亦称为脂肪蔗糖酯，简称蔗糖酯（SE），为蔗糖与正羧酸反应生成的一大类有机化合物的总称。与蔗糖成酯的脂肪酸一般有硬脂酸、软脂酸、棕榈酸、月桂酸等。一般蔗糖酯只在三个伯羟基上酯化，当羟基酯化超过 6 个，称为蔗糖多酯。但用作食品乳化剂的商品蔗糖酯常为一、二、三酯的混合物。

（1）性状　蔗糖酯由于酯化时所用的脂肪酸的种类和酯化度不同，它可为白色至微黄色粉末、蜡状或块状物，也有的呈无色至浅黄的稠状液体或凝胶。无臭或有微臭（未反应的脂肪酸臭味），无味，但月桂酸（C_{12}）以下的短链脂肪酸或不饱和脂肪酸酯化的常含有苦味或辛辣味，不宜食用。蔗糖酯在 120℃以下稳定，加热至 145℃以上则分解。单酯易溶于温水，双酯以上难溶于水。溶于乙醇。在油脂中仅能溶解 1% 以下。蔗糖酯耐热性较差，受热可发生焦糖化作用，使色泽加深。此外，酸、碱、酶可导致蔗糖酯水解。一般其 HLB 值在 3～15。

（2）性能　蔗糖酯有良好的表面活性，能降低界面张力。水溶液有黏性，对油和水起乳化作用。商品蔗糖酯单酯含量越多，HLB 值越高，亲水性越强（单酯 HLB 为 10～16，双酯为 7～10）。表 8-2 所示为几种蔗糖酯的单酯含量与 HLB 值的关系。

表 8-2　蔗糖脂肪酸酯中单酯含量与 HLB 值的关系

商品名称	化学名称	单酯含量/%	双、三酯含量/%	HLB 值
S-1570	蔗糖硬脂酸酯	70	30	15
S-1170	蔗糖硬脂酸酯	55	45	11

续表

商品名称	化学名称	单酯含量/%	双、三酯含量/%	HLB 值
S－970	蔗糖硬脂酸酯	50	50	9
S－770	蔗糖硬脂酸酯	40	60	7
S－370	蔗糖硬脂酸酯	20	80	3
P－1570	蔗糖软脂酸酯	70	30	15
O－1570	蔗糖油酸酯	70	30	15

注：商品名中后两位数为结合的脂肪酸含量百分数，前一或两位数值表示该商品的 HLB 值。

从表 8－2 中可以看出，蔗糖酯的 HLB 值范围很大，既可用于油脂和含油脂丰富的食品，也可用于非油脂和油脂含量少的食品，具有乳化、分散、润湿、发泡等一系列优异性能。蔗糖酯对淀粉有特殊的作用，可使淀粉有特殊的碘反应消失，明显提高淀粉的糊化温度，并有显著的防老化作用。

羟基酯化率超过 6 个的蔗糖多酯进入人体后能以胶束的形式将血液中的胆固醇携出体外，可治疗高胆固醇血症。此外，蔗糖多酯具有普通固态油脂的口感和性状，又不会被人体消化分解，故是理想的代脂减肥剂，美国已使用于油炸土豆片的油中，以减少制品含油量。

（3）毒性　大鼠经口（蔗糖软脂酸酯）$LD_{50} \geq 30g/kg$ 体重，ADI 为 0～10mg/kg 体重（系指蔗糖酯总 ADI）。

（4）应用　依照 GB 2760—2014《食品安全国家标准　食品添加剂使用标准》，蔗糖脂肪酸酯的使用范围和最大使用量（g/kg）为：冷冻饮品（除食用冰外）、经表面处理的鲜水果、杂粮罐头、肉及肉制品、鲜蛋（用于鸡蛋保鲜）、饮料类（包装饮用水类除外，固体饮料按冲调倍数增加使用量）1.5；调制乳、焙烤食品 3.0；生湿面制品（如面条、饺子皮、馄饨皮、烧卖皮）、生干面制品、方便米面制品、果冻 4.0；果酱、专用小麦粉（如自发粉、饺子粉等）、面糊（如用于鱼和禽肉的拖面糊）、裹粉、煎炸粉、调味糖浆、调味品、其他（仅限即食菜肴）5.0；稀奶油（淡奶油）及其类似品、基本不含水的脂肪和油、水油状脂肪乳化制品、混合的和（或）调味的脂肪乳化制品、可可制品、巧克力和巧克力制品（包括代可可脂巧克力及制品）以及糖果、其他（乳化天然色素）10.0。

三、 改性大豆磷脂

大豆磷脂是从原料丰富的大豆中提取的产物。由于天然磷脂分子中含有较多的不饱和双键，在空气中易氧化，影响了它的使用效果。为了克服天然磷脂的这一缺陷，通过精制和（或）脂肪酸基团羟基化对磷脂进行改性，提高大豆磷脂的性能。

（1）性状　大豆磷脂主要含磷酸胆碱、磷酸胆胺和磷酸肌醇。其液体精制品为浅黄色至褐色透明或半透明的黏稠状物质。无臭或微带坚果类特异气味和滋味。属于热敏性物质，在温度达到80℃时色泽变深、气味和滋味变劣，120℃开始分解。纯品不稳定，在空气中、日光照射下，迅速变黄，逐渐变得不透明。不溶于水，但易形成水合物而成胶体乳状液。微溶于乙醇。有吸湿性。HLB值为3。

改性固体大豆磷脂为黄色至棕褐色颗粒状物或粉状物，无臭。新鲜制品为白色，在空气中迅速转变为黄色或棕褐色。吸湿性强。能分散于水，部分溶于乙醇。

（2）性能　改性大豆磷脂有较好的亲水性和水包油乳化功能。其乳化性能可以改良油脂的性状；可以增大面团体积及其均一性，具有良好的起酥性、贮藏稳定性。与鸡蛋蛋白、乳清蛋白、酪蛋白、大豆蛋白、小麦蛋白或明胶结合形成的磷脂蛋白复合物，具有足够的乳化能力。改性大豆磷脂可增强溶质的溶解性及分散性。

改性大豆磷脂具有良好的抗氧化功能，有广谱的抗菌性能。

（3）毒性　一般公认安全。ADI不作限制性规定。卵磷脂健脑。

（4）应用　依照GB 2760—2014《食品安全国家标准　食品添加剂使用标准》，改性大豆磷脂可在各类食品中按生产需要适量使用。

如改性大豆磷脂用于焙烤食品，起酥性好，并能延长食品的保存期。改性大豆磷脂加入油脂后，形成一种适合于制作海绵蛋糕的乳状液，能改善蛋糕表面的油滑现象。还可作为饮料、奶油等中的乳化剂。

四、山梨醇酐脂肪酸酯

山梨醇酐脂肪酸酯又名失水山梨醇脂肪酸酯（SFE），是由山梨醇及其单酐和二酐、脂肪酸反应生成物，商品名称为司盘（Span）。该类乳化剂有不同产品，其区别只是被酯化在亲水组分上的食用脂肪酸的种类和数量不同；如山梨醇酐单月桂酸酯（Span 20）山梨醇酐单硬脂酸酯（Span 60）山梨醇酐单油酸酯（Span 80）等。

1. 基本参数

山梨醇酐脂肪酸酯的基本参数如表8－3所示。

表8－3　山梨醇酐脂肪酸酯的基本参数

商品名	化学名	总脂肪酸/%	熔点/℃	酸值/（mgKOH/g）	皂化值/（mgKOH/g）	碘值/（gI/100g）	羟基/（mgKOH/g）	HLB值	类型
Span20	山梨醇酐单月桂酸酯	58～61	14～16	4～8	158～170	4～8	330～358	8.6	O/W
Span40	山梨醇酐单棕榈酸酯	63～66	45～47	4～7.5	140～150	≤2	270～305	6.7	O/W

续表

商品名	化学名	总脂肪酸/%	熔点/℃	酸值/(mgKOH/g)	皂化值/(mgKOH/g)	碘值/(gI/100g)	羟基/(mgKOH/g)	HLB值	类型
Span60	山梨醇酐单硬脂酸酯	70~73	52~54	5~10	147~157	≤2	235~260	4.7	W/O
Span65	山梨醇酐三硬脂酸酯	84~87	55~57	12~15	176~188	≤2	66~80	2.1	W/O
Span80	山梨醇酐单油酸酯	71~74	10~12	5~8	145~160	65~75	193~210	4.3	W/O

2. 性状、特性、毒性

山梨醇酐脂肪酸酯的性状：溶于油类及多种有机溶剂，不溶于冷水，能分散于热水中。其特性：具有较强的乳化、分散、润湿性能，是良好的增稠剂、润滑剂、稳定剂和消泡剂。

如山梨醇酐单硬脂酸酯，商品名司盘60，分子式 $C_{24}H_{46}O_6$，相对分子质量430.621，化学式 $C_{17}H_{35}COOC_6H_8O(OH)_3$。性状为浅乳白色至棕黄色蜡状固体物，有臭气，味柔和。不溶于水，但可分散于热水。溶于乙醇。溶于50℃以上的矿物油。在不同pH溶液中稳定。性能为亲油性乳化剂，可用于制备W/O型乳状液。其乳化力优于其他乳化剂。但风味差，故常与其他乳化剂复配使用。毒性：大鼠经口 LD_{50} ≥10g/kg，ADI为0~25mg/kg。无毒性。一般公认安全。

3. 应用

依照GB 2760—2014《食品安全国家标准　食品添加剂使用标准》，司盘20、司盘40、司盘60、司盘65、司盘80的使用范围和最大使用量（g/kg）为：风味饮料（仅限果味饮料）0.5；其他（仅限饮料混浊剂）0.05；月饼1.5；豆类制品（以每千克黄豆的使用量计）1.6；调制乳、冰淇淋、雪糕类、经表面处理的鲜水果、新鲜蔬菜、除胶基糖果以外的其他糖果、面包、糕点、饼干、果蔬汁（浆）类饮料、固体饮料类（速溶咖啡除外）3.0；植物蛋白饮料6.0；稀奶油（淡奶油）及其类似品、氢化植物油、可可制品、巧克力和巧克力制品（包括代可可脂巧克力及制品）、速溶咖啡、干酵母10.0；脂肪，油和乳化脂肪制品（植物油除外）15.0。

五、聚氧乙烯山梨醇酐脂肪酸酯

聚氧乙烯山梨醇酐脂肪酸酯简称聚山梨酸酯，商品名吐温（Tween）。是山梨醇或相应的山梨醇单酯、双酯与环氧乙烷合成物。有聚氧乙烯山梨醇酐单月桂酸酯（吐温20）、聚氧乙烯山梨醇酐单棕榈酸酯（吐温40）、聚氧乙烯山梨醇酐单硬脂酸酯（吐温60）、聚氧乙烯山梨醇酐单油酸酯（吐温80）、等多种产品。

1. 基本参数

吐温的基本参数如表8-4所示。

表 8-4　　聚氧乙烯山梨醇酐脂肪酸酯（吐温）的基本参数

商品名	化学名	总脂肪酸%	熔点/℃	酸值/(mgKOH/g)	皂化值/(mgKOH/g)	碘值/(gI/100g)	羟基/(mgKOH/g)	HLB 值	类型	氧乙烯量/%
Tween 20	聚氧乙烯山梨醇酐单月桂酸酯	15~17	液体	0.5~1.5	40~50	—	96~108	16.9	W/O	70~74
Tween 40	聚氧乙烯山梨醇酐单棕榈酸酯	18~20	液体	0.5~1.5	41~52	—	90~107	15.6	W/O	66~70.5
Tween 60	聚氧乙烯山梨醇酐单硬脂酸酯	21~26	26~28	0.5~1.5	45~55	≤2	81~91	14.9	W/O	66~68
Tween 80	聚氧乙烯山梨醇酐单油酸酯	液体	10~12	0.5~1.5	45~55	18~22	65~80	15.0	W/O	67~69

2. 性状、特性、毒性

如聚氧乙烯山梨醇酐单油酸酯，商品名吐温 80。其性状为浅黄色至橙黄色油状液体，有轻微的特殊臭味，味微苦。易溶于水，形成无臭几乎无色的溶液。溶于乙醇、非挥发油。不溶于矿物油。其性能：聚氧乙烯山梨醇酐单油酸酯为亲水性乳化剂，能使乳状液形成 O/W 型的体系。通常与斯潘型乳化剂复配使用，乳化效果更好。其毒性：大鼠经口 LD_{50} 37g/kg，ADI 为 0~25mg/kg。无毒性。一般公认安全。

3. 应用

依照 GB 2760—2014《食品安全国家标准　食品添加剂使用标准》，吐温 20、吐温 40、吐温 60、吐温 80 的使用范围和最大使用量（g/kg）为：豆类制品（以每千克黄豆的使用量计）0.05；饮料类（包装饮用水及固体饮料除外）0.5；果蔬汁（浆）饮料（固体饮料按冲调倍数增加使用量）0.75；稀奶油、调制稀奶油、液体复合调味料 1.0；调制乳、冷冻饮品（食用冰除外）1.5；糕点、植物蛋白饮料、含乳饮料（固体饮料按冲调倍数增加使用量）2.0；面包 2.5；固体复合调味料 4.5；水油状脂肪乳化制品、混合的和（或）调味的脂肪乳化制品、半固体复合调味料、5.0；其他（仅限乳化天然色素）10.0。

思考题

1. 乳化剂的分子结构有何特征?
2. 简述乳化剂的 HLB 值与其作用性质的关系。举例说明。
3. 乳化剂应用于食品中时，其表面活性与食品主要成分有何作用关系？举例说明。
4. 各举一例简介天然、合成食品乳化剂的应用。

实训内容

实训一 乳化剂的性能比较

一、实训目的

了解并比较几种乳化剂的性能。

二、实训材料

电炉，电磁搅拌器。

单甘酯、改性大豆磷脂、植物油、蔗糖酯（均为食用）。

三、实训步骤

（1）用量筒量取 100mL 水于两个烧杯中，分别加入单甘酯（食用）、大豆磷脂（食用）各 0.2g 用玻璃棒搅拌至溶解。

（2）用量筒量取 100mL 植物油于两个烧杯中，分别加入单甘酯（食用）、大豆磷脂（食用）各 0.2g 用玻璃棒搅拌至溶解。

（3）用吸管分别吸取 0.5、1、3mL 水于装有植物油的两烧杯中，观察，再加热，用电磁搅拌均匀，静置。

（4）用吸管分别吸取 0.5、1、3mL 植物油于装有水的两烧杯中，观察，再加热，用电磁搅拌均匀，静置。

（5）比较各种乳化剂的性状、性能。

四、思考题

比较乳化剂单甘酯、改性大豆磷脂、蔗糖脂的性状、性能、应用。

实训二 乳饮料的乳化稳定

一、实训目的

通过应用实验，进一步了解乳化剂的乳化作用性能，乳化剂对乳饮料的稳定效果。

二、实训材料

小型均质机、压盖机、常压水浴杀菌器、冰箱、电炉。

鲜牛乳、单硬脂酸甘油酯、改性大豆磷脂（均为食用级）。

三、实训步骤

1. 操作步骤

（1）混合　将2L鲜牛乳用水浴加热至60～70℃，平分成两份；事先称好4g单硬脂酸甘油酯、10g改性大豆磷脂，单硬脂酸甘油酯用少量热水（或热牛乳）振荡分散，添加到一份热牛乳中，改性大豆磷脂则直接添加到另一份鲜牛乳中，搅拌均匀。

（2）均质　分别将两份鲜牛乳于5MPs压力下均质，均质前保持鲜牛乳温度为60℃左右。

（3）杀菌、冷却　将均质后的两种鲜牛乳分别用四旋玻璃瓶装瓶，扣盖后于水浴锅中加热至中心温度高于80℃，然后拧紧盖子。继续杀菌15～25min。然后先于55℃水浴中冷却10min，后于冷水浴中冷却至38℃以下。

（4）空白鲜牛乳样的制备　参照1到3步制作空白鲜牛乳样，只是鲜牛乳中不添加乳化剂。

（5）贮藏　将所有消毒牛乳样品于4～10℃中冷藏，5d观察一次（主要观察乳液面是否出现脂肪层或乳晕，20d后对各种样品进行品尝，注意口感和风味的区别）。

2. 实训结果

将结果填于表8－5。

表8－5　　乳化剂对牛乳饮料稳定效果

观察的感官指标	空白鲜牛乳样	加单硬脂酸甘油酯鲜牛奶样	加改性大豆磷脂鲜牛奶样
出现脂肪层的天数			
口感（细腻感）			
风味			

四、思考题

举例说明乳化剂在乳饮料中的乳化稳定作用。

实训三　豆奶饮料的制作

一、实训目的

通过应用实验，进一步了解乳化剂的乳化作用性能，乳化剂对乳饮料稳定效果。

二、实训材料

调配罐，小型均质机，压盖机，杀菌器。

黄豆6%，乳粉4%，白砂糖8%，海藻酸钠0.1%，单甘酯少许，蔗糖酯少许。

三、实训步骤

(1) 黄豆用水浸泡约8h，与水以1:10的比例磨浆，用离心机过滤制得豆浆，再于95~100℃煮浆20min，打入调配罐。

(2) 稳定剂溶解　白砂糖与海藻酸钠、单甘酯、蔗糖酯混合后，用溶解罐溶解均匀，导入调配罐。

(3) 调配　在调配罐中定容，并搅拌20min。

(4) 均质　均质温度60~70℃，均质压力30~35MPa。

(5) 灌装　四旋玻璃瓶和瓶盖先灭菌，均质后的料液在温度≥80℃时，迅速灌装封瓶。

(6) 杀菌　杀菌条件：142℃，5s。

四、思考题

(1) 计算实验中单甘酯、蔗糖酯的量。

(2) 简述单甘酯、蔗糖酯在豆奶饮料中的作用。

(3) 为什么加入单甘酯、蔗糖酯2种乳化剂？仅用其中的一种可以吗？

模块九

食品增稠剂

学习目标与要求

了解天然增稠剂、合成增稠剂的作用机理、性质；掌握各种增稠剂的性能、应用。

学习重点与难点

重点：天然增稠剂、合成增稠剂的应用。
难点：天然增稠剂、合成增稠剂、合成着色剂的性能。

学习内容

项目一 食品增稠剂的特点、分类和作用

依据GB 2760—2014《食品安全国家标准　食品添加剂使用标准》，食品增稠剂是可以提高食品的黏稠度或形成凝胶，从而改变食品的物理性状，赋予食品黏润、适宜的口感，并兼有乳化、稳定或使呈悬浮状态作用的物质。

一、 食品增稠剂的特点和分类

1. 特点

食品增稠剂分子中有亲水基团：—OH、—COOH、$—NH_2$，一般均属于亲水性高分子化合物，具胶体性质，可水化而形成高黏度的均相液，故又常称作糊料、

水溶胶或食用胶。它在水中有一定的溶解度；能在水中强烈溶胀，在一定温度范围内能迅速溶解或糊化；水溶液有较大黏度，具有非牛顿流体性质；在一定条件下能形成凝胶体和薄膜。

增稠剂因增加稠度而使乳化液得以稳定，但它们的单个分子并不同时具有乳化剂所特有的亲水、亲油性，因此，增稠剂不是真正的乳化剂。

增稠剂由于均属于大分子聚合物，在它们的大分子链上，无论是直链上、支链上或交联的链上，分布有一些酸性的、中性的或碱性的基团，因此使之具有各种不同的络合性能，如不同的耐热性、耐酸性、耐碱性、耐盐性等。

2. 分类

食品增稠剂从来源和加工方式角度分类，可分为天然和化学合成两大类。

根据食品增稠剂的性能和使用效果，一般可分为增稠剂和胶凝剂两大类。

典型的增稠剂有淀粉和改性淀粉、瓜尔豆胶、槐豆胶、黄原胶、阿拉伯胶、以羧甲基纤维素为代表的改性纤维素、海藻酸盐和黄芪胶等。

而常作胶凝剂的有明胶、淀粉、海藻酸盐、果胶、卡拉胶、琼脂和甲基纤维素等。其中海藻酸盐既是增稠剂又是胶凝剂，黄原胶和槐豆胶单独使用时只作增稠剂，但两者配合使用时又成了胶凝剂。

二、 食品增稠剂的作用和发展

1. 食品增稠剂的作用

由于增稠剂通过稳定乳化、悬浮、胶凝等作用，在食品加工中能起到提高稠性、黏度、黏着力、凝胶形成能力、硬度、脆性、紧密度以及稳定乳化、悬浊体等作用；改善食品外观、组织结构，使食品获得所需各种形状，和硬、软、脆、黏、稠等各种口感。

食品增稠剂并不只有增加黏度的作用，当添加量、作用环境、复配组合、加工工艺等因素发生变化时，它们还起到稳定剂、悬浮剂、胶凝剂、成膜剂、充气剂、絮凝剂、黏结剂、乳化剂、润滑剂、组织改进剂、结构改进剂等作用。

以琼脂为例，凝胶过程是：琼脂在由热的溶胶冷却至40℃并向凝胶转变的过程中，先在分子内进行氢键结合，进一步在分子与分子之间进行结合，并呈现分子的双螺旋缠绕形式，而当有大量双螺旋结构时，就会出现琼脂糖的网状结构，因而形成凝胶。

几乎所有的食品都需要增稠剂，具有非常广泛的应用。

2. 食品增稠剂的发展

开拓应用领域，努力降低成本，提高质量，与国际市场接轨是今后增稠剂发展的主要工作。如改性淀粉在我国具有很大的发展空间；我国沿海地区具有丰富的海藻资源，开发潜力巨大。田菁胶生产在我国东南沿海资源丰富；亚麻籽胶由于黏度、溶解性和发泡性、乳化性比较好，而且安全无毒，在食品工业中可替代果胶、琼脂、阿拉伯胶、海藻胶等，具有广阔的发展前景。

增稠剂由于品种多，产地不同，黏度系数不等，在具体应用时，如果选择不当，不仅造成使用量加大、生产成本上升，而且也达不到预期的效果。国外的发展趋势是为不同用户提供有针对性产品及工艺条件需求的复合胶。食品胶生产商与食品制造商之间的技术合作是当前食品工业中专业分工的必然发展趋势。为食品加工企业提供多重选择性以及各种胶的优选组合应用也是今后发展特色食品的秘密。增稠剂的另一个发展趋势是除了充当体系的稳定增稠等品质改良功能外，也向“功能性食品”的成分之一发展，对多糖化合物所具有的功能更加重视，果胶、阿拉伯胶、低聚果糖、魔芋胶等发展前景看好。

项目二 天然增稠剂

一、 天然增稠剂的分类

天然增稠剂占大多数，是从海藻和含多糖类黏质的植物、含蛋白质的动植物和微生物中提取的；大致又可分为以下几类：

（1）由海藻类所产生的胶及其盐类，如海藻酸、琼脂、卡拉胶等；

（2）由树木渗出液所形成的胶，如阿拉伯胶等；

（3）由植物种子所制得的胶，如瓜尔豆胶、槐豆胶等；

（4）由植物的某些组织制得的胶，如淀粉、果胶、魔芋胶等；

（5）由动物分泌或其组织制得的胶，如明胶、酪蛋白等；

（6）由微生物繁殖时所分泌的胶，如黄原胶、结冷胶等。

二、 常用天然增稠剂

1. 琼脂

琼脂又称琼胶、冻粉和洋菜，是石花菜科、江篱科等红藻的细胞壁成分之一，其基本化学组成是以半乳糖为骨架的多糖，主要成分为琼脂糖和琼脂胶两类。相对分子质量为1.1万~300万。琼脂的基本构型为聚半乳糖苷。

（1）性状　琼脂为无色透明或类白色淡黄色半透明细长薄片，或为鳞片状无色或淡黄色粉末，无臭，味淡，口感黏滑，不溶于冷水，但可分散于沸水并吸20倍水而膨胀，在搅拌下加热至100℃可配成5%浓度的溶液。凝胶温度为32~39℃，熔化温度为80~97℃。在凝胶状态下不降解、不水解，耐高温。琼脂的耐酸性高于明胶和淀粉，低于果胶和海藻酸丙二醇酯。

(2) 性能　一般配0.5%可成坚实凝胶体，含水时柔软而带韧性，不易折断，干燥后发脆，易碎。低于0.1%时则不能胶凝而成为黏稠液体。琼脂的品质以凝胶能力来衡量：优质琼脂，0.1%的溶液即可胶凝；一般品质的，胶凝浓度不应低于0.4%；较差的，浓度应在0.6%以上方能胶凝。

琼脂凝胶质硬，用于食品加工可使制品具有明确形状，但其组织粗糙，表皮易收缩起皱，质地发脆。当与卡拉胶复配使用时，可得到柔软、有弹性的制品。琼脂与糊精、蔗糖复配时，凝胶的强度升高，而与海藻酸钠、淀粉复配使用，凝胶强度则下降；与明胶复配使用，可轻度降低其凝胶的破裂强度。

(3) 毒性　ADI不作限制性规定。一般公认安全。

(4) 应用　依照GB 2760—2014《食品安全国家标准　食品添加剂使用标准》，琼脂作为增稠剂，列入表A.2可在各类食品中按生产需要适量使用。

如琼脂用于软糖，可改善口感；用于冰淇淋可改善组织状态，提高黏度和膨胀率，防止冰晶析出，使制品口感细腻；用于发酵酸奶、冰饮，可改善组织状况和口感；用于豆馅，可提高黏着性、弹性、持水性和保型性；用于果冻，可使制品凝胶坚脆。

2. 海藻酸钠、海藻酸钾

依据GB 2760—2014《食品安全国家标准　食品添加剂使用标准》，作为食品增稠剂，海藻酸盐中重要的是海藻酸钠、海藻酸钾。

(1) 性状

海藻酸钠分子式：$(C_6H_7NaO_6)_n$；相对分子质量216.12；为白色或淡黄色粉末，几乎无臭，无味；不溶于乙醇；缓慢地溶于水，形成黏稠状溶液，1%水溶液的pH为6~8；黏性在pH为6~9时稳定，加热至80℃以上黏性降低；水溶液久置，也缓慢分解，黏度降低。有吸湿性，为水合力强的亲水性高分子。

海藻酸钾分子式：$(C_6H_7O_6K)_n$；相对分子质量：238.00；为无色或浅黄色纤维状粉末或粗粉。几乎无臭无味。不溶于乙醇，不溶于pH低于3的酸。缓慢溶于水形成黏稠胶体。1%的水溶液pH为6~8，水溶液黏性在pH 6~9时稳定，在Ca^{2+}等高价离子存在时可形成胶凝。可与羧甲基纤维素、蛋白质、糖、淀粉和大多数水溶性胶相配伍。

(2) 性能　海藻酸盐是一种亲水性聚合物，具有聚合物的共有的一般特征，其水溶性也表现出高分子溶液特有的溶液性质。海藻酸盐溶液的一个重要特点是具有较高的溶液黏度。

(3) 毒性

海藻酸钠：大鼠经口LD_{50}≥5g/kg。ADI为0~0.025 g/kg。一般公认安全。

海藻酸钾：大鼠经口LD_{50}≥5g/kg。ADI不作特殊规定。

(4) 应用　依照GB 2760—2014《食品安全国家标准　食品添加剂使用标准》，海藻酸钾列入表A.2，可在各类食品中按生产需要适量使用。海藻酸钠的使用范围和最大使用量（g/kg）为：用于糖和糖浆（如红糖、赤砂糖、冰片糖、原糖、果糖、糖蜜、部分转化糖、槭树糖浆等）10.0。用于稀奶油、黄油和浓缩黄油、生湿面制品（如面条、饺子皮、馄饨皮、烧卖皮）、生干面制品、香辛料类、果蔬汁（浆）等，按生产需要适量使用。

3. 卡拉胶

卡拉胶又名角叉胶、鹿角藻菜，是红藻科藻类成分。卡拉胶可从角叉菜等原料中提取。它是由半乳糖及脱水半乳糖组成的多糖类硫酸酯的钙、钾、钠、铵盐。由于其中硫酸酯结合形态的不同，已知的有κ-型、ι-型、λ-型等七种，其中最主要的是κ-型和ι-型两种。κ-型卡拉胶是α-（1→4）-D-半乳糖-4-硫酸盐和β-（1→4）-3，6-脱水-D-半乳糖的交替聚合物；ι-型卡拉胶则除在D-半乳糖基的4位上有硫酸酯基团外，在3，6-脱水-D-半乳糖基的2位上也衍生有硫酸酯基团。卡拉胶的相对分子质量在100万以上。

（1）性状　卡拉胶为白色至淡黄褐色、表面皱缩、微有光泽、半透明片状体或粉末物。无臭或有微臭，无味，口感黏滑。溶于60℃以上的热水中，形成黏性透明或轻微乳白色的易流动溶液。如先用乙醇、甘油或饱和蔗糖水溶液浸湿后，则较易溶于水。加入30倍的水，煮沸10min的卡拉胶溶液，冷却后形成胶体。与水结合黏度增高。与蛋白反应起乳化作用，能使乳化液稳定。它溶于热牛奶。pH为7。

（2）性能　卡拉胶水溶液相当黏稠，其黏度比琼脂大。盐可降低卡拉胶溶液的黏度，这是因为盐能降低酯或硫酸根之间的静电引力的缘故。温度升高，黏度降低。若加热是在pH为9的最佳稳定状态下进行，且勿使其发生热降解，则温度降低，黏度又上升。这种变化是可逆的。

κ-型和ι-型卡拉胶即使在溶液中的浓度低至0.5%时，仍可在加热溶解后冷却而形成凝胶，这种凝胶可因再加热而呈可逆性。碱金属离子能诱导凝胶的形成，尤其K^+、Rb^+在卡拉胶浓度很低时也有这种能力。

热的卡拉胶（限κ-型和ι-型）在冷却时由于键的交联而形成“一定范围”的分子内的双螺旋结构，但它们本身并不能形成凝胶的网状结构。只有当钾等凝胶促进离子存在时方能形成坚强的网状结构。钾离子对κ-型卡拉胶的凝胶具有显著影响，故称为钾敏卡拉胶；而钙离子对ι-型卡拉胶具有显著凝胶作用，故称为钙敏卡拉胶。ι-型卡拉胶与钙离子能形成完全不脱水的收缩的、富有弹性的和非常黏的凝胶，它是唯一的冷冻—融化稳定型的卡拉胶。钠离子对卡拉胶的凝胶作用有干扰作用，可使凝胶变脆。

由于卡拉胶结构的多样性，故可与其他胶相互作用后形成一系列不同的凝胶。

κ-型卡拉胶所形成的是强而脆的凝胶，有收缩脱水作用，故不利于单独应用。如与槐豆胶（最高0.25%）配合，其弹性因之提高，内聚力相应增强。当两种胶达到1:1时，破裂强度可相当高，并使产品有相当好的口感；还使其脆度下降，弹性提高，接近于明胶的口感。但如槐豆胶过高，则稠度增加，有利于膜的形成。

κ－型卡拉胶与低酯果胶配合可使之具有良好的持水性，并可降低使用浓度，所得凝胶柔软可口，提高持香能力，但透明度较差。与黄原胶配合时有相似作用，可形成柔软、更有弹性和内聚力的凝胶，并降低收缩脱水作用。

κ－型卡拉胶与魔芋胶配合时可获得弹性的热可逆的凝胶。该凝胶结构与卡拉胶加槐豆胶形成的凝胶相似。瓜尔豆胶不能左右卡拉胶的收缩脱水作用，配合不理想。

κ－型与 ι－型卡拉胶配合使用时可提高凝胶的弱性，又能防止脱水收缩。

溶于热牛乳的卡拉胶，冷却时都能形成凝胶。κ－型卡拉胶牛乳凝胶性脆，极易脱液收缩，加入磷酸盐、碳酸盐或柠檬酸盐来螯合或沉淀钙离子，可改善其物理性质。ι－型卡拉胶牛乳凝胶也发生脱液收缩，加入焦磷酸四钠可使脱液收缩现象明显减弱，但凝胶变得柔软。

卡拉胶还能起到乳化稳定作用，如在牛奶咖啡中，可与牛奶中的乳蛋白周围的脂肪微粒发生络合而使乳蛋白处于稳定状态，有效防止产品“油分上浮”或产生“乳圈”挂壁现象。

（3）毒性　大鼠经口 LD_{50}5.1～6.2g/kg 体重。ADI 不作规定。一般公认安全。

（4）应用　依照 GB 2760—2014《食品安全国家标准　食品添加剂使用标准》，卡拉胶作为增稠剂，列入表 A.2，可在各类食品中按生产需要适量使用。

卡拉胶也可用作乳化剂、稳定剂。其使用范围和最大使用量（g/kg）为：生干面制品 8.0；糖和糖浆（如红糖、赤砂糖、冰片糖、原糖、果糖、糖蜜、部分转化糖、槭树糖浆等）5.0。

婴幼儿配方食品（以即食状态食品中的使用量计）0.3g/L。

用于稀奶油、黄油和浓缩黄油、生湿面制品（如面条、饺子皮、馄饨皮、烧卖皮）、香辛料类、果蔬汁（浆，固体饮料按冲调倍数增加使用量），按生产需要适量使用。

4. 果胶

果胶是在陆生植物某些组织的细胞间和细胞膜中存在的一类支撑物质的总称。最初为不溶性的原果胶，随着成熟度的增长受果胶酶分解成水溶性的果胶或果胶酸。商品果胶是由原料分解成可溶性果胶而抽出并制成的干燥品。生产果胶的主要原料有柠檬、葡萄柚及橘、橙等甜橘类的果皮（果胶含量高达 20%～30%）；次之为榨汁后的苹果渣，约含果胶 10%～15%；向日葵盘和杆中含有低酯果胶，是较好的果胶提取原料。果胶的结构有多种形式，但本质上是一种线型的脱水半乳糖醛酸聚合物，由 α－1，4－糖苷键键合在一起。

果胶上的羧基可被甲醇酯化。果胶的酯化度（DE）可因提取原料的种类、生长情况、采割期和加工方法不同而有差别。一般将 DE 为 50%～75% 的称为高酯果胶（HM），DE为20%～50%的称为低酯果胶（LM）。

（1）性状　果胶为白色至淡黄褐色的粉末，微有特异臭，味微甜带酸，溶于20倍的水中成黏稠状液体，它不溶于乙醇，能为乙醇、甘油和蔗糖浆润湿；与3倍或3倍以上的砂糖混合后，更易溶于水；对酸性溶液较对碱性溶液稳定。

（2）性能　果胶液的黏度比其他水溶胶低，故实际应用中往往利用其胶凝性能。用作增稠剂时一般与其他增稠剂如黄原胶等配合使用才有明显效果。

高酯果胶需有共聚物（如含糖55%以上，或加多元醇），并在pH3.5（因其pK_a为3.5）以下时才能凝胶。这种凝胶为可逆性凝胶，DE越高凝胶能力越强，凝胶速度也越快。

低酯果胶与高酯果胶不同，糖度和酸度对其凝胶能力影响不明显，而钙离子成为其凝胶作用强度的制约因素。这种凝胶形成所谓“蛋箱”结构。一般每克低酯果胶约需15mg钙离子。如钙离子浓度不足，则凝胶强度不高，如钙离子浓度偏高，则凝胶体不光滑细腻。低酯果胶的凝胶速度与高酯果胶相反，酯化度越低，凝胶速度越快。

各种果胶凝胶因素的影响可归纳于表9－1。

表9－1　不同因素对果胶凝胶能力的影响

影响因素	因素变化	果胶种类	凝胶速度	凝胶强度
糖度（固形物含量）	增高	HM或LM	加快	增强
pH	降低	HM或LM	加快	增强
果胶用量	增多	HM或LM	加快	增强
果胶酯化度	由低到高	HM	加快	略有增强
		LM	减慢	略有减弱

（3）毒性　ADI不需特殊规定。一般公认安全。

（4）应用　依照GB 2760—2014《食品安全国家标准　食品添加剂使用标准》，果胶作为增稠剂，列入表A.2，可在各类食品中按生产需要适量使用。

果胶还可用作乳化剂、稳定剂；用于果蔬汁（浆），最大使用量为3.0g/kg（固体饮料按冲调倍数增加使用量）。用于稀奶油、黄油和浓缩黄油、生湿面制品（如面条、饺子皮、馄饨皮、烧卖皮）、生干面制品、糖和糖浆（如红糖、赤砂糖、冰片糖、原糖、果糖、糖蜜、部分转化糖、槭树糖浆等）、香辛料类，可按生产需要适量使用。

5. 黄原胶

黄原胶又称汉生胶、黄杆菌胶。其成分是由非病原性的革兰氏阴性菌黄单孢菌所产生的一种水溶性胞外多糖。黄原胶的大分子主链与纤维素一样，由β－1，

4-D-葡萄糖组合而成，在每两个葡萄糖中交错存在着两种C-3位的三糖侧链，所接盐有钠、钾和钙。可以蔗糖、葡萄糖或玉米糖浆为碳源制取。

(1) 性状　黄原胶为乳白、淡黄至浅褐色颗粒或粉末状物体，微臭。加热至165℃褐变。它易溶于冷、热水，水溶液呈中性，为半透明体。低浓度水溶性的黏度也很高，在已知的各种水溶胶中，黄原胶的黏度是最大的。在水溶液中，黄原胶分子的侧链紧紧缠绕着纤维素主链，所以黄原胶溶液有很强的耐酸、耐碱、抗生物酶降解和耐热的性能。在pH4~10，其黏度不受影响。其黏度也不受蛋白酶、纤维素酶、果胶酶的影响。在水溶液中，黄原胶分子侧链带有负电荷，具有很强的结合阳离子的能力，使得阳离子不能作用于主链，因此，盐对其黏度也不具影响。温度不变时，受机械力的作用，可发生溶胶与凝胶的可逆变化：搅拌可使溶胶的黏度下降，静置又升高（牛顿塑性）。黄原胶在酸、碱溶液中均能溶解，且在室温下很稳定，数月不变。黄原胶可被强氧化剂如过氯酸等降解。

(2) 性能　黄原胶溶液呈假塑性流变性，其黏度总随着浓度的升高而升高。具有优良的热稳定性，在130℃下灭菌30min，其黏度基本不受影响。黄原胶也显示优良的反复冷冻-解冻耐受性而不出现脱水收缩现象，故在冰淇淋制品中具有良好的抗融化性。由于黄原胶溶液即使在低浓度时也呈现高黏度和低剪切率，因此其悬浮稳定性优于其他水溶胶。

黄原胶的增稠优越性有：①低浓度时即呈高黏度，对悬浮液和乳化液有很高的稳定性；②呈假塑性的流变性和低剪切力，易于灌装、泵送，而静置后黏度迅速恢复；③溶液的黏度与温度、pH和电解质浓度的变化关系不大，对酶也有极好的稳定性；④在食品中有很好的口感和保香能力；货架期长；⑤与钙、镁、钡、铜、铁等离子有相容性。

黄原胶主要用于制品的增稠、稳定，但与其他水溶胶配合使用时也能获得良好的凝胶。当其与槐豆胶配合时，可形成黏弹性凝胶，两者配合比例为50∶50至60∶40时凝胶强度最大；与魔芋胶配合时，也有类似于与槐豆胶配合的特性。

(3) 毒性　小鼠经口$LD_{50}\geq 10g/kg$体重。ADI不作特殊规定。

(4) 应用　依照GB 2760—2014《食品安全国家标准　食品添加剂使用标准》，黄原胶作为增稠剂，列入表A.2，可在各类食品中按生产需要适量使用。

黄原胶也可作稳定剂，其使用范围和最大使用量（g/kg）为：生干面制品4.0；黄油和浓缩黄油、糖和糖浆（如红糖、赤砂糖、冰片糖、原糖、果糖、糖蜜、部分转化糖、槭树糖浆等）5.0；特殊医学用途婴儿配方食品9.0；生湿面制品（如面条、饺子皮、馄饨皮、烧卖皮）10.0；稀奶油、香辛料类、果蔬汁（浆，固体饮料按冲调倍数增加使用量），按生产需要适量使用。

6. 明胶

骨胶、皮胶、明胶统称为动物胶。明胶是上等骨胶和皮胶。食用明胶是高分子多肽的高聚合物，具有复杂的化学组成和分子结构。在明胶的化学组成中，蛋白质含量约占82%以上，构成其蛋白质的18种氨基酸中有7种必需氨基酸，仅缺少一种必需的色氨酸。明胶是一种水溶性蛋白质，是由动物的皮、骨、软骨、韧带、肌腔及其他结缔组织含的胶原蛋白，经部分水解制得。明胶生产过程中，这些原材料用稀酸或饱和石灰溶解处理。A型明胶是用酸法生产的，B型明胶是用饱和石灰溶液生产的。明胶的分子式 $C_{102}H_{151}N_{31}O_{39}$，相对分子质量在50000~60000。

（1）性状　食用明胶为白色或淡黄色透明至半透明带有光泽的脆性薄片、颗粒或粉末，无臭，无味，不溶于冷水，也不溶于乙醇，可溶于热水、甘油、乙酸等溶液。能缓慢地吸收5~10倍的冷水而膨胀软化；当它吸收2倍以上的水时，加热至40℃便溶化成溶胶，冷却后形成柔软而有弹性的凝胶。依来源不同，明胶的物理性质也有较大的差异，其中以猪皮明胶性质较优，透明度高，且具有可塑性。明胶凝固点为20~25℃，30℃熔化。明胶在空气中很容易吸潮，受潮的明胶极易变质。

明胶为两性电解质，碱法B型明胶的等电点pH在4.7~5.0；酸法A型明胶的等电点pH在8.0~9.0。在等电点，明胶溶液的黏度最小，而凝胶的熔点最高，渗透压、表面活性、溶解度、透明度和膨胀度等均最小。明胶的黏度与胶凝力和吸水率有关；黏度小，胶凝力小，吸水率低。当温度低于明胶特有的凝冻点时即形成可逆凝胶。

明胶的色泽与其中所含的某些金属离子，如铁、铜的含量有关，含量增大，色泽变深。

明胶溶液中有氯化物存在时，对凝固点、透明性、吸湿性、黏度和胶凝力有较大影响。

（2）性能　明胶具有优良的胶体保护性、表面活性、凝胶性、黏稠性、成膜性、悬乳性、缓冲性、浸润性、稳定性和水易溶性。食用明胶还有如可逆性、黏结性、固水性、发泡性、乳化性以及亲和性等多种特性。

与琼脂比较，明胶的凝固力较弱，浓度低于5%时不发生胶凝，在10%~15%时发生胶凝形成胶冻。明胶溶液的胶凝化温度与浓度及共存盐的种类、浓度、溶液的pH等有关。明胶在溶液中能发生水解使相对分子质量变小，黏度和胶凝力也变小。当水解平均相对分子质量降至10000~15000时，则失去胶凝能力。当pH在5~10范围内时，明胶水解能力降低，胶凝性能变化不大；pH<3时，胶凝性能变差；pH为3时较为5时的胶凝能力下降10%。明胶溶液长时间（数小时）煮沸，或在强酸、强碱条件下加热，水解加速、加深，导致胶凝力显著下降，甚至不能形成凝胶。明胶溶液中加入大量无机盐，可使明胶从溶液中析出，如三价铝盐可使明胶凝结，从溶液中析出。凝结后的凝胶不能恢复原来的性质，为不可逆凝胶。

明胶的凝胶比琼脂柔软，口感好，且富有弹性。

此外，明胶为亲水性胶体物质，具有很高的保护胶体性质，可用作疏水胶体的稳定剂、乳化剂。明胶还具有起泡和稳泡作用，在凝固温度附近起泡力强。

明胶的熔化温度低，具有溶于口内的特点，不需咀嚼。此外，明胶胶冻在温热尚未溶化的糖浆中不会结晶，温热的明胶胶冻在凝块被搅碎后仍能重新形成，便于加入到含有水果等的胶冻中，而这种胶冻凝固后即可倒出，具有黏度高不渗入多孔布丁和糕点中的特点。

（3）毒性　食用明胶系天然的蛋白质产品，且容易被人体所消化和吸收，本身无毒性，ADI 不作限制性规定。

（4）应用　依照 GB 2760—2014《食品安全国家标准　食品添加剂使用标准》，明胶作为增稠剂，列入表 A. 2，可在各类食品中按生产需要适量使用。

食用明胶广泛应用于食品工业的糖果、果冻、果酱、冰淇淋、糕点、各种乳制品、保健食品及肉干、肉松、肉冻、罐头、香肠、粉丝、方便面等产品的生产中。

项目三

合成增稠剂

一、合成增稠剂的分类

化学合成增稠剂包括以天然增稠剂进行改性制取的，如羧甲基纤维素钠、海藻酸丙二酯、羧甲基纤维素钙、羧甲基淀粉钠、磷酸淀粉钠、乙醇酸淀粉钠等；以及以化学方法人工合成的，如聚丙烯酸钠等。

二、常用合成增稠剂

1. 羧甲基纤维素钠

羧甲基纤维素钠简称 CMC，是葡萄糖聚合度为 100～2000 的纤维素的衍生物。构成纤维素的葡萄糖有三个能醚化的羟基，因此，产品可有各种醚化度（取代度，简称 DS），理论上最高为 3. 0，一般为 0. 4～1. 4。DS 大于 0. 8 的，黏度较高。常用的 CMC 商品其葡萄糖聚合度为 200～500，并根据其平均相对分子质量和黏度分成 FH_6 特高、FH_6 和 FM_6 三种规格。

（1）性状　羧甲基纤维素钠为白色或淡黄色纤维状或颗粒状粉末物，无臭，无味。加热至 226℃左右时颜色变褐。有吸湿性，易分散于水成为溶胶。1% 溶液的 pH 为 6. 5～8. 0。不溶于乙醇。C6 上羟基被醚化的程度直接影响 CMC 的性质。当 DS 高于 0. 3 时，可溶于碱水溶液；DS 为 0. 7 时，在加热和搅拌下可溶于甘油；DS 为 0. 8 时，溶液呈酸性，耐酸性和耐盐性好，黏度也高，CMC 也不随 pH 的降低而沉淀。盐的存在以及高于 80℃长时间加热其黏度均会降低并可形成水不溶物。

（2）性能　羧甲基纤维素钠水溶液的黏度与DS、聚合度（相对分子质量）及pH等因素有关。一般其黏度随着DS和相对分子质量增大而增大；pH在接近中性的5~9时，黏度变化较小，但总体上pH为7时最大，偏酸偏碱黏度均变小，而pH小于3时CMC成为游离酸，低DS的会发生沉淀。

CMC的增稠稳定性能在与明胶、黄原胶、卡拉胶、海藻酸钠、果胶等绝大多数亲水性胶配合时具有明显的协同增效作用。

（3）毒性　小鼠经口LD_{50} 27g/kg体重。ADI 0~25mg/kg体重。一般公认安全。

（4）应用　依照GB 2760—2014《食品安全国家标准　食品添加剂使用标准》，羧甲基纤维素钠可在各类食品中按生产需要适量使用。

如用于速煮面、方便面，可改善质构和筋力；用于酸性饮料、乳饮料类，可提高稳定性和悬浮性，防止乳饮料脂肪上浮并保护蛋白质的分散性，改善口感；用于果酱、奶酪、巧克力、稀奶油，可作稳定剂，改善涂抹性；常与海藻酸钠、明胶配合，在冰淇淋中改善保水性和组织结构，防止析晶；用于油炸食品，如在油炸土豆条、炸鸡块、炸牛排等食品中，保持其嫩度、口感和风味，提高出品率，而且显著减少食品含油量，从而降低成本和产品热值。

2. 羧甲基淀粉钠

羧甲基淀粉钠亦称淀粉乙醇酸钠，简称CMS。羧甲基淀粉是一种阴离子淀粉醚，为溶于冷水的聚电解质。其基本骨架由葡萄糖聚合而成，葡萄糖的长链中以α-1，4-糖苷键相结合，聚合度为100~2000。

（1）性状　羧甲基淀粉钠为淀粉状白色粉末，无臭，无味，在常温下溶于水，形成透明的黏稠胶体溶液。它的吸水性极强，吸水后体积可膨胀200~300倍；较一般的淀粉难水解；不溶于乙醇。1%水溶液的pH为6.7~7.0。本品水溶液会被大气中的细菌部分分解，使黏度降低。其水溶液不宜在80℃以上长时间加热，以免黏度降低。水溶液呈酸性时，羧甲基淀粉钠则生成不溶于水的游离酸，黏度降低，稳定性较差；呈碱性时较稳定。易与金属离子作用形成各种不溶于水的盐，不适用于强酸性食品。

（2）性能　羧甲基淀粉钠在面包中可改善质构，防止水分蒸发和淀粉老化；在冰淇淋中可改善保水性和组织结构，防止析晶；在果酱中可改善稳定性、涂抹性。

（3）毒性　小鼠经口$LD_{50}\geq$1g/kg体重。ADI无限制性规定。

（4）应用　依照GB 2760—2014《食品安全国家标准　食品添加剂使用标准》，羧甲基淀粉钠的使用范围和最大使用量（g/kg）为：面包0.02；冰淇淋、雪糕类0.06；果酱、酱及酱制品0.1；方便米面制品15.0。

思考题

1. 增稠剂一般具有哪些特点?
2. 增稠剂按来源和加工方式角度，如何进行分类?
3. 请解释琼脂的胶凝特性；如何利用这种特性进行应用?
4. 请解释果胶的胶凝特性；在相关食品的生产中如何利用这种特性?
5. 简述黄原胶的增稠特性及其生产应用。
6. 简述羧甲基纤维素钠的增稠特性，如何避免其黏度下降的缺点?
7. 举例说明天然增稠剂的协同增效作用。

实训内容

实训一 增稠剂的性能比较

一、实训目的

了解并比较几种增稠剂的性能。

二、实训材料

琼脂、明胶、海藻酸钠、CMC、卡拉胶、黄原胶、果胶（均为食用）。

三、实训步骤

（1）在台式天平上称取琼脂1g于烧杯中，量入50mL纯净水，0.5h后观察现象；并于水浴中加热0.5h，冷却，继续观察现象。

（2）在台式天平上称取3g明胶于烧杯中，加50mL纯净水，0.5h后观察现象，并于水浴中加热0.5h，冷却，继续观察现象。

（3）台式天平上分别称取1g海藻酸钠、CMC于烧杯中，分别加50mL纯净水，0.5h后观察现象，分别加10mL 1%的柠檬酸，继续观察现象；并于水浴中加热0.5h，冷却，继续观察现象。

（4）在台式天平上分别称取0.2g卡拉胶、黄原胶、果胶于烧杯中，分别加50mL纯净水，0.5h后观察现象，并于水浴中加热0.5h，冷却，继续观察现象。

（5）比较“1、2、3、4”中口感、冻结现象。

（6）任意取两种胶液混合（必要时加热后混合），冷却，与单种胶液比较口感、冻结现象。

四、思考题

比较各种增稠剂的性状、性能。

实训二 果胶凝胶度（加糖率）的测定

一、实训目的

了解 SAG 法测定果胶凝胶度的方法。对果胶品质有感性的认识，在果冻生产中有助于生产管理。

二、实训材料

1. 原料

低酯果胶；砂糖；柠檬酸溶液（50%）（均为食用级）。

2. 仪器

（1）果冻强度测定仪（见图 9－1）。

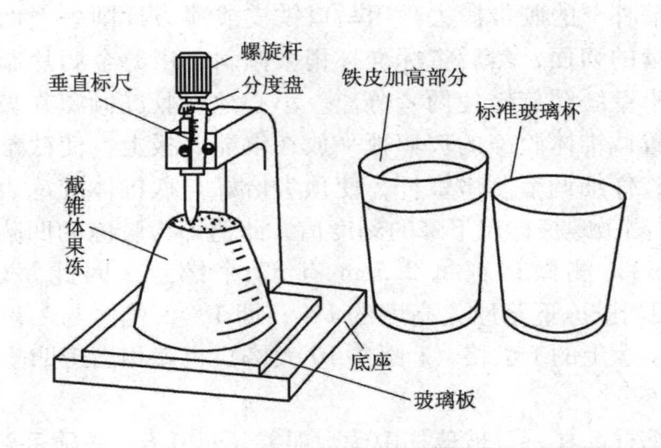

图 9－1 果冻强度测定仪

（2）试验用玻璃杯 Hazel－Atles No. 85 平底无脚玻璃杯或塑料杯，其玻璃或塑料是经过磨制加工的，内高精确至 7.94cm，用铁皮边框加高 2cm。

（3）测微螺旋每 2.5cm 有 32 个螺纹，因此每旋转一圈即移动丝杆 0.0792cm，或胶冻原先高度的 1%（相当于 1% 凹陷）。

（4）胶带采用透明胶带或绝缘胶带均可，用来固定玻璃杯和铁皮间加高部位。

（5）秒表。

三、实训步骤

1. 胶冻的制备

准确称取 4.33g 果胶（按凝胶度 150°计），用少量无水乙醇湿润，另称取 646g 蔗糖，取其中 20g 左右置于湿润的果胶中，充分搅拌均匀，再加少量蒸馏水调成糊状。另用一搪瓷锅，加入 250mL 蒸馏水煮沸，将果胶糊状物慢慢倒入锅中边加边搅拌，直至加完。再用 160mL 蒸馏水分次洗烧杯，洗液全部并入锅内（蒸馏水总量为 410mL），搅拌均匀，再将剩余蔗糖边加边搅拌，继续煮沸蒸发至胶冻净重为 1015g，如果净重不足可加入稍过量的蒸馏水煮沸，至所需质量，但整个加热时间不应超过 5 ~ 8min。撇去泡沫或浮渣，将锅倾斜待内温达 95℃时，立即将胶冻迅速倒入三只预先加有 3.5mL 50% 柠檬酸溶液的标准玻璃杯中（注意控制 pH 小于 3，这样才能得到可靠的结果）。此时应边倒边搅拌，使酸溶液迅速与凝胶混匀，倒至接近加高的部位，放置 15min 后盖上玻璃皿，在室温下放置20 ~ 24h。

2. 测定方法

在未测定前，把标准棒（6.35cm）直立在玻璃板上，使其正对测微螺杆下方，旋转测微螺杆，使其向下恰好接触标准棒，此时读数准确为 20.0（如读数不符，可松开垂直标尺和游尺的固定螺丝，上下移动调节至标准，然后拧紧固定螺丝）。

测定时将玻璃杯上的胶带撕去，用马口铁皮或薄刀片削去上面高出标缘部分的胶冻，使成平滑的切面，然后将标准杯稍微倾斜，用薄金属片制成的小刀插入胶冻与标壁间，沿壁缓缓旋转使两者分离。小心地将胶冻倾覆在玻璃板上，同时按揿秒表，把放置截锥体胶冻的玻璃板平放在仪器底板上，使截锥体胶冻中心对准测微螺杆顶尖，仔细调节测微螺杆，使顶尖恰好与截锥体胶冻表面接触，记下间隔准确 2min 时测微螺杆标尺下降的刻度值，此值即为胶冻的凹陷百分数（标准杯深度为 7.94cm）。测微螺杆每 2.5cm 有 32 个螺纹，因此每转一周即移动 0.794cm，也即相当胶冻下陷原先高度的 1%，即 1% 凹陷。与一般测微器读数原理一样，螺杆分度盘上的 1 大格（1 圈共 10 大格）也就相当于凹陷百分数的 1/10（读数精确至 0.1%）。

如果同一胶冻样品在三只玻璃杯中读数误差超过 0.6，必须重新测定。用折光计检查总可溶性固形物含量，并根据温度予以校正。

3. 结果校正

准确加糖率按下式计算：

$$准确加糖率 = 估计加糖率 \times 换算因数（\%）$$

科克斯和希格比采用五种不同类型果胶在高于或低于特定的加糖率时制备胶冻，测定每一玻璃杯中胶冻凹陷百分数，画出了凹陷百分数和真正加糖率/估计加糖率的曲线（见图 9 - 2）。果冻凹陷 23.5% 被假定为标准强度，根据测定的凹陷数值由曲线图可以确知测试果胶的真正加糖率。测试胶冻强度在标准强度的 20% 上下时，测得的加糖率是准确的。如果胶冻采用的是加糖率为 150 的果胶，凹陷为 26%，由图可知真正的加糖率应为估计加糖率的 0.9 倍，即 $150 \times 0.9 = 135$。

四、思考题

根据测定的结果，讨论果胶的凝胶能力。

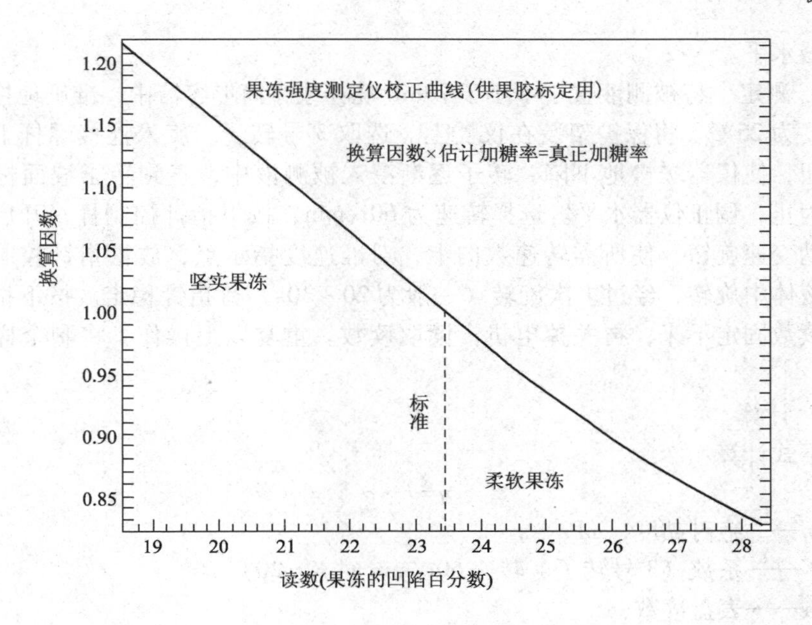

图9－2　换算因数与凹陷百分率的关系

实训三　增稠剂黏度的测定

一、实训目的

通过对增稠剂黏度的测定，增强对不同类型增稠剂增稠稳定性能的感性认识。

二、实训材料

1. 原料

明胶、黄原胶（均为食用级）。

（1）黄原胶溶胶　用蒸馏水分别配制0.5%、1.0%、1.5%的黄原胶溶液各500mL，并冷到25℃。

（2）明胶溶胶　用蒸馏水分别配制5.0%、6.5%、7.0%的明胶溶液各500mL，并冷却到61℃左右。

2. 仪器

（1）NDJ－1型旋转黏度计、勃氏黏度管（见图9－3）。

（2）超级恒温器、秒表（准确到0.01s）、恒温水浴箱、温度计（准确到0.1℃）。

三、实训步骤

1. 黄原胶溶胶黏度的测定

（1）安装好旋转黏度计。注意要调节水平螺钉，

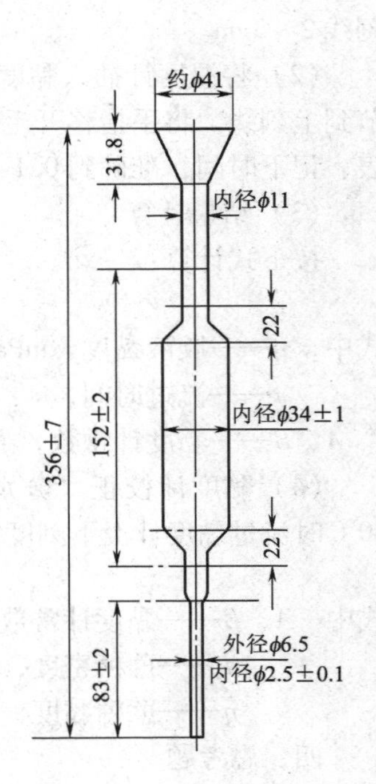

图9－3　勃氏黏度管

保持仪器水平。

（2）测定　将被测液置于不小于70mL烧杯或直筒形容器中，准确地控制被测液体温度为25℃。将保护架装在仪器上。选取3号转子，旋入连接螺杆上，旋转升降旋钮，使仪器缓慢地下降，转子逐渐浸入被测液中，直到转子液面标志和液面相平为止，调正仪器水平。选择转速为60r/min，按下指针控制杆，开启电机开关，转动变速旋钮，使所需转速数向上，对准速度指示点，放松指针控制杆，使转子在液体中旋转，经过多次旋转（一般为20～30s）待指针稳定。按下指针控制杆，使读数固定下来，再关掉电机，读取读数。重复以上操作，将剩余样品进行测定。

（3）计算

按下式计算：

$$\eta = K \cdot \alpha$$

式中　η——绝对黏度，mPa·s

K——系数（3号转子、转速60r/min时 $K=20$）

α——表盘读数

2. 明胶溶胶黏度的测定

（1）开启超级恒温器，使流过黏度计夹套的温度为（60±0.1）℃。用手指顶毛细管末端，要避免空气或泡沫进入，迅速将胶液倒入黏度管里，直到超过上刻线2～3cm。

（2）将温度计插入黏度计里，当温度稳定在（60±0.1）℃时，将胶液水平调节到上刻线。将手指移开毛细管末端时按下秒表。胶液水平达到下刻线时停下秒表，记下时间，准确到0.1s。

（3）结果计算

按下式计算：

$$\eta = 1.005At - 1.005B/t$$

式中　η——胶液黏度，mPa·s

t——流过时间，s

A、B——黏度计常数，通过校正测定

（4）黏度计校正　分别测出100mL，40%和60%蔗糖（分析纯）水溶液在60℃时流过黏度计上下刻度线的时间，然后根据下式计算常数A、B。

$$\eta/d = At - B/t$$

式中　A、B——黏度计常数

d——蔗糖密度，g/cm^3

η——蔗糖黏度，mPa·s

四、思考题

根据实验结果，讨论两种增稠剂的增稠性能的差异。

实训四 海藻凉粉或“葡萄球”的制作

一、实训目的

了解增稠剂、凝固剂、甜味剂、酸味剂的性能和应用。

二、实训材料

海藻酸钠、白砂糖、柠檬酸、氯化钙、明胶、食盐、CMC（均为食用级）；水果汁。

电炉。

三、实训步骤

1. 海藻凉粉的制作

（1）将5g海藻酸钠溶于85mL水中，浸泡0.5h，调制成黏稠液，沸水浴加热10min，倒在瓷盘中铺成2mm厚；（瓷盘中先铺塑料薄膜）。

（2）配制250mL10%氯化钙。

（3）将（2）倒入（1）中浸泡5min得凝胶物。

（4）将凝胶物切成2cm宽细条，再于10%氯化钙中浸泡5min。

（5）流水冲洗细条约10min。

（6）称取1.3g醋酸钠、0.6g偏磷酸钠、0.8g碳酸氢钠溶于100mL水中，将细条泡入0.5~1h；用流水冲洗细条5min，再沸水煮1min。

（7）用糖或盐、味精、酱油调味。

2. “葡萄球”的制作

（1）配方　海藻酸钠1.5%，明胶1.0%，氯化钙3.5%，白砂糖8%，柠檬酸0.2%，水果汁100mL。

（2）步骤

①将海藻酸钠、明胶各用冷开水于烧杯中浸泡0.5h后于水浴加热10min；

②配制氯化钙3.5%水溶液于烧杯中；

③将适量白砂糖、柠檬酸用少量水溶解，将①和③中原料混合，倒入半圆形塑料模具中置于氯化钙液中固化4min后取出。用流水冲洗1min，在冷开水中洗1min，倒入果汁中。

四、思考题

（1）举例简述增稠剂的性能、应用。

（2）“葡萄球”的制作为什么采用海藻酸钠和明胶？

实训五 果冻的制作

一、实训目的

了解增稠剂、甜味剂、酸味剂的性能、应用。

二、实训材料

电炉。

白砂糖 8%、柠檬酸 0.1%、明胶 6%（均为食用级），苹果 15%。

三、实训步骤

（1）称明胶 6g 于 150mL 烧杯中，加 10mL 冷开水浸泡 0.5h，在沸水浴中加热 30min。

（2）称白砂糖 8g、柠檬酸 0.1g 于 150mL 烧杯中，加 90mL 水，在电炉上加热至沸；加入适量苹果丁。

（3）将全部原料混合，搅拌后冷却。

四、思考题

简述明胶的性能、应用。

模块十

食品被膜剂、稳定剂和凝固剂

学习目标与要求

了解各种被膜剂、稳定剂和凝固剂性能；掌握各种被膜剂、稳定剂和凝固剂的应用。

学习重点与难点

重点：各种被膜剂、稳定剂和凝固剂的应用。

难点：各种被膜剂、稳定剂和凝固剂性能。

学习内容

项目一 食品稳定剂和凝固剂

一、稳定剂和凝固剂的作用、分类和使用

1. 稳定剂和凝固剂的作用

依据 GB 2760—2014《食品安全国家标准　食品添加剂使用标准》，稳定剂和凝固剂是使食品结构稳定或使食品组织不变，增强黏性固形物的物质。其作用方式通常是使食品中的果胶、蛋白质等溶胶凝固成不溶性凝胶状物质，从而达到增强食品中黏性固形物的强度、提高食品组织性能、改善食品口感和外形等目的。

2. 稳定剂和凝固剂使用中的注意点

（1）温度可影响凝固速度。温度过高，凝固过快，成品持水性差；温度过低，

凝聚速度慢，产品难成形。

（2）pH 离蛋白质等电点越近越易凝固。大豆蛋白质等电点的 pH 为 4.6，原料及水质偏碱性，则不易成形，甚至会凝固不完全。

3. 稳定剂和凝固剂分类

稳定剂和凝固剂主要有盐类凝固剂、酸类凝固剂。目前使用的盐类凝固剂主要有盐卤、石膏等无机盐，其中主要的成分是氯化镁、硫酸镁、氯化钙、硫酸钙和乙酸钙；酸类凝固剂有葡萄糖酸内酯、柠檬酸和酒石酸等。

由于单一的盐类凝固剂和酸凝固剂各自都有一定的缺陷，因此许多学者进行了复合凝固剂的研究。并且研究的还有酶凝固剂，如转谷氨酰胺酶、木瓜蛋白酶、菠萝蛋白酶、碱性蛋白酶和中性蛋白酶等。

稳定剂和凝固剂在食品生产中有广泛的应用。如利用氯化钙等钙盐使可溶性果胶酸成为凝胶状不溶性果胶酸钙，可保持果蔬加工制品的脆度和硬度，在果蔬罐头等产品中经常使用；或与低酯果胶交联成低糖凝胶，用于生产具有一定硬度的果冻食品等。盐卤、硫酸钙、葡萄糖酸 $-\delta-$ 内酯等可使蛋白质凝固。在豆腐生产的点脑（点卤或点浆）工序中，蛋白质因发生热变性，多肽链的侧链断裂开来，形成开链状态，分子从原来有序的紧密结构变成疏松的无规则状态，这时加入稳定剂和凝固剂，变性的蛋白质分子相互凝聚、相互穿插凝结成网状的凝聚体，水被包在网状结构的网眼中，转变成蛋白质凝胶。此外，金属离子螯合剂如乙二胺四乙酸二钠，能与金属离子在其分子内形成内环，使金属离子成为环的一部分，从而形成稳定而能溶解的复合物，提高食品的质量和稳定性。

二、 常用稳定剂和凝固剂

1. 硫酸钙

硫酸钙又称石膏，分子式 $CaSO_4 \cdot 2H_2O$，相对分子质量 172.18。

（1）性状　白色结晶性粉末。无气味、有涩味。难溶于乙醇，微溶于水、甘油。水溶液呈中性。加热至 100℃以上失去部分结晶水而成为煅石膏（$CaSO_4 \cdot 1/2H_2O$），室温时又成为二水盐；加热至 194℃以上失去全部结晶水而成无水硫酸钙。石膏遇水后形成可塑性浆状物，很快固化。

（2）性能　硫酸钙是优良的蛋白质凝固剂，如用于制作豆腐。在豆腐生产的点脑或点浆关键工序中，于熟豆浆中加入石膏，使热变性的大豆蛋白凝固。硫酸钙促进蛋白质凝固后所形成的豆腐的品质与许多因素有关。点脑一般可分为热点脑和冷点脑；65～75℃为冷点脑，由于温度较低，凝固剂与蛋白质的作用较缓慢，形成的网络组织细嫩，但可能会因凝固不足而造成豆腐过嫩；75～90℃为热点脑，温度较高时蛋白质在凝固剂作用下凝固速度较快，蛋白质网络组织粗而有力，凝固物韧性好，但持水性较差。另外凝固剂浓度较高时蛋白质凝固也较快，但同样会使组织粗糙；在点脑时将凝固剂分几次加入并适当搅拌有助于凝固完全，效果更好。

（3）毒性　ADI不作特殊规定。一般公认安全。

（4）应用　硫酸钙在食品中还可作增稠剂、酸度调节剂。依照GB 2760—2014《食品安全国家标准　食品添加剂使用标准》，硫酸钙的使用范围和最大使用量（g/kg）为：小麦粉制品1.5；肉灌肠类3.0；腌腊肉制品（如咸肉、腊肉、板鸭、中式火腿、腊肠）（仅限腊肠）5.0；面包、糕点、饼干10.0；豆类制品按生产需要适量使用。

2. 氯化钙

氯化钙，有无水氯化钙和含结晶水氯化钙，分子式分别为$CaCl_2$和$CaCl_2 \cdot 2H_2O$，相对分子质量分别为110.99和147.02。

（1）性状　白色、硬质碎块或颗粒。微苦，无臭。易吸水潮解。可溶于乙醇。5%水溶液的pH为4.5～8.5。含结晶水氯化钙加热至260℃脱水形成无水物。

（2）性能　氯化钙在食品中可作稳定剂和凝固剂、增稠剂。另外，氯化钙可使果胶凝固（果胶酸钙，钙离子起交联作用），保持果蔬加工制品的脆度和硬度。

（3）毒性　大鼠，经口，LD_{50} 1g/kg体重；ADI不作特殊规定。一般公认安全。

（4）应用　氯化钙在食品中还可作增稠剂。依照GB 2760—2014《食品安全国家标准　食品添加剂使用标准》，氯化钙的使用范围和最大使用量（g/kg）为：装饰糖果（如工艺造型，或用于蛋糕装饰）、顶饰（非水果材料）和甜汁、调味糖浆0.4；畜禽血制品0.5；水果罐头、果酱、蔬菜罐头1.0。

饮用水（自然来源饮用水除外）0.1g/L。稀奶油、豆类制品按生产需要适量使用。

3. 氯化镁

氯化镁也称为卤片。分子式$MgCl_2$，相对分子质量为95.21。

（1）性状　氯化镁系无色、无臭的小片、颗粒、块状式单斜晶系晶体。味苦。有二水和六水盐两种。二水盐是白色吸水性颗粒。无水盐为无色潮解性片状或结晶。常温时为六水盐，含水量可随温度而变化，100℃失去2分子水，110℃时放出部分盐酸气，高温下分解成含氧氯化镁。水溶液呈中性。极易吸潮。极易溶于水，溶于乙醇。

（2）性能　能使蛋白质溶液凝结成凝胶。在北豆腐生产中形成的豆腐硬度、弹性和韧性较强。

（3）毒性　大鼠，经口LD_{50} 2.8g/kg体重。ADI不作特殊规定。一般公认安全。

（4）应用　依照GB 2760—2014《食品安全国家标准　食品添加剂使用标准》，氯化镁主要用于豆类制品，按生产需要适量使用。

4. 葡萄糖酸－δ－内酯

葡萄糖酸－δ－内酯，分子式 $C_6H_{10}O_6$，相对分子质量为 178.14。

(1) 性状　葡萄糖酸－δ－内酯为白色结晶或白色晶体粉末，几乎无臭，呈味先甜后酸。易溶于水。在水中缓慢水解形成葡萄糖酸及其δ－内酯和γ－内酯，呈平衡状态。微溶于乙醇，几乎不溶于乙醚。1% 水溶液的酸度会随时间而变化，刚配制时 pH 为 3.5，2h 内 pH 降低到 2.5。热稳定性低，在 153℃左右分解。本身无吸湿性。

(2) 性能　葡萄糖酸－δ－内酯可作蛋白质凝固剂。葡萄糖酸－δ－内酯在水中发生水解生成葡萄糖酸，能使蛋白质溶胶凝结而形成蛋白质凝胶，效果优于硫酸钙、氯化钙、盐卤和卤片。由于其为水溶性，能在水中混合均匀，其凝胶效果优于硫酸钙、氯化钙、盐卤和卤片，而且制得的豆腐产品质地细腻，滑嫩可口，保水性好。利用葡萄糖酸－δ－内酯制作的豆腐由于葡萄糖酸－δ－内酯还兼有防腐性能而具有较好的保鲜期。

(3) 毒性　兔，静脉注射 LD_{50} 7.63g/kg 体重。ADI 不作特殊规定。一般公认安全。

(4) 应用　依照 GB 2760—2014《食品安全国家标准　食品添加剂使用标准》，葡萄糖酸－δ－内酯可在各类食品中按生产需要适量使用。

实际应用时常与硫酸钙合用。

5. 柠檬酸亚锡二钠

柠檬酸亚锡二钠，分子式 $C_6H_6O_8SnNa_2$，相对分子质量 370.79。

(1) 性状　柠檬酸亚锡二钠为白色结晶。加热至 250℃开始分解，260℃开始变黄，283℃变成棕色。易吸湿并发生潮解，极易溶于水。

(2) 性能　柠檬酸亚锡二钠用于果酱的果胶，较快凝胶的适当 pH 为 3.1～3.4。它还具有一定还原性能，用于罐头食品中能逐渐与罐中残留的氧发生作用，亚锡离子氧化成四价锡离子，表现出良好的抗氧化和护色性能。

(3) 毒性　小鼠经口 LD_{50} 2.7g/kg 体重。柠檬酸亚锡二钠在机体内胃肠吸收率为 2.3%，48h 后由尿排出吸收量的 50%，属无毒品。

(4) 应用　依照 GB 2760—2014《食品安全国家标准　食品添加剂使用标准》，柠檬酸亚锡二钠使用范围和最大使用量（g/kg）为：水果罐头、蔬菜罐头、食用菌和藻类罐头 0.3。

6. 乙二胺四乙酸二钠

乙二胺四乙酸二钠（EDTA），别名 EDTA 二钠，分子式 $C_{10}H_{14}N_2Na_2O_8 \cdot 2H_2O$，相对分子质量 372.24。

(1) 性状　乙二胺四乙酸二钠为白色结晶颗粒或晶体粉末，无臭，无味。易溶于水，2% 水溶液的 pH 为 4.7；微溶于乙醇。常温下稳定，100℃时结晶水开始挥发，120℃时失去结晶水而成为无水物，有吸湿性。

（2）性能　乙二胺四乙酸二钠对重金属离子有很强的络合能力，可与铁、铜、钙、镁等多价离子成稳定的水溶性螯合络合物。可除去和消除重金属离子或由其引起的有害作用，提高食品的质量。

（3）毒性　大鼠经口 LD_{50} 2g/kg 体重。ADI 为 0～2.5mg/kg 体重。一般公认安全。

（4）应用　乙二胺四乙酸二钠还可用作抗氧化剂、防腐剂。依照 GB 2760—2014《食品安全国家标准　食品添加剂使用标准》，乙二胺四乙酸二钠使用范围和最大使用量（g/kg）为：饮料类（包装饮用水类除外，固体饮料按冲调倍数增加使用量）0.03；果酱、蔬菜泥（酱）（番茄沙司除外）0.07；复合调味料 0.075；果脯类（仅限地瓜果脯）、腌渍的蔬菜、蔬菜罐头、坚果与籽类罐头、杂粮罐头 0.25。

7. 复配型凝固剂

复配型凝固剂一般是由两种或两种以上的单个凝固剂及其他辅助剂按一定比例进行配比混合形成的凝固剂。它可克服单个凝固剂的缺点，同时综合每种凝固剂的优点，使凝固性能更优良、效果更稳定，最终使产品组织品质更好。复配型凝固剂往往针对特定的产品，可获得特定的效果。目前使用的复配型凝固剂多为固体粉末型。常见的复配型豆腐凝固剂如表 10－1 所示。

表 10－1　　常见的复配型豆腐凝固剂

名　称	性　状	成分及配比/%
豆腐凝固剂 1	粉末	硫酸钙 99，碳酸钙 0.96，二苯基硫胺素 0.04
豆腐凝固剂 2	粉末	硫酸钙 50，葡萄糖酸－δ－内酯 50
豆腐凝固剂 3	粉末	硫酸钙 70，葡萄糖酸－δ－内酯 30
豆腐凝固剂 4	白色粉末	硫酸钙 63，葡萄糖酸－δ－内酯 36，氯化钠 1
豆腐凝固剂 5	白色粉末	硫酸钙 65，葡萄糖酸－δ－内酯 4，氯化镁 20，葡萄糖 9，蔗糖酯 2
豆腐凝固剂 6	粉状	葡萄糖酸－δ－内酯 63，硫酸镁 37
豆腐凝固剂 7	粉状	葡萄糖酸－δ－内酯 58，硫酸钙 28，葡萄糖酸钙 11，天然物 3
豆腐凝固剂 8	粉状	葡萄糖酸－δ－内酯 62，氯化镁 34，蔗糖酯 1，乳酸钙 1，L－谷氨酸钠 1.8，5′－肌苷酸钠 0.2
软豆腐凝固剂	粉末	葡萄糖酸－δ－内酯 40，硫酸钙 58，葡萄糖酸钙 8，天然物 2
油炸豆腐凝固剂	粉状	氯化镁 62.5，单甘酯 7.5，天然物 20，富马酸一钠 10

项目二

食品被膜剂

为了延长水果贮藏期，往往在果皮表面涂以薄膜，以抑制水分蒸发，调节呼吸作用，防止细菌侵袭。一些要求防潮的食品如糖果、糕点等，在其表面涂一层可食性膜，不仅有利于保持食品质量稳定，而且可形成光亮美观的外形。

涂抹于食品外表，起保质、保鲜、上光、防止水分蒸发等作用的物质称为被膜剂。

一、果蔬保鲜涂膜技术

1. 果蔬涂膜保鲜

采后的果蔬仍然保持旺盛的呼吸作用。这种生理作用在氧气充足时表现为有氧呼吸，会消耗机体中大量的糖分等有机成分，放出二氧化碳，促进果蔬衰老；反之，适当的限制供氧，可以降低呼吸强度，延缓果实衰老。但过度限制供氧，会促使果蔬进行无氧呼吸，同样消耗有机质，而形成乙醇等不完全氧化产物，引起细胞中毒，使果蔬形成生理病害。此外果蔬在贮藏过程中会蒸发水分，当失水超过5%时就会出现枯萎而影响其品质，或造成腐烂变质。

果蔬涂膜保鲜是涂布于果蔬表面形成一层具有适度的氧和二氧化碳通透性和阻隔特性（即气调性）的薄膜，形成适度限制供氧的小环境，可减少水分蒸发，调节呼吸作用，延缓果蔬的衰老进程；并且形成薄膜后可阻止微生物的侵入，一定程度延缓果蔬的微生物性腐烂，从而保持果蔬的新鲜品质。

果蔬涂膜方法有浸涂法、刷涂法和喷涂法三种。浸涂法是将果实浸入，蘸上一层薄薄的涂料后，取出晾干即成；刷涂法即用软毛刷蘸上涂料液，在果实上辗转涂刷，使果皮上涂一层薄薄的涂料膜；喷涂法是将配成适当浓度的涂料溶液均匀喷洒于果蔬表面，晾干后形成一层薄膜。

果蔬涂膜化学保鲜法有以下几个特点：①果蔬表面形成一层被膜，可适当堵塞开孔部，抑制呼吸作用，减少营养消耗，抑制水分散发，抑制微生物侵入，防止腐败变质；②果蔬表面形成一层被膜，可改善果蔬的色泽，增加亮度，提高了果蔬的商品价值；③该法既适合小批量处理，也适合大批量保鲜，机械化程度高；④果蔬涂膜保鲜的作用类似单果包装，但与单果包装相比，价格更便宜。

2. 被膜剂的要求和分类

（1）被膜剂的要求　果蔬涂膜保鲜，关键是被膜剂的选择，理想的被膜剂要求：①有一定的黏度，易于成膜；②形成的膜均匀、连续，具有良好的保质保鲜作用，并能提高果蔬的外观水平；③无毒、无异味，与食品接触不产生对人体有害的物质。

（2）被膜剂分类　常用的被膜剂有：蜡、天然树脂、油脂类、紫胶、蔗糖酯、单甘酯、壳聚糖、聚乙烯醇、蛋白质沉淀剂等。

目前使用的被膜剂按来源可分为天然类和人工合成类。

天然类被膜剂的主要成分大多属于淀粉、多聚糖、三脂肪酸甘油酯、脂肪酸

酯、脂肪酸或蛋白质。属于淀粉的如糯米淀粉；属于多糖类的如魔芋精粉；属于三脂肪酸甘油酯的如菜籽油、代可可脂、椰子油、玉米油、棉籽油、猪油棕榈仁油等；主要含脂肪酸酯的如蜂蜡、巴西棕榈蜡等；主要含脂肪酸的如虫胶等；主要含蛋白的如玉米醇溶蛋白、大豆提取蛋白等。

合成类被膜剂包括天然物化学改性物和纯化学合成物，如改性淀粉、魔芋葡甘聚糖接枝共聚物、石蜡、白油、硬脂酸镁、蔗糖酯、二甲基聚硅氧烷、聚乙酸乙烯酯、松香季戊四醇酯、辛基苯氧聚乙烯氧基等。

3. 被膜剂在食品加工中的作用

有用乳化剂单独作涂膜剂，也有与其他被膜剂、防腐剂、抗氧化剂复配使用。例如蔬菜和水果用蔗糖脂肪酸酯水溶液浸渍后，可以延长保鲜期；聚甘油脂肪酸酯和蒸馏饱和脂肪酸单甘酯的混合物，用于水果和冻肉的涂膜保鲜，可防止干耗，保证产品质量；用脂肪醇聚氧乙烯醚、油酸钠及少量防腐剂和水配成的乳浊液喷洒果蔬表面可形成透氧、透二氧化碳、阻止水分蒸发但不影响果实呼吸作用的薄膜，延长果蔬保鲜期。英国产的一种涂膜剂是蔗糖酯、羧甲基纤维素钾和甘油二酸酯的混合物，用其水溶液浸渍苹果、香蕉等水果 20s，可获得良好的保鲜效果；日本公开特许昭和 53－20453 报道，用蔗糖酯、甘油酯、失水山梨醇脂肪酸酯等作为乳化剂和分散剂，与维生素 E 类化合物及其衍生物配制成的乳状液（还可添加少量防腐剂或防霉剂），用于苹果、梨、柿子、柑橘等水果涂膜保鲜，效果显著。目前市面上常用的 SM 保鲜剂是用蔗糖酯和甘油脂肪酸酯作为乳化剂，以淀粉加防腐剂为主要原料配制的乳状液，果蔬浸渍后表面形成一层半透明薄膜，具有良好的防腐保鲜效果；用蔗糖酯、甘油一酸酯、油酸钠等作为乳化剂，制得的蜂蜡乳液、巴西棕榈蜡乳状液、氧化聚乙烯蜡乳状液、石蜡乳状液，均是优良的涂膜保鲜剂，特别适用于柑橘的涂膜保鲜。

在食品加工中由于工艺上的要求或为了提高产品品质，许多情况需要使用被膜剂。例如，在饼干、面包等糕点生产中，事先对烘焙模具涂膜可以方便制品脱模、保持产品完整的花纹和外形，还可保证生产的正常进行，提高生产效率。用于巧克力、糖果等产品中不仅使产品光洁美观，而且还可防潮、防黏、保持质量稳定。如果在被膜剂中添加某些防腐剂、抗氧化剂等成分制成复配型被膜剂，则还会有抑制或杀灭微生物、抗氧化等保鲜效果。

对商品蛋的贮藏保鲜，常用的涂膜剂有矿物油、植物油和液体石蜡，这些涂膜剂与一定量的乳化剂配制成乳浊液对蛋进行涂膜，可阻止微生物入侵，同时可以减少蛋内水分的蒸发，从而可大大减少腐败变质和干耗损失，获得很好的防腐效果和经济效益。

4. 果蔬保鲜涂膜技术的发展方向

我国对不同被膜剂（尤其是新型天然材料及其改性物）的保鲜应用也开展了大量研究。有研究采用不同浓度的壳聚糖溶液以及壳聚糖和几种较常用的防腐剂配制成的混合保鲜液分别对新鲜鸡蛋进行涂膜保鲜处理，常温保存一个月，结果表明2%的壳聚糖溶液较适合鸡蛋的涂膜保鲜，尤其与0.1%的苯甲酸钠的混合液保鲜效果最好。有研究以1%魔芋精粉的丙烯酸丁酯接枝共聚物对柑橘进行涂膜保鲜，贮藏130d后保鲜效果良好。还有以2%淀粉、2%单甘酯、6g/L山梨酸钾复合涂膜液于55~60℃涂膜李子，晾干后室温下贮藏期超过2个月。也有采用0.5%单甘酯对黄瓜进行涂膜，在室温下贮藏期达到10d。

所有的保鲜膜，尤其是可食用膜，应具有良好的阻隔性和一定程度的气调性，但这种膜一般不具抑菌性。因此，如何在现有膜的基础上寻找合适的天然抑菌剂，是果蔬保鲜涂膜技术的一个重要的发展方向。根据各种果蔬的性质特点开发各具特色的膜也会是一个比较有前途的构想。比如对草莓，可采用一种成膜后强度较高又不易吸湿的材料，可防止贮藏运输过程中碰伤，从而延长贮藏寿命。此外，利用无公害被膜剂进行果蔬涂膜保鲜也是果蔬涂膜保鲜的重要发展趋势。

二、常用被膜剂

1. 紫胶

紫胶又名虫胶，属于寄生于豆科或桑科植物上的紫胶虫所分泌的树脂状物质（紫梗）；将紫梗破碎、筛分、洗净、干燥后，用酒精溶解并过滤、真空浓缩制得。

制品有含蜡品和脱蜡品两种。其主要成分为油桐酸（约40%）、虫胶酸（约40%）和虫胶蜡酸（约20%）等。

（1）性状　紫胶为暗褐色透明薄片或粉末，脆而坚。无味，稍带有特殊气味。溶于乙醇，不溶于水，但溶于碱性水溶液。在125℃加热3h变为不溶于乙醇的物质，有一定的防潮能力。

（2）性能　紫胶涂于水果表面有抑制水分蒸发、调节果实呼吸的作用，还能防止细菌入侵，起保鲜作用。涂于要求防潮的食品如糖果的表面，可形成光亮膜，起到隔离水分、保持食品质量稳定和使产品美观的作用。

（3）毒性　LD_{50} >15g/kg体重。紫胶是我国传统中药。

（4）应用　依照GB 2760—2014《食品安全国家标准　食品添加剂使用标准》，紫胶的使用范围和最大使用量（g/kg）为：可可制品、巧克力和巧克力制品（包括代可可脂巧克力及制品）、威化饼干0.2；经表面处理的鲜水果（仅限苹果）0.4；经表面处理的鲜水果（仅限柑橘类）0.5；糖果3.0。

紫胶除可用作被膜剂外，还可作胶姆糖基础剂，胶基糖果的最大使用量3.0g/kg。

2. 白油

白油又名液体石蜡、石蜡油，由饱和烷烃组成，通式为C_nH_{2n+2}。石油润滑油馏分经脱蜡、精制，或加氢精制而得。

（1）性状　白油为无色半透明黏稠状液体，无臭，无味，加热时有轻微的石油气味。不溶于水和乙醇。溶于油。化学性质稳定，长时间光照或加热，能缓慢氧化生成过氧化物。

（2）性能　白油具有良好的脱模性能，还有消泡、润滑和抑菌作用。不被细菌污染，易乳化，有渗透性、软化性和可塑性，在肠内不易吸收。

（3）毒性　ADI 不作特殊规定。一般公认安全。

（4）应用　依照 GB 2760—2014《食品安全国家标准　食品添加剂使用标准》，白油的使用范围和最大使用量（g/kg）为：除胶基糖果以外的其他糖果、鲜蛋 5.0。

3. 马啉脂肪酸盐

马啉脂肪酸盐又名果蜡，其主要成分为天然棕榈蜡（10%～12%）、马啉脂肪酸盐（2.5%～3%）、水（85%～87%）等。

（1）性状　马啉脂肪酸盐为半透明乳状液，溶于水，pH 为 7～8。在 -5～42℃下稳定。

（2）性能　马啉脂肪酸盐具有优良的成膜性。涂布于果蔬表面，可形成薄膜，抑制果蔬呼吸，防止内部水分散失，同时可抑制微生物入侵，并能改善外观。

（3）毒性　小鼠，经口 LD_{50} 1.6g/kg 体重。较安全。

（4）应用　依照 GB 2760—2014《食品安全国家标准　食品添加剂使用标准》，马啉脂肪酸盐主要应用于经表面处理的鲜水果，按正常生产需要适量使用。

使用时先配制成一定浓度的水溶液，然后采用浸果或喷雾的方法，晾干后可在水果表面形成一层薄膜。实际使用时往往在水溶液中添加适量的防霉剂，可获得更好的贮藏效果。

4. 巴西棕榈蜡

巴西棕榈蜡的主要成分由 C_{24}～C_{34} 的直链脂肪酸酯、C_{24}～C_{34} 的直链羟基脂肪酸酯、C_{24}～C_{34} 的桂酸脂肪酸酯等组成。由巴西蜡棕的叶和叶芽（存在于表面）提取精制而成。

（1）性状　巴西棕榈蜡为棕至浅黄色硬质脆性蜡，具有树脂状断面。微有气味。微溶于热乙醇，溶于 40℃以上的脂肪，不溶于水，但溶于碱液。

（2）性能　巴西棕榈蜡配制成乙醇溶液后用于果蔬涂膜，可形成一层保鲜膜。

（3）毒性　ADI 0～7g/kg 体重。由于其溶点高于口腔温度，且不易被肠道吸收，一般公认安全。

（4）应用　依照 GB 2760—2014《食品安全国家标准　食品添加剂使用标准》，巴西棕榈蜡的使用范围和最大使用量（g/kg）为：可可制品、巧克力和巧克力制品（包括代可可脂巧克力及制品）以及糖果 0.6；新鲜水果（以残留量计）0.0004。

思考题

1. 什么是凝固剂？举例说明其在食品加工中的作用。
2. 简要介绍豆腐凝固剂的品种和使用。
3. 什么是被膜剂？举例说明其在食品加工中的作用。
4. 被膜剂用于果蔬保鲜的原理是什么？举例简要介绍被膜剂在果蔬保鲜上的应用情况。

实训内容

实训一　豆腐花的制作

一、实训目的

了解凝固剂的作用原理；通过对比不同凝固剂的凝固性能，掌握不同凝固剂的作用特性。

二、实训原理

豆腐生产中，大豆蛋白经磨浆和热处理，发生热变性，蛋白质的多肽链的侧链断裂开来，形成开链状态，分子从原来有序的紧密结构变成疏松的无规则状态。这时加入凝固剂，通过改变蛋白质带电特性或发生化学键的结合使变性的蛋白质分子相互凝聚、相互穿插凝结成网状的凝聚体，水被包在网状结构的网眼中，转变成蛋白质凝胶。

三、实训材料

1. 仪器

小型磨浆机、恒温水浴锅、电炉。

2. 原料

黄豆、硫酸钙、葡萄糖酸-δ-内酯、碳酸氢钠（均为食用级）。

四、实训步骤

1. 操作步骤

（1）原料预处理　将黄豆除杂和清洗，然后于黄豆的 2.5 倍水中浸泡，室温下需浸泡约 8h。泡胀的黄豆质量约为原重的 2 倍。

（2）制浆、过滤与煮浆　用磨浆机对浸泡好的黄豆进行磨浆，磨豆时的加水量约为黄豆重量的 3 倍。然后用两层纱布进行过滤，得生浆，用 10% 碳酸氢钠调 pH7.0。将生浆于电炉上进行煮浆，煮浆时要不断搅拌，以防烧结，当豆浆温度达到 98℃时，离火。

（3）点浆　称取凝固剂：硫酸钙添加量为 1.2g/L 豆浆；葡萄糖酸-δ-内酯

添加量为2.5g/L豆浆。将硫酸钙事先用少量水调成悬浊液，葡萄糖酸－δ－内酯也用少量水事先溶解。将豆浆平分为两份，冷至85℃左右，将两种凝固剂分别添加到豆浆中，边添加边用勺搅拌，并且均匀搅拌2～3min。

（4）凝固成型　点浆完成后，将豆浆分装于一次性杯中，用保鲜膜封好杯口，在恒温水浴箱中保温80℃静置15～40min凝固成型。静置时可进行观察，凝固完好后即可取出于冷水浴中冷却。

2. 结果分析

将两种凝固剂制作的豆腐花进行感官指标的观察，将结果填入表10－2。对两种凝固剂的凝固效果进行对比分析。

表10－2　两种凝固剂的凝固效果

感官结果	凝固剂	
	硫酸钙	葡萄糖酸－δ－内酯
凝结完整性		
切面细腻感		
品尝细腻感		
色泽		

五、思考题

（1）简述凝固剂的作用原理。

（2）对比不同凝固剂的凝固性能。

实训二　柑橘的涂膜保鲜

一、实训目的

了解果蔬涂膜保鲜技术作用原理；通过对比不同被膜剂的性能，掌握被膜剂的应用。

二、实训材料

（1）石蜡液1号　25%高纯度石蜡、5%蜂蜡、0.2%山梨酸、69.8%水。

（2）石蜡保鲜液　100份石蜡；0.05～5份表面活性剂，如：蔗糖、脂肪酸酯、卵磷脂和酪朊酸等；0.015～1.5份水溶性高分子化合物，如阿拉伯胶糊精、动物胶；再加40～400份水。（均为食用级）。

三、实训步骤

1. 操作步骤

（1）涂膜剂对柑橘进行涂膜。水果保鲜乳液，如用石蜡液1号配制成，使用前按1:3比例加水稀释，充分混匀成乳浊液，再加热灭菌处理；果子在乳液中浸泡后表面呈一层光滑的薄膜脂肪层。

如用石蜡保鲜液，充分混匀成乳浊液，再加热灭菌处理；用于喷涂、浸涂效果较好。

（2）柑橘实验放置环境　温度20℃、相对湿度40%、通风的房间。

2. 性能检测

（1）进行外观的评价见GB/T 8559—2008。

（2）有条件的话，性能检测可以进行的更多项目：可溶性固形物含量的测定：GB/T 10470—2008；维生素C含量的测定：GB/T 6195—1986；呼吸强度的测定：GB/T 1038—2000；有机酸含量的测定：GB/T 12293—1990；失重率的测定：《水果、蔬菜产品中干物质和水分含量的测定方法》（GB 8858—1988）。

3. 结果分析

对涂膜和未涂膜的柑橘进行相关指标的测定，比较。

四、思考题

（1）简述涂膜技术原理。

（2）筛选出性能较好的保鲜膜。

模块十一

水分保持剂、面粉处理剂和膨松剂

学习目标与要求

了解水分保持剂、面粉处理剂和膨松剂的种类、性能；掌握食品水分保持剂、面粉处理剂和膨松剂的应用。

学习重点与难点

重点： 水分保持剂、面粉处理剂和膨松剂的应用。
难点： 水分保持剂、面粉处理剂和膨松剂的性能。

学习内容

项目一 水分保持剂

一、水分保持剂的种类、作用机理和应用

依据 GB 2760—2014《食品安全国家标准 食品添加剂使用标准》，食品水分保持剂是有助于保持食品中水分而加入的物质。常用的食品水分保持剂是磷酸和磷酸盐，如正磷酸盐、焦磷酸盐、聚磷酸盐和偏磷酸盐等。

磷酸和磷酸盐提高持水性的机理还未完全清楚，但可能有以下几种：

（1）肉的持水性在肉蛋白质的等电点时最低，此时的 pH 为 5.5，加入磷酸或磷酸盐后，可使肉的 pH 远离等电点，故肉的持水性增大。

（2）磷酸或磷酸盐中有多价阴离子且离子强度较大，它能与肌肉结构蛋白质

中的二价金属离子如 Mg^{2+}、Ca^{2+} 结合形成络合物，使蛋白质中极性基游离，极性基之间的斥力增大，蛋白质网状结构膨胀，网眼增大，因而持水性提高。

（3）磷酸和磷酸盐可解离肌肉蛋白质中的肌球蛋白质，将之解离为肌动蛋白和肌球蛋白。而肌球蛋白具有较强的持水性，故能提高肉的持水性。

（4）磷酸和磷酸盐具有离子强度高的多价阴离子，当加入肉内后使离子强度增高，肉的肌球蛋白的溶解性增大而成为溶胶状态，持水能力增大。

磷酸和磷酸盐在食品工业中应用广泛，其功能除用作水分保持剂外，还是膨松剂、酸度调节剂、稳定剂、凝固剂、抗结剂。如能提高肉的持水性，增进结着力，使肉质保持鲜度而得到改良。磷酸盐还有防止肉中脂肪酸败产生不良气味的作用。此外，在饮料、啤酒中加入磷酸盐可与金属离子 Cu、Fe、Mn、Ni 及碱土金属形成稳定的水溶性络合物，能增强啤酒抗氧化能力，防止发生混浊；加于冰淇淋中能增强起泡作用而增大体积，加入酱油中可防止发生变化，改善色调和光泽，提高制品品质。为充分发挥各种磷酸和磷酸盐与其他添加剂之间的协同增效作用，满足食品加工技术的发展需求，在实际应用中常常使用各种复合磷酸盐。复配型磷酸盐的研究与开发日益成为磷酸盐类食品添加剂开发与应用的发展方向。磷酸在模块七中项目二 食品酸度调节剂、甜味剂和增味剂已经介绍，下面主要介绍几种常用的磷酸盐。

二、 几种常用的磷酸盐

1. 磷酸二氢钠

磷酸二氢钠又名酸性磷酸钠，分子式 $NaH_2PO_4 \cdot 2H_2O$，相对分子质量 156.01。

（1）性状　磷酸二氢钠为白色结晶或粉末，无臭，微具潮解性，易溶于水，几乎不溶于乙醇，水溶液呈酸性，加热到 100℃ 失去结晶水，后继续加热，则分解为酸性焦磷酸钠（$Na_3H_2P_2O_7$）。

（2）毒性　ADI 为 0 ~ 70mg/kg 体重。

（3）应用　依照 GB 2760—2014《食品安全国家标准　食品添加剂使用标准》，磷酸二氢钠在食品中的使用范围和最大使用量同磷酸。

如淡炼乳生产在加热灭菌时会呈现不稳定情况，主要是由于游离钙离子多，磷酸和柠檬酸少，添加磷酸盐和柠檬酸盐，使盐类平衡保持正常时，可改善其稳定性。

2. 焦磷酸钠

焦磷酸钠分子式 $Na_4P_2O_7 \cdot 10H_2O$，相对分子质量 446.07。

（1）性状　无色或白色结晶，溶于水，不溶于乙醇。在水中的溶解度为 11%，因水温升高而增溶，1% 水溶液 pH 为 10，能与金属离子络合。

（2）毒性　ADI 为 0 ~ 70mg/kg 体重。

（3）应用　依照 GB 2760—2014《食品安全国家标准　食品添加剂使用标准》，焦磷酸钠在食品中的使用范围和最大使用量同磷酸二氢钠。

3. 三聚磷酸钠

三聚磷酸钠又名三磷酸五钠，分子式 $Na_4P_3O_{10}$，相对分子质量 367.86。

（1）性状　三聚磷酸钠为白色颗粒或粉末，有潮解性，易溶于水。有无水盐和六水盐，水溶液呈碱性。三聚磷酸钠于水溶液中水解，其水解速度因温度和溶液的 pH 等而异。

（2）毒性　ADI 为 0～70mg/kg 体重。

（3）应用　依照 GB 2760—2014《食品安全国家标准　食品添加剂使用标准》，三聚磷酸钠在食品中的使用范围和最大使用量同磷酸二氢钠。

如火腿罐头中配合使用三聚磷酸，适当的条件下成品形态完整，色泽好，肉质柔嫩，容易切片，切面有光泽等；蚕豆罐头用三聚磷酸钠处理，可使豆皮软化等。

4. 磷酸三钙

磷酸三钙的分子式 $Ca_3(PO_4)_2$，相对分子质量 310。

（1）性状　磷酸三钙为不同磷酸三钙组成的混合物，白色无定型粉末，无臭无味，于空气中稳定，不溶于乙醇，几乎不溶于水。

（2）毒性　ADI 为 0～70mg/kg 体重。

（3）应用　依照 GB 2760—2014《食品安全国家标准　食品添加剂使用标准》，磷酸三钙在食品中的使用范围和最大使用量同磷酸二氢钠。

项目二

面粉处理剂

依据 GB 2760—2014《食品安全国家标准　食品添加剂使用标准》，面粉处理剂是促进面粉的熟化和提高制品质量的物质。面粉处理剂有 L-半胱氨酸盐酸盐、偶氮甲酰胺、碳酸镁、抗坏血酸等。过去有用溴酸钾、过氧化苯甲酰作面粉处理剂，现在已禁止使用。以下介绍主要两种。

1. L-半胱氨酸盐酸盐

L-半胱氨酸盐酸盐，分子式 $C_3H_7NO_2S \cdot HCl \cdot H_2O$，相对分子质量 175.63。

（1）性状　L-半胱氨酸盐酸盐为无色至白色结晶或白色晶体粉末，有轻微的特殊气味。溶于水，水溶液呈酸性；溶于乙酸。

（2）性能　L-半胱氨酸盐酸盐为非必需氨基酸，具有还原性、抗氧化和防止非酶性褐变作用。主要用作面包发酵促进剂，可加速谷蛋白的形成，防止老化。

（3）毒性　小鼠经口 LD_{50} 3.46g/kg 体重。L-半胱氨酸盐酸盐进入体内，最终分解为硫酸盐和丙酸而排出，无蓄积作用。一般公认安全。

（4）应用　依照 GB 2760—2014《食品安全国家标准　食品添加剂使用标准》，L－半胱氨酸盐酸盐在食品中的使用范围和最大使用量（g/kg）为发酵面制品 0.06；生湿面制品（如面条、饺子皮、馄饨皮、烧卖皮，仅限拉面）0.3；冷冻米面制品 0.6 。

2. 偶氮甲酰胺

偶氮甲酰胺，简称 ADA，分子式 $C_2H_4N_4O_2$；相对分子质量 116.08。

（1）性状　偶氮甲酰胺是一种黄色至橘红色结晶性粉末；无臭；溶于热水、不溶于冷水和乙醇。在 180℃熔化并分解。

（2）性能　ADA 具有漂白和氧化双重作用，是一种速效面粉增筋剂。本品自身与面粉不起作用，当将其添加于面粉中加水搅拌成面团时，能快速释放出活性氧，使蛋白质链相互连结而构成立体网状结构，改善面团的弹性、韧性、均匀性，从而很好地改善面制品的组织结构和物理操作性质，使生产出的面制品具有较大的体积和较好的组织结构。

（3）毒性　小鼠口服 LD_{50} 10g/kg 体重。一般公认安全。

（4）应用　依照 GB 2760—2014《食品安全国家标准　食品添加剂使用标准》，偶氮甲酰胺在食品中的使用范围和最大使用量（g/kg）为：小麦粉 0.045。

为保证 ADA 与小麦粉混合均匀，可先用中性稀释剂（如碳酸盐、磷酸盐等）将其稀释成 10% 的混合物后再添加。

项目三 膨松剂

在焙烤食品的加工中，为了改善食品品质，常常会加入膨松剂。所谓膨松剂，是指在食品加工过程中加入的，能使产品发起形成致密多孔组织，从而使制品具有膨松、柔软或酥脆的物质，也称膨胀剂、疏松剂、发粉。一般为碳酸盐、磷酸盐、铵盐和矾类等，如碳酸氢钠、碳酸氢铵、酒石酸氢钾、硫酸铝钾（钾明矾）、硫酸铝铵（铵明矾）、碳酸钙等。

一、膨松剂的特点、功效和作用原理

1. 膨松剂的特点

膨松剂除了安全性、价格等方面的一般要求外，尚有其特点：

（1）能以较低的使用量产生较多的气体。

（2）在冷的面团里气体产生慢，而加热时均匀产生多量气体。

（3）加热分解后的残留物不影响成品的风味和质量。

（4）贮存方便。

2. 膨松剂的功效

膨松剂主要用于面包、蛋糕、饼干及发面食品。只要食品加工中有水，膨松剂即产生作用，一般是温度越高，反应越快。其功效有：

（1）增加食品体积。面包在焙烤过程中，除油脂和水分蒸发产生一部分气体外，绝大多数气体由膨松剂产生。它使面包体积增大 2 ~3 倍。

（2）产生多孔结构，使食品具有松软酥脆的质感，提高了产品的咀嚼感和可口性。

（3）膨松组织，可使各种消化液快速、畅通地进入食品组织，提高消化率。

3. 膨松剂的作用原理

通常是在和面时加入，经过加热，膨松剂因化学反应产生 CO_2，使面团变成有孔洞的海绵状组织，柔软可口易咀嚼，增加营养，容易消化吸收，并呈现特殊风味。

碱性膨松剂在使用中会因加热而分解、中和或发酵，产生大量气体，使食品体积增大，内部形成多孔组织。如：

$$2NaHCO_3 \rightleftharpoons Na_2CO_3 + CO_2\uparrow + H_2O;$$

$$NH_4HCO_3 \rightleftharpoons NH_3\uparrow + H_2O + CO_2\uparrow$$

而复合膨松剂则在碱性膨松剂的基础上，利用酸性盐及有机酸、助剂等来控制反应速度，防止失效及使气体产生均匀等。复合膨松剂一般是由三部分组成：

（1）酸盐，用量占 20% ~40%，作用是产生气体。

（2）酸性盐或有机酸，用量约占 35% ~50%，作用是碳酸盐反应，控制反应速度，调整食品酸碱度。主要反应如下：$NaHCO_3$ + 酸性盐 ⟶ $CO_2\uparrow$ + 中性盐 + H_2O（酸性盐解离出氢离子后，才能与膨松剂作用，产生气体。而氢离子的分解速度与酸式盐的溶解特性、体系含水量、温度等有关，所以可利用酸式盐的分解特性来控制膨松剂的产气过程）。

（3）助剂，有淀粉、脂肪酸等，约占 10% ~40%，作用是改善膨松剂的保存性，防止吸潮，失效，调节气体产生速度或使气泡均匀产生。

有些焙烤食品的面团要经过调制、醒发和焙烤阶段，因此要求膨松剂具有“二次膨发特性”，如图 11 -1 所示。

二、 常用膨松剂

1. 碳酸氢钠

碳酸氢钠又称食用小苏打、重碱，分子式为 $NaHCO_3$，相对分子质量为 84.01。

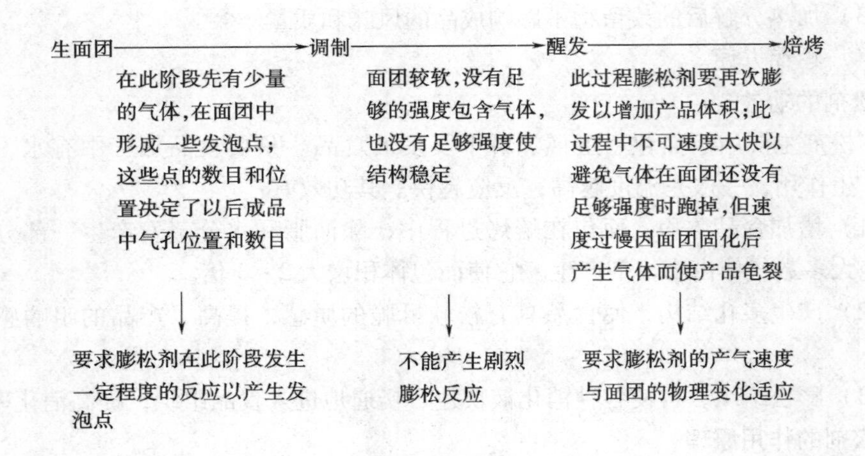

图 11－1　膨松剂的作用

(1) 性状　碳酸氢钠为白色结晶性粉末，无臭，味咸，在潮湿和热空气中缓缓分解产生 CO_2，加热至 270℃失去全部 CO_2。遇酸即强烈分解而产生 CO_2，水溶液呈弱碱性，放置稍久或振摇，或加热，碱性即加强，易溶于水。碳酸氢钠分解后残留碳酸钠，使制品呈碱性，影响口味，使用不当还会使成品表面呈黄色斑点。

(2) 毒性　一般使用无毒，但过量摄取时有碱中毒及损害肝脏的危险，可因产生大量 CO_2 而引起胃破裂。

(3) 使用　依照 GB 2760—2014《食品安全国家标准　食品添加剂使用标准》，碳酸氢钠可作为膨松剂，在大米制品（仅限发酵大米制品）、婴幼儿谷类辅助食品中按生产需要适量使用。也可作为酸度调节剂、稳定剂在各类食品中按生产需要适量使用。

如在饼干、糕点制作中，多与碳酸氢铵合并使用，使用时为方便均匀分散且防止出现黄色斑点，应先溶于冷水中添加。碳酸氢钠还可用于配置苏打汽水或盐汽水，作为 CO_2 发生剂。碳酸氢钠还可作为酸度调节剂、稳定剂；在果蔬加工中，如烫漂、护色、浸碱除蜡、调整酸度等方面亦常常使用碳酸氢钠。

2. 碳酸氢铵

碳酸氢铵又称酸式碳酸铵，俗称食臭粉、臭碱等，分子式 NH_4HCO_3，相对分子质量 79.06。

(1) 性状　碳酸氢铵为白色结晶粉末，有氨臭，对热不稳定，在空气中易风化，固体在 58℃，水溶液在 70℃分解为氨及 CO_2，稍有吸湿性，易溶于水，不溶于乙醇。

(2) 毒性　碳酸氢铵在食品中残留很少，且氨及 CO_2 都是人体正常代谢产物，少量摄入，对健康无影响。ADI 不需要特殊规定。

(3) 使用　依照 GB 2760—2014《食品安全国家标准　食品添加剂使用标

准》，碳酸氢铵可作为膨松剂在婴幼儿谷类辅助食品等食品中按生产需要适量使用。

碳酸氢铵分解后产生气体的量比碳酸氢钠多，起发能力大，但易造成成品过松，内部或表面出现大的空洞。此外加热时产生强烈刺激性的氨气，从而带来不良的风味。

实际中，碳酸氢铵多与碳酸氢钠或发酵粉配合使用；如饼干中膨松剂的配合使用量见表 11 - 1。

表 11 - 1　　饼干中膨松剂的配合使用

面团类型	碳酸氢钠/%	碳酸氢铵/%
韧性面团	0.5 ~ 1.0	0.3 ~ 0.6
酥性面团	0.4 ~ 0.8	0.2 ~ 0.5
甜酥面团	0.3 ~ 0.35	0.15 ~ 0.2

三、 复合膨松剂

针对各种碱性膨松剂的不足，可用不同配方配制成种种复合膨松剂。

1. 复合膨松剂的配制

复合膨松剂一般由三部分配制而成。

（1）碳酸氢盐（如钠、铵盐）用量 20% ~ 40%，作用是产气。

（2）酸性盐（如酒石酸氢钾、磷酸二氢钙）或有机酸（如酒石酸、柠檬酸、乳酸）用量 35% ~ 50%，有时还加明矾（如钾明矾、铵明矾、烧明矾、烧铵明矾等）；作用是与碳酸盐反应，利用酸式盐的分解特性控制膨松剂的产气速度，调酸、碱度。

（3）助剂淀粉、脂肪酸等用量 10% ~ 40%，作用是改善膨松剂的保存性，防止吸潮，失效，并且调节气体产生速度或使气体均匀产生；充分提高膨松剂的效力。

配制复合膨松剂时，应将各种原料成分充分干燥。要粉碎过筛，使颗粒细微，以使混合均匀。碳酸盐与酸性物质混合时，碳酸盐的使用量要高于理论值，以防残留酸味。贮存时最好密闭于低温干燥的场所，以防分解失效。也可把酸性物质单独包装，使用时再将其与其他物质混合。

2. 复合膨松剂配方

如饼干生产中的复合膨松剂配方有：

（1）15% 酸式磷酸钙、25% 小苏打、3% 酒石酸、38% 淀粉、21% 酒石酸氢钾。

（2）22% 酸式磷酸钙、35% 小苏打、3% 钾明矾、15% 淀粉。

(3) 3%小苏打、44%酒石、3%酒石酸、30%淀粉。

(4) 19%小苏打、30%酒石、5%酒石酸、46%淀粉。

3. 发酵粉

发酵粉是一种常用的复合膨松剂，又称焙粉。发酵粉中含有许多物质，主要成分为碳酸氢钠和酒石酸。通常是碳酸盐和固态酸的化合物。

(1) 性状　发酵粉一般为白色粉末，遇水加热产生 CO_2，2%水溶液产气后pH为6.5~7.0。

(2) 毒性　各组分凡符合食品添加剂标准者，对人体无害。

(3) 应用　发酵粉根据需要制成快速发酵粉、慢速发酵粉和双重反应发酵粉。

发酵粉较单纯碱性盐产气量大，在凉面坯中产气缓慢，加热后产气多而均匀，分解后的残留物对食品的风味、品质影响较小。

我国目前市售的发酵粉加入量，一般糕点以面粉计为1%~3%，馒头、包子等面食等为0.7%~2%。

思考题

1. 简述在食品中添加磷酸盐持水的作用机理。
2. 举例比较两种面粉处理剂的性能、毒性和应用。
3. 简述膨松剂的二次膨发特性。

实训内容

实训一　鸡肉糕的加工

一、实训目的

了解鸡肉糕制品的生产工艺；掌握鸡肉糕制品的添加剂作用。

二、实训原理

鸡肉糕是一种集营养、方便为一体的极具开发前途的产品。鸡肉经绞碎后，添加一定量的猪脂肪、品质改良剂、β-环状糊精以及其它的调味料、香辛料，经斩拌、成型、蒸煮、冷却、真空包装等工艺加工而成。

三、实训材料

1. 仪器

真空包装机、斩拌机、塑料袋包装机、绞肉机、冰箱、夹层锅等。

2. 实训原料和配方

(1) 材料　鸡肉；猪肥膘。

（2）辅料　食盐、白糖、味精、亚硝酸钠、异抗坏血酸钠、复合磷酸盐、大豆分离蛋白、变性淀粉、β－环状糊精、香辛料等。

（3）产品配方　原料鸡肉中肉与猪肥膘的比例为70∶30；辅料占原料肉重的比例，食盐3%、白糖1.5%，味精0.1%，曲酒0.5%，亚硝酸钠0.01%、复合磷酸盐0.3%、大豆分离蛋白3%、变性淀粉7%、复合香辛料1%、β－环状糊精0.05%，异抗坏血酸钠0.05%。

（4）包装材料聚酯/铝箔/聚丙烯蒸煮袋。

四、实训步骤

1. 操作步骤

（1）原料肉选择及处理　选择健康无病、中上等膘情、体重2.5～3kg，经检疫合格的鸡为原料，从腹线正中开腹，取出内脏，除掉胴体各部位的结缔组织、腺体、大血管，用清水将鸡胴体内外漂洗干净，尤其是口腔内的脏物，剔除骨、筋膜、肌腱、淋巴结等，将肉块置于洁净的不锈钢容器内。

（2）绞碎　用绞肉机将处理好的鸡肉绞成肉碎。

（3）斩拌　斩拌时首先应确定斩拌顺序，其顺序为先将大豆分离蛋白放入斩拌机中，加4～5倍冰水斩拌1～2min；放入绞碎后的肉，并添加冰水，斩拌2～3min，加冰水后，最初肉会失去黏性，变成分散的细粒状，但不久黏着性就会不断增强，最终形成一个整体；然后加入各种调味料、香辛料、添加剂，继续斩拌1～2min；最后添加淀粉和猪肥膘斩拌1～2min；添加脂肪时，应一点点地添加，使脂肪均匀分布。

（4）成型　将斩拌后的肉料，装入方形或圆形的不锈钢板模具中，制成肉糕，装模时应保持平整，并且压实。

（5）蒸煮　将成型的肉糕料胚，放在夹层锅中，蒸汽蒸煮20～30min。

（6）冷却、脱模　将蒸煮后的肉糕模具放入流动水中冷却至中心温度27℃以下，然后送入0～7℃冷却间内冷却至产品中心温度1～7℃，再脱模进行包装。

（7）真空包装　将蒸煮冷却后的鸡肉糕，装入真空包装袋内进行真空包装，热封温度160～200℃，热封时间3～4s，真空度为0.1MPa。

2. 注意事项

（1）为提高产品质量，绞肉时一定要控制肉温在10℃以下（不能低于0℃）。

（2）斩拌是肉糜的乳化工序，是肉糕生产中至关重要的过程。斩拌过程中，应严格控制斩拌温度，斩拌时，由于斩刀的高速旋转，肉料的升温不可避免，但肉料过度升温会导致肌肉蛋白质变性，降低其工艺特性，实际操作过程中我们采用添加冰屑降温的方法，斩拌终温控制在8～10℃，肉糕产品质量最佳。

要严格控制斩拌时间，整个斩拌操作应控制在6～8min。

（3）鸡肉与猪肥膘比例为70:30时，肉糕风味、弹性、组织状态最佳。

（4）鸡肉具有腥味，直接影响肉糕的风味，β－环状糊精具有去除异味的作用。β-环状糊精添加量在0.04%~0.06%时有较好的去除异味作用。

五、思考题

(1)为什么要在肉制品中使用磷酸盐?

(2)上网查找，复合磷酸盐的成分是什么?

实训二 蚕豆罐头的加工

一、实训目的

了解蚕豆罐头的生产工艺；掌握蚕豆罐头的添加剂作用。

二、实训原理

蚕豆罐头产品表皮呈红褐色或褐色。软硬适度，豆粒带皮呈整粒状；具有蚕豆经浸泡、预煮加调味制成的蚕豆罐头应有的滋味及气味，无异味。蚕豆罐头是一种集营养、方便为一体的产品。蚕豆经处理后，添加一定量的品质改良剂及调味料、香辛料，经蒸煮、真空包装等工艺加工而成。

三、实训材料

1. 仪器

夹层锅，真空封罐机，杀菌锅。

2. 实训原料和配方

蚕豆；花生油；

汤汁配比：砂糖0.5kg，三聚磷酸钠0.05kg，精盐3.5kg，六偏磷酸钠0.15kg，味精0.2kg，水96kg。

四、实训步骤

1. 原料处理

蚕豆要求豆粒饱满，皮色黄或青黄，无病虫害。剔除虫蛀豆、黑斑豆、破皮豆、不完整的豆。除去泥沙杂质。

2. 浸泡挑选

蚕豆以流水漂洗干净，浸泡24h，以蚕豆泡透但不发芽为宜。其间加以翻动和换水。浸泡至蚕豆增重1~1.2倍。整个处理过程防止与铁器接触，否则蚕豆极易变色。

3. 加水预煮

将蚕豆与水按1:1的比例煮沸20min，以蚕豆用手捏易碎为度。

4. 装罐

将清水、糖、盐置于夹层锅内加热煮沸，加入预先用少量热水溶解的磷酸盐，再加入味精，过滤。蚕豆装罐，同一罐中蚕豆色泽、粒形大小应均匀一致；加入精炼花生油4g，装罐。

5. 排气、密封

在95℃排气6~8min即可达到中心温度75℃以上。抽气密封应在0.04MPa的真空下进行。排气后立即密封。

6. 杀菌及冷却

杀菌公式为（15－90）/121℃，反压冷却。杀菌后迅速冷却，以避免品质变坏、色泽发暗及"结晶"现象。

五、思考题

（1）为什么要在蚕豆罐头制品中使用磷酸盐？

（2）为什么使用复合磷酸盐？

实训三 牛奶馒头的制作

一、实训目的

了解牛奶馒头的制作工艺；掌握馒头制作的添加剂作用。

二、实训原理

牛奶馒头营养、方便。面粉添加一定量的牛奶、发酵粉等，经发酵、蒸等工艺加工而成。

三、实训材料

1. 仪器

搅拌机，蒸锅。

2. 实训原料和配方

面粉500g、牛奶250g、发酵粉5g、白砂糖10g，水250～300g（视面粉的种类而增减）。

四、实训步骤

1. 操作步骤

（1）将白糖和发酵粉倒入温牛奶中，搅拌使其混合后静置5min左右。

（2）面粉放入盆中，在面粉中间挖一个小洞，逐渐加入有发酵粉的温牛奶并搅拌面粉至絮状。

（3）和好的面揉光，把揉好的面团放在盆中，用一块湿布盖上或者是保鲜膜，放置温暖处（30℃左右）进行发酵。

（4）大约1～2h后，面团发至两倍大，用手抓起一块面，内部组织呈蜂窝状，醒发完成。

（5）发好的面团在案板上用力揉10min左右，揉至光滑，并尽量使面团内部无气泡。

（6）揉好的面搓成圆柱，用刀等分的切成小块，整理成形，放入蒸笼里，盖上盖，再次让它醒发20min，第二次发酵后蒸出来的馒头更松软。

（7）凉水上锅蒸15min，时间到后关火，但不要立即打开锅盖，过5min后再打开锅盖。

2. 注意事项

(1) 发酵细节

①干酵母的用量，根据季节、温度还有酵母存放时间的长短可以增减用量。酵母存放时间长，冬季或温度低时，要适当增加用量；

②发酵的时间根据季节有长有短，醒发的时间至少要2h以上。具体判断方法：面团要大至原来的2倍以上，否则视为发酵不完全，撕开后有均匀的蜂窝出现即为发好。冬季可以放置在暖气周围，但不要直接搁在温度过高的暖气片上；

③水温。水的温度在35～40℃最好，即伸手进去，有微烫的感觉。水温过高会烫死酵母，过低又会导致温度不足难以发酵，这一步很关键。夏季水温可以稍低一些；

④盖湿布。面团发酵时，要盖一块湿布，是为防止干燥而使面团表面龟裂，也可以用保鲜膜代替。

(2) 面团和得要柔软，以利于面团的发酵，和好的面团要做到三光：盆光、面光、手光。

(3) 蒸制时，一定要“冷水”上锅，否则会将做好的面坯烫死，使蒸制出的面头呈死面状态。

五、思考题

(1) 发酵粉有何作用?

(2) 发酵粉的主要成分是什么?

模块十二

消泡剂、抗结剂及其他食品添加剂

学习目标与要求

了解消泡剂、抗结剂及其他食品添加剂的种类、性能；掌握常用消泡剂、抗结剂及其他食品添加剂的应用。

学习重点与难点

重点：常用消泡剂、抗结剂及其他食品添加剂的应用。
难点：消泡剂、抗结剂及其他食品添加剂的性能。

学习内容

项目一 消泡剂

一、 消泡剂的作用和特点

泡沫是由液体薄膜或固体薄膜隔离开的气泡聚集体。啤酒、香槟、果汁、冷饮等产品需要泡沫的存在以保证其特殊的风味和质感。但在食品的加工中，并非所有的起泡作用都是受欢迎的。一些泡沫的产生往往会造成危害。在加工植物性原料时，一般先要洗涤根、茎、叶等；蔬菜在去皮、烹煮或煎炸前也要清洗，在此过程中会产生大量的泡沫（尤其是加工高淀粉、高糖分的食品原料时），物料会随泡沫溢出，造成浪费，同时也使加工车间和设备的卫生质量下降，因此必须设法消除泡沫的产生。此外，煎炸用油很容易起泡，泡沫的溢出会造成经济损失及操作工人被伤害，在明火加热时还易引起火灾。在罐头、饮料加工（特别是生产蛋白质含量高的产品），调味品、啤酒、味精等发酵食品的生产过程中也会产生大量有害的泡沫。为了消除这些有害泡沫的不良影响，应当使用消泡剂。

依照 GB 2760—2014《食品安全国家标准　食品添加剂使用标准》，消泡剂是在食品加工过程中降低表面张力，消除泡沫的物质。

食品制造过程中产生的泡沫一般都比较稳定，为消除这类泡沫，需在溶液中加入具有破泡能力的物质。一般具有破泡能力的液体物质，其表面张力较低，且易于吸附、铺展于液膜上，使液膜的局部表面张力降低，同时带走液膜下层邻近液体，导致液膜变薄、破裂。因此，消泡剂在液面上铺展得越快，液膜变得越薄，破泡能力越强。

有效的消泡剂既要迅速破泡，又能在相当长的时间内防止泡沫生成。其应具备下述性质：①消泡力强，用量少；②加入发泡系统后不影响它的基本性质；③表面张力小；④与表面的平衡性好；⑤扩散性、渗透性好；⑥耐热性好；⑦化学性稳定，耐气化性强；⑧气体溶解性、透过性好；⑨在发泡系统中的溶解度小；⑩无生理活性，安全性好。

消泡剂可分为破泡剂和抑泡剂两类。破泡剂是直接加到形成的泡沫上使之破灭的添加剂，如低级醇、山梨糖醇酐脂肪酸酯、聚氧乙烯山梨糖醇酐脂肪酸酯、天然油脂等。抑泡剂是在发泡前预先加入以阻止发泡的添加剂，如聚醚及有机硅等。目前，使用的消泡剂主要是聚二甲基硅氧烷、聚氧丙烯甘油醚、聚氧丙烯氧化乙烯甘油醚、聚氧乙烯聚氧丙烯季戊四醇醚、聚氧乙烯聚氧丙醇胺醚等。此外，一些脂肪酸、山梨醇酐脂肪酸酯、天然油脂等也是很好的食品消泡剂。如山梨醇酐脂肪酯可用于酵母生产中的发酵工艺，在酪素蒸发过程中防止发泡。又如在煮豆浆过程中，加入蔗糖脂肪酸酯，能有效地分离豆腐渣，消除泡沫，防止溢锅，还能提高豆腐保水性和弹性，使豆腐的质地更加细腻，不易破碎，口味和口感更佳。实际应用的消泡剂种类很多，但在食品工业中应用的，除了考虑消泡能力，还必须考虑其毒性及安全性。

二、 常用消泡剂

1. 聚氧丙烯甘油醚

聚氧丙烯甘油醚又称甘油聚醚、GP 型消泡剂。

（1）性状　聚氧丙烯甘油醚为无色至淡黄色非挥发性黏稠油状液体，有苦味。难溶于水，溶于乙醇等，热稳定性好。

（2）性能　聚氧丙烯甘油醚消泡能力强，是良好的食品消泡剂。用于酵母、味精等生产，消泡效率为食用油的数倍至数十倍。

（3）毒性　小鼠口服 $LD_{50} > 10g/kg$ 体重。

（4）应用　依照 GB 2760—2014《食品安全国家标准　食品添加剂使用标准》，聚氧丙烯甘油醚作为消泡剂列入表 C. 2 需要规定功能和使用范围的加工助剂名单，用于发酵工艺。

如在味精生产时采用在基础料中一次加入的方法，加入量为 0. 02% ~0. 03%。对制糖业浓缩工序，在泵口处预先加入，加入量为 0. 03% ~0. 05%，勿过量，以免影响氧的传递。

2. 聚氧乙烯山梨醇酐单油酸酯

聚氧乙烯山梨醇酐单油酸酯，商品名吐温 80；其性状、性能、毒性见模块八　食品乳化剂项目二常用食品乳化剂五，聚氧乙烯山梨醇酐脂肪酸酯。其应用依照 GB 2760—2014《食品安全国家标准　食品添加剂使用标准》，作为消泡剂列入表 C. 2 需要规定功能和使用范围的加工助剂名单，用于制糖工艺、发酵工艺、提取工艺等。还可作为分散剂、提取溶剂。

3. 蔗糖脂肪酸酯

蔗糖脂肪酸酯的性状、性能、毒性见模块八　食品乳化剂项目二常用食品乳化剂二、蔗糖脂肪酸酯。其应用依照 GB 2760—2014《食品安全国家标准　食品添加剂使用标准》，作为消泡剂列入表 C. 2 需要规定功能和使用范围的加工助剂名单，用于制糖工艺、豆制品加工工艺。

4. 复配型消泡剂

复配型消泡剂主要是由高级脂肪酸类、食品用表面活性剂和天然油脂类等组成。如利用山梨醇酐脂肪酯、甘油单硬脂酸酯、蔗糖脂肪酸酯、大豆磷脂及硅树脂、丙二醇、甲基纤维素、碳酸钙、磷酸三钙等中的数种相互复配而成。一般用于软饮料、糖果、冷饮、焙烤食品及布丁等食品中。

以 DSA -5 消泡剂为例。DSA -5 消泡剂是由十八醇硬脂酸酯、液体石蜡、硬脂酸三乙醇胺和硬脂酸铝组成的复配物。其主要成分为表面活性剂。

（1）性状　DSA -5 消泡剂为白色至淡黄色黏稠状液体，几乎无臭，化学性质稳定；不易燃易爆，不挥发，无腐蚀性，黏度高，流动性差。1% DSA -5 消泡剂水溶液的 pH 为 8 ~9。

（2）性能　DSA -5 消泡剂能显著降低泡沫液壁的局部表面张力，加速排液过程、使泡沫破裂。

（3）毒性　大鼠经口 LD_{50} >15g/kg 体重。

（4）应用　DSA -5 使用用量少，消泡效果好，消泡率可达 96% ~98%，且成本低，可节约豆油和液体石蜡，经济效益良好。

项目二
抗结剂

依据 GB 2760—2014《食品安全国家标准　食品添加剂使用标准》，抗结剂是用于防止颗粒或粉状食品聚集结块，保持其松散或自由流动的物质。抗结剂的特点是颗粒细（2～9μm），表面积大（310～675m^2/g），比体积高（80～465kg/m^3）。我国在食品工业中使用的抗结剂有：亚铁氰化钾、亚铁氰化钠、磷酸盐（钙、钾、钠盐等）、硅酸钙、碳酸镁、硬脂酸盐（钙、钾、镁盐）、二氧化硅、微晶纤维素等。下面重点介绍两种。

1. 亚铁氰化钾

亚铁氰化钾亦称黄血盐钾，分子式 $K_4Fe(CN)_6 \cdot 3H_2O$，相对分子质量 422.39。

（1）性状　亚铁氰化钾为单斜晶系浅黄色晶体颗粒或粉末，无臭，味咸。溶于水；不溶于乙醇。其水溶液遇光分解为氢氧化铁，与过量 Fe^{3+} 反应，生成普鲁士蓝颜料。常温下稳定；加热至70℃开始失去结晶水，加热至100℃完全失去结晶水而变为具有吸湿性的白色粉末，高温下发生分解，释出氮气，产生氰化钾和碳化铁。

（2）性能　亚铁氰化钾可用于防止细粉、结晶性食品板结；它能使食盐的正六面体结晶转变为星状结晶，而不易发生结块。

（3）毒性　ADI 为 0～0.25mg/kg 体重。由于氰离子与铁结合得很牢，因此毒性极低。

（4）应用　依照 GB 2760—2014《食品安全国家标准　食品添加剂使用标准》，亚铁氰化钾（或亚铁氰化钠）用于盐及代盐制品，最大使用量为 0.01g/kg（以亚铁氰根计）。

目前我国主要使用亚铁氰化钾作为食盐的抗结剂。使用方法：将亚铁氰化钾 0.5g 溶于 100～200mL 水中，然后喷入 100kg 食盐中。

2. 微晶纤维素

微晶纤维素成分为以 β－1，4－糖苷键结合的直链式多糖类。一般植物纤维中，微晶纤维约占70%；其余30%是无定型纤维素，经水解除去后，留下微小、耐用的微晶纤维素。

（1）性状　白色细小结晶性粉末，无臭无味，由可以自由流动的非纤维颗粒组成，并可由自身黏合作用而压缩成可在水中迅速分解的片剂。不溶于水，可吸水膨胀。

（2）毒性　ADI 不作限制性规定。

（3）应用　依照 GB 2760—2014《食品安全国家标准　食品添加剂使用标准》，微晶纤维素列入表 A2，可在各类食品中按生产需要适量使用。微晶纤维素还可用作食品增稠剂、稳定剂。

项目三

其他食品添加剂

按照 GB 2760—2014《食品安全国家标准　食品添加剂使用标准》，食品添加剂功能类别有：酸度调节剂，抗结剂，消泡剂，抗氧化剂，漂白剂，膨松剂，着色剂，护色剂，乳化剂，酶制剂，增味剂，面粉处理剂，被膜剂，水分保持剂，防腐剂，稳定剂和凝固剂，甜味剂，增稠剂，食品用香料，食品工业用加工助剂，其他。其他是指上述功能类别中不能涵盖的其他功能。

一、主要的其他食品添加剂

其他食品添加剂有异构化乳糖液，咖啡因，氯化钾等。下面介绍几种。

1. 异构化乳糖液

异构化乳糖液亦称乳酮糖液和乳果糖液，分子式 $C_{12}H_{22}O_{11}$，相对分子质量 342.30。

(1) 性状　异构化乳糖液为浅黄色透明糖浆液。具有令人舒适的甜味，甜度为砂糖的 48% ~62%。长期放置或连续高温加热，颜色变深，加入山梨醇等醇糖，可防止颜色变深。易溶于水。

(2) 性能　异构化乳糖液是双叉杆菌的增殖因子，能促进机体内有益的双歧乳酸杆菌繁殖，具有帮助消化吸收蛋白质、乳糖，产生 B 族维生素，促进生长发育等功能。

(3) 毒性　小鼠经口 LD_{50}：21.5g/kg。对人体安全。

(4) 应用　依照 GB 2760—2014《食品安全国家标准　食品添加剂使用标准》，异构化乳糖液的使用范围和最大使用量（g/kg）为：乳粉（包括加糖乳粉）和奶油粉及其调制产品、婴儿配方食品 15.0；饼干 2.0；饮料类（包装饮用水类除外、固体饮料按冲调倍数增加使用量）1.5。

2. 咖啡因

咖啡因亦称茶素，学名为 1，3，7 - 三甲基黄嘌呤，分子式 $C_8H_{10}N_4O_2$，相对分子质量 194.19。存在于茶叶、咖啡、可可果中。

(1) 性状　咖啡因为无色至白色针状结晶。或白色晶体粉末，柔韧有绢丝光泽，可为无水物或一分子水合物。水合物在空气中风化，80℃时失去结晶水。无臭，味苦，易溶于热水，热乙醇。1% 水溶液的 pH 为 6.9。

(2) 性能　味苦。

(3) 毒性　小鼠经口 LD_{50} 0.127g/kg，一般公认安全。咖啡因既可作苦味剂，也可作兴奋剂，对大脑皮层具有选择性兴奋作用，饮之易上瘾。

(4) 应用　依照 GB 2760—2014《食品安全国家标准　食品添加剂使用标准》，咖啡因用于可乐型碳酸饮料，最大使用量 0.15g/kg（固体饮料按冲调倍数增加使用量）。

3. 氯化钾

氯化钾，分子式 KCl，相对分子质量 74.55。

(1) 性状　氯化钾为无色细长菱形或立方结晶，或白色晶体粉末，无嗅，味咸，pH 为 7.0。氯化钾在空气中稳定，易溶于水，微溶于乙醇。

(2) 性能　咸味纯正，可代替食盐作咸味剂。

(3) 毒性　小鼠腹腔注射 LD_{50} 0.552g/kg。ADI 未作规定。

(4) 应用　氯化钾主要用于低钠盐酱油、运动员饮料等等低钠食品。依照 GB 2760—2014《食品安全国家标准　食品添加剂使用标准》，氯化钾的使用范围和最大用量（g/kg）为：盐及代盐制品 350；其他饮用水（自然来源饮用水除外）按生产需要适量使用。

二、胶姆糖基础剂

依据 GB 2760—2014《食品安全国家标准　食品添加剂使用标准》，其他食品添加剂不包括原有的胶姆糖基础剂，调整由其他相关标准进行规定。

依据 GB 29987—2014《食品安全国家标准　食品添加剂　胶基及其配料》，胶基（又名胶姆糖基础剂或胶基糖果中基础剂物质）是以橡胶、树脂、蜡等物质经配合制成的用于胶基糖果生产的物质。胶基配料是应用于胶基的天然橡胶，合成橡胶，树脂，蜡类，乳化剂、软化剂，抗氧化剂、防腐剂，填充剂等食品添加剂以及可可粉和氢化植物油的总称。

胶基的基本要求：胶基应选择 GB 2760—2014 附录 A 中所列胶基配料配合制成。胶基配料中天然橡胶、合成橡胶、树脂、蜡类的质量规格应分别符合 GB 2760—2014 附录 B ~ 附录 E 的相应规定。胶基配料中乳化剂和软化剂的质量规格应符合 GB 2760—2014 附录 F 的相应规定，或按相应食品安全国家标准执行。胶基配料中的抗氧化剂、防腐剂、填充剂的质量规格应按相应食品安全国家标准执行。

GB 29987—2014《食品安全国家标准　食品添加剂　胶基及其配料》，附录 A.1 列出了胶基允许使用的配料物质名单；有：①天然橡胶 如巴拉塔树胶、糖胶树胶等；②合成橡胶 如丁苯橡胶、丁基橡胶等；③树脂 如部分二聚松香甘油酯、聚醋酸乙烯酯、松香季戊四醇酯等；④蜡类 如巴西棕榈蜡、蜂蜡、石蜡等；⑤乳化剂、软化剂 如丙二醇、单甘油脂肪酸酯 、甘油、果胶、蔗糖脂肪酸酯等；⑥抗氧化剂、防腐剂 如 BHA、BHT、山梨酸钾 、竹叶抗氧化物等；⑦填充剂 如滑石粉、碳酸钙（包括轻质和重质碳酸钙）等。

现以聚醋酸乙烯酯为代表介绍之。

聚醋酸乙烯酯简称 PVAC，分子式（$C_4H_6O_2$）$_n$，相对分子质量≥2000。聚醋酸乙烯酯性状为透明水白色到浅黄色，粒状、片状等，易溶于丙酮，不溶于水。

聚醋乙酸乙烯酯加热至250℃以上发生分解，产生乙酸，残留物为不溶性焦油状物。其具有适当的热可塑性，呈现良好的咀嚼性，为胶姆糖基的良好原料。由于不溶于水和油，即使因咀嚼而误入腹内，也不被人体吸收。其小鼠口服剂量为10g/kg，无急性中毒症状。对人 ADI 可定为20mg/kg。

聚醋酸乙烯酯用于胶姆糖等，按生产需要适量使用。聚醋酸乙烯酯还可作苹果等水果的被膜剂。

三、 呈味剂

按 GB 2760—2014《食品安全国家标准　食品添加剂使用标准》，食品添加剂不包括食盐、食糖、食醋、可可碱等呈味剂。但是这些呈味剂在食品加工中具有重要作用，故在此介绍之。

1. 食盐

食盐是食品用氯化钠，氯化钠分子式 NaCl，相对分子质量 58.443。按其生产和加工方法可分为精制盐、粉碎洗涤盐、日晒盐。

（1）性状　氯化钠为无色至白色立方体结晶。纯品氯化钠的吸湿性很小，若含杂质氯化镁，吸湿性则较大。易溶于水，水溶液呈中性；微溶于乙醇。普通食盐可含 2% 的食用抗结剂、自由流动剂和改性剂，如亚铁氰化钠≤0.00013% 或柠檬酸铁铵≤25g/100g。如是碘化食盐，则可含碘化钾 0.006% ~0.010% 。

（2）性能　食盐咸味纯正。如其中含有 KCl、$MgCl_2$、$MgSO_4$ 等其他盐类，这种食盐除有咸味外，还带有苦味。食盐经精制，苦味降低。一般食盐中含有微量杂质，有益于食用。

（3）毒性　大鼠经口 LD_{50} 5.25g/kg。无毒。

（4）应用　食盐广泛用于各种食品加工和烹饪。如在酱油中加 18% ~20% 。普通汤汁中加 0.8% ~1.2% 。腌渍菜中食盐含量 8% ~10% 。奶油中食盐含量 1.0% ~1.5% 。腌制鱼、肉中食盐含量 15% ~30% 。普通炖煮的食物中食盐含量 1.5% ~2.0% 。

用作咸味剂的物质主要是食盐。此外，氯化钾、苹果酸钠和葡萄糖酸钠等也用作某些特殊食品的咸味剂。

2. 食糖

食糖是人们日常生活中的重要食品，是人类重要的热能来源，食糖是天然甜味剂，有营养价值。在维持人体健康方面起着重要的物理和生理作用。食糖也是食品工业的主要原辅料。

我国的食糖根据制糖原料不同，可分为甘蔗糖、甜菜糖；如白糖主要是以甘蔗、甜菜或粗糖为原料，经提取糖汁、净处理、煮炼结晶等工序加工制成。

根据制造设备不同可分为机制糖和土糖。机制糖多为大中型糖厂的产品，品种有白砂糖、绵白糖、机制赤砂糖等。土糖为小型甘蔗糖厂的产品，多为红糖。

在商业经营中则根据食糖的颜色和外形不同分为白糖、赤砂糖、土红糖、冰糖等。白糖亦分为白砂糖和绵白糖两种。白砂糖是以甘蔗为原料加工而成的晶状食糖；绵白糖是以甜菜为原料加工而成的细小颗粒状食糖。冰糖是将白砂糖溶化成液体，经过烧制、去杂质，然后蒸发水分，使其在40℃左右的条件下自然结晶而成，亦可冷冻结晶而成。

（1）性状　白砂糖是品质纯净的蔗糖，晶粒均匀，干燥松散，颜色洁白，富有光泽，晶面明显，松散而不粘手。

绵白糖晶粒细小，均匀，色泽雪白，质地绵软，能完全溶解于水形成清澈的水溶液。

冰糖晶粒均匀，色泽清白，半透明，有结晶体光泽。

赤砂糖未经脱色精制，机制的赤砂糖呈黄褐色或红褐色；土制赤糖有红褐、青褐、黄褐和赤红等颜色，且深浅不一；色泽浅的质量较好，呈均匀的清白色，半透明，有结晶体光泽，干燥、松散。

（2）性能　糖的甜度与糖的成分、颗粒状态和人的味觉有关。如白糖口感纯正、滋味鲜甜可口；溶解后溶液清澈透明。赤砂糖味甜而略带糖蜜味。

（3）毒性　安全。

（4）应用　食糖在用作食品辅料时不受任何限制。食糖在食品中的作用主要是改善食品制品的色、香、味、形。例如糖在焙烤中遇热分解而产生焦糖，焦糖为黄褐色，使制品呈金黄色或棕黄色，并且有好的风味。另外，加糖制品经冷却后可以保持外形美观，并有脆感，这就改善了烘烤食品的色、香、味、形。在方便面、方便馄饨、方便米粉等汤味料中，适量地添加白砂糖可增强甜度，使汤料的口感更加淳厚、柔和。

3. 食醋

（1）性状　食醋呈琥珀色、红棕色；能溶于水，澄清，浓度适中。

（2）性能　食醋具有特有的醇香，酸味柔和，稍有甜口。食醋酸味的主要成分是醋酸（乙酸），是一种弱酸，其酸味远不及无机酸，强烈。

（3）毒性　安全。食醋能参与人体正常的代谢；它还可用来帮助消化食物，防止风寒感冒。

（4）应用　食醋酸味，给人以爽快的刺激，增进食欲，提高食品品质。食醋已成了我国人民独特口味的调制品；烹调、佐餐不可缺少；还能除去腥臭味。

4. 可可碱

可可碱学名3，7－二甲基黄嘌呤，分子式 $C_7H_8N_4O_2$，相对分子质量180.17。

（1）性状 可可碱为白色针状结晶或晶体粉末，存在于茶和可可豆中。易溶于热水，难溶于冷水、乙醇。

（2）性能 可可碱具有特异的苦味，为巧克力的主要苦味成分。

（3）毒性 一般公认安全。

（4）应用 建议在焙烤食品中添加0.1%，糖果中添加0.4%，布丁类中添加0.08%，乳制品中添加0.1%。

四、 杀菌剂

依据GB 2760—2014《食品安全国家标准 食品添加剂使用标准》，食品添加剂不包杀菌剂。但是在食品加工过程中常常会使用，故在此予以介绍。

杀菌剂分为还原型杀菌剂和氧化型杀菌剂两部分。还原型杀菌剂是由于它具有还原能力而起杀菌作用，如亚硫酸及其盐类。在漂白剂里已经加以讨论。氧化型杀菌剂，是借助于氧化能力而起杀菌作用的。这类杀菌剂通常有强杀菌消毒能力，但化学性质较不稳定，易分解，故作用不持久，且有异臭。因此，它们主要是用来对设备、容器、水的杀菌消毒。常用的有漂白粉、漂粉精、次氯酸及其盐、过醋酸等。

1. 漂白粉

漂白粉是氢氧化钙、氯化钙和次氯酸钙的混合物，主要成分是次氯酸钙，有效氯为30%～38%。

（1）性状 漂白粉为白色或灰白色粉末或颗粒，有强烈的氯臭味，很不稳定，易受光、热、水、乙醇等作用而分解，有强吸湿性。它溶于水；遇空气中的二氧化碳可游离出次氯酸，遇稀盐酸则产生大量的氧气。

（2）性能 漂白粉水溶液能释放出游离氯，有很强的杀菌、漂白能力。这种游离氯称为“有效氯”，它侵入微生物细胞的酶蛋白中，或破坏核蛋白的巯基，或抑制其他对氧化作用敏感的酶类，导致微生物死亡。

漂白粉对细菌的繁殖型细胞、芽孢、病毒、酵母和霉菌等均有杀灭能力，且杀菌力随作用时间、浓度和温度成正比增高。pH低时杀菌效果好。对白色葡萄球菌、大肠杆菌、沙门氏菌、甲型副伤寒杆菌等均有杀菌效果，2%的水溶液在5min内即可杀死生长细菌。20%的水溶液在10min内可杀死破伤风菌芽孢。

（3）毒性 漂白粉粉尘对眼有严重刺激性，能引起角膜溃疡；对呼吸道有强刺激性，能引起鼻黏膜溃疡、咳嗽；可引起手湿疹。漂白粉水溶液进入口内对胃肠黏膜有强刺激性。

（4）应用 通常使用漂白粉作为杀菌消毒剂，如用于饮用水和果蔬的杀菌消毒。使用前先将漂白粉溶于约10倍量的水，搅拌溶解，静置澄清，取其上部溶液备用。对饮料水，其使用量应掌握在有效氯为0.00004%～0.0001%；用于水果、蔬菜消毒时，有效氯应为0.005%～0.01%；用于食用器皿消毒时，有效氯需在0.01%～0.02%范围内。

2. 漂粉精

漂粉精亦即高度漂白粉，主要成分为次氯酸钙。

(1) 性状　漂粉精为白色或类白色的颗粒或粉末，带有氯气臭味，比较稳定。它吸湿而分解，遇高温、火和光发生激烈分解，甚至爆炸。漂粉精溶于水(12.8g/100mL)，其有效氯在65%以上。如以次氯酸钙为主要组成的，有效氯在90%以上；以 $Ca(ClO_2)\cdot 2Ca(OH)_2$ 为主要组成的，有效氯在65%～70%。

(2) 性能　漂粉精的杀菌性能与漂白粉相同，但其有效氯比一般漂白粉高1倍多，故杀菌力更强。

(3) 毒性　漂粉精的毒性与漂白粉相似，但毒性作用更强。

(4) 应用　漂粉精的用途与漂白粉相同。使用前将其溶于水，取上部澄清液。由于漂粉精不溶性残渣少，稳定性和有效氯含量高，更适用于湿热地区，故有取代漂白粉的趋势。

3. 次氯酸

次氯酸，分子式HClO，相对分子质量52.47。

(1) 性状　次氯酸通常以水溶液的形式存在，为浅黄色透明状液体，带有氯臭味。次氯酸水溶液不稳定，分解放出氧并生成盐酸，而起强氧化作用。

(2) 性能　次氯酸水溶液的杀菌能力与pH有关，pH越低，次氯酸分子数目越多，杀菌能力越大。

(3) 毒性　次氯酸进入血液中会引起全身中毒，进入口内能激烈地刺激胃。

(4) 应用　用于水、果蔬、餐具、炊具等消毒。

4. 次氯酸钠

次氯酸钠，分子式NaClO，相对分子质量74.44。

(1) 性状　次氯酸钠为无色至浅黄绿色液体，有强烈的氯气味，有效氯在4%以上。它溶于冷水，在热水中分解，若混有氢氧化钠在空气中也不稳定。

(2) 性能　次氯酸钠利用其氯的杀菌能力，可用作广谱性杀菌剂；利用其氧化能力，可用于脱臭、脱色、废水处理，其杀菌力随pH减小而增大。

(3) 毒性　对皮肤黏膜有腐蚀作用，局部出现红肿、瘙痒等。

(4) 应用　次氯酸钠用于饮用水、果蔬消毒，以及食品生产设备、器皿的消毒。

5. 过醋酸

过醋酸亦称过氧乙酸，分子式 $C_2H_4O_3$，相对分子质量76.05。

(1) 性状　过醋酸为无色液体，有很强的醋酸气味，不稳定。它易溶于水、醇，水溶液呈酸性，易分解。通常为32%～40%乙酸溶液。

(2) 性能　过醋酸对细菌、芽孢、真菌、病毒均有很强的杀灭能力，是广谱型高效杀菌剂。0.2%浓度的过醋酸水溶液即可有效地杀死霉菌、酵母和细菌。对蜡状芽孢杆菌的芽孢，用0.3%过醋酸水溶液3min，即可杀死。杀菌力强，低温下仍有良好的杀菌力，特别是对在有机物保护下的细菌亦有杀灭能力。

（3）毒性　大鼠经口LD_{50}0.5g/kg体重。过醋酸对人体无害。高浓度（40%）能使皮肤变白、起泡，皮肤灼伤后1～2日即可恢复正常。手触浓溶液后立即以水冲洗，不会引起灼伤。此外，对呼吸道黏膜有刺激性。

（4）应用　用0.2%水溶液浸泡水果、蔬菜2～5min，可抑制霉菌生长、增殖。用0.1%水溶液浸泡鸡蛋2～5min，可明显消除蛋壳表面上的细菌，再经涂膜，利于保存。此外，过醋酸还可用于车间、工具、容器和皮肤的消毒。

由于过醋酸的稀溶液分解很快，通常是使用时现配，亦可暂存于冰箱内，以减少分解。40%以上浓度的溶液易爆炸、燃烧，使用时要注意，还要注意不得与其他药品混合。

五、除氧剂

氧气是引起食品质变的一个重要因素。大部分微生物都是在有氧环境中能良好生长，哪怕氧含量低至2%～3%，大部分的需氧菌和兼性厌氧菌仍能生长，生化反应仍能进行。

为防止食品氧化变质还可以加入脱氧剂，在食品包装密封过程中，同时封入能除氧气的物质，可除去密封体系中的游离氧和溶存氧或使食品与氧气隔绝，防止食品由于氧化而变质、发霉等。这类物质称作除氧剂（FOR），也称作吸氧剂（FOA）或脱氧剂（FOX），日本称脱酸素剂。其可在半天至2d时间内将氧气的浓度从21%降至0.1%以下，在食品上形成不透气的可食用的覆盖膜来隔离食品，延缓食品氧化。并且由于脱氧剂与食品分隔包装，不会污染食品，因而有较高的安全性。

除氧剂具有防止氧化、抑制微生物生长和防止虫蛀的特点，把它应用于食品工业中，可以保持食品的品质，其作用就是去氧、防腐和保鲜。除氧剂及除氧封存保鲜技术效率高，综合效果好，无毒无味，安全可靠，使用范围广，价格低廉。

除氧剂未列入食品添加剂中，但是在食品加工过程中常常会使用，故在此于以简单介绍。

常用除氧剂有：次亚硫酸铜、氢氧化钙、铁粉、酶解葡萄糖等，它们都能吸收氧气。

1. 除氧剂的种类及脱氧机理

除氧剂的种类很多，根据其组成不同，可分为两类：无机系脱氧剂和有机系脱氧剂。

（1）有机系脱氧剂　有机系脱氧剂如酶类脱氧剂、抗坏血酸脱氧剂（又称维生素C系列脱氧剂)、油酸脱氧剂、维生素E类、儿茶酚类等脱氧剂。

如抗坏血酸系列脱氧剂（AA），本身是还原剂。在有氧的情况下，用铜离子作催化剂可被氧化成脱氢抗坏血酸（DHAA），从而除去环境中的氧。安全性较高。其反应机理为：

$$AA + 1/2O_2 \longrightarrow DHAA + H_2O$$

碱性糖制剂是以有机糖类做主剂，脱氧机理推测如下：

$$(CH_2O)_n + n \cdot NaOH + n \cdot H_2O + n \cdot O_2 \rightarrow \text{邻苯二酚} + \text{甲邻基邻苯二酚} + \text{甲基对苯醌}$$

这类制剂常用于肉制品、水果的保藏。

（2）无机系脱氧剂　无机系脱氧剂中有一个与氧气反应的主剂，还有一个控制、辅助主剂反应的辅剂。如果需要在除氧的同时放出CO_2来保鲜，就要选择一个能与主剂反应产生气体置换反应的辅剂。

按照主剂种类的不同，可将除氧剂分成：铁系脱氧剂、连二亚硫酸盐、亚硫酸盐等类型。

以连二亚硫酸盐作主剂，辅剂较多，常用的是碱性无机物。可加入碳酸氢钠、氢氧化钙作辅剂，反应如下：

$$2Na_2S_2O_4 + 2NaHCO_2 + O_2 \longrightarrow Na_2SO_4 + Na_2SO_3 + H_2O + CO_2\uparrow$$

$$Na_2S_2O_4 + Ca(OH)_2 + O_2 \xrightarrow{\text{水、活性炭}} Na_2SO_4 + CaSO_4 + H_2O$$

另外还要加入一些反应的催化剂和基料，如上反应就要加入水和活性炭做触媒。

这类制剂常用于油脂产品、果蔬的保藏。

当前使用较为广泛的是铁系脱氧剂。铁制剂是以活性铁粉的氧化来脱氧的，主反应式如下：

①$Fe + H_2O \rightarrow Fe(OH)_2 + H_2$

　$\quad O_2 + H_2O$

　$\quad \rightarrow Fe(OH)_3 \rightarrow Fe_2O_3, \ + H_2O$

②$Fe + O_2 + H_2O \rightarrow Fe(OH)_2$

③无CO_2条件：$Fe + O_2 + H_2O \rightarrow Fe(OH)_3$

铁系除氧剂在与氧的反应中一般产生氢气，而氢气是很活泼的气体，它可能会造成不好的影响，所以一般需要加入氢的抑制剂。铁制剂一般用于蛋糕、鱼制品、粮食的保藏。它的脱氧速度随包装内相对湿度变化而变化，湿度高，速度快。

其他类型的除氧剂，成分多种多样，有金属、惰性气体、纤维素、酶制剂等，都是通过化学反应、酶的作用、吸附作用、驱氧作用来产生低氧环境的，常用于水果、蔬菜、生鲜食品的保鲜。

2. 除氧能力

除氧剂形态很多，有粉状、颗粒状、板块状。根据其脱氧速度的快慢可将其分为速效（1d以内）、缓效（4~6d）等。无论何种脱氧剂，其脱氧能力都要达到使密封容器或包装中的游离氧降到0.2%以下，4周后达0.1%以下。

（1）除氧剂的性能指标　通常用几个指标来考察除氧剂的性能。

①除氧效率。除氧效率是指用除氧剂后包装容器内能达到的最低氧浓度。好的除氧剂，氧浓度可降低到0.1%以下，甚至达到0.001%以下。

②除氧速度。除氧速度又称首次脱氧时间，指食品包装容器内的氧浓度由大气中的21%降到0.1%所需的时间。普通型除氧剂的除氧速度不大于48h，快速型除氧剂的除氧速度不大于12h。

③总除氧量。总除氧量也称实际除氧量，即除氧剂的最大除氧能力。除氧剂的总除氧量不同型号有不同的数值，一般规定为除氧剂牌号后面的数值（术语称作公称除氧量）的3倍。具体选用除氧剂型号时应根据包装袋内氧气量数值相近的型号。

例如高湿型除氧保鲜剂（片、粒）有25，50，100，200，300，500，1000，2000，3000型。

型号选用方法是以上各规格产品所列的型号数，即为该型号除氧剂在包装物内吸取氧气的体积（又称之为公称除氧量）。具体测算方式如下：

$$（包装物口袋尺寸 \times 包装物厚度）\div 5 = 所选用的除氧剂型号及数量$$

例如：$(50cm \times 30cm \times 10cm)/5 = 3000$（即选用一袋规格为3000型的除氧剂即可）。

选定除氧剂后，保质期的确定为：

$$保质期（d）= \frac{除氧剂的总除氧量 - 包装袋内的含氧量}{包装袋的透氧率 \times 包装袋面积}$$

除氧剂开封后要立即使用，铁系除氧剂必须在开封后5d内使用完毕，且包装要完全密封。包装要求使用气体阻隔性材料、包装材料与脱氧剂无反应。

（2）除氧方式的效果比较　几种除氧方式的效果比较见表12-1。

表12-1　几种除氧方式的效果比较

内　容	998除氧保鲜	充气保鲜	抽真空保鲜
保鲜原理	吸除包装内的氧气	充入CO或N等中性气体使包装袋内的氧浓度降低	将包装内的空气抽出使包装内的氧气浓度降低
除氧效果	除氧效率近100%，余氧在$1/10^6$以下	除氧不完全，通常在1%~2%左右	同左
保质期内包装	只要除氧剂能力够，可长期保持无氧状态	随时间延长，包装内的氧气增加	同左
保鲜效果：防霉	完全，不长霉	不能完全控制霉菌生长	同左

续表

内　容	998 除氧保鲜	充气保鲜	抽真空保鲜
防哈败	可完全防止哈败	氧气不断透入，不完全防止哈败	同左
防变色	可完全防止褪色	不完全防止	同左
防虫蛀	可完全防止虫蛀、可完全杀死虫和卵	不完全防止	同左
防止陈化、老化、保持风味	完全	氧气透入，风味变坏	同左
保持营养	效果最佳	氧气进入，营养损失	同左

思考题

1. 什么是消泡剂？消泡剂的作用是什么？它们各具备哪些特性？举例说明其应用。
2. 什么是抗结剂，抗结剂的特点是什么？举例说明抗结剂的作用、特性和应用。
3. 胶基糖果中胶基及其配料允许使用的物质有哪些？举例说明。
4. 异构化乳糖液在食品中有什么作用？
5. 举例说明漂白粉的杀菌性能和应用。
6. 举例说明过醋酸的杀菌性能和应用。
7. 举例说明除氧剂的组成、作用及脱氧机理。

实训内容

实训　豆浆的制作

一、实训目的

了解消泡剂的作用、特性，豆浆的制作方法。

二、实训材料

1. 仪器

不锈钢锅，加热器，磨机。

2. 实训材料

黄豆；蔗糖脂肪酸酯。

三、实训步骤

1. 操作步骤

（1）将1kg黄豆浸泡5～10h。

（2）将浸泡充分的黄豆滤水、冲洗，入不锈钢锅；然后加入清水，至豆子完全浸没，盖上盖，大火煮熟黄豆（手一捏很软）。

（3）开盖，入磨机磨；过滤，得豆浆。

（4）豆浆加入适量糖水，分成2份，其一加入蔗糖脂肪酸酯0.1g；分别入2个不锈钢锅，再煮。观察2份豆浆煮制的现象。

2. 注意事项

黄豆浸泡时间随天气而定，常温下6～8h。

四、思考题

（1）蔗糖脂肪酸酯有什么作用？

（2）蔗糖脂肪酸酯有什么特性？

模块十三

食品用酶制剂

学习目标与要求

了解常用食品酶制剂的品种、性质。掌握常用食品酶制剂的使用及注意事项。

学习重点与难点

重点：常用食品酶制剂的使用。
难点：食品酶制剂的性质。

学习内容

项目一 酶与酶制剂

一、酶

酶是活细胞产生的具有高度催化活性和高度专一性的生物催化剂。所有的生物体在一定条件下都可以合成多种多样的酶。生物体内的各种生化反应，几乎都是在酶的催化作用上进行的。因此，酶是生命活动的产物，又是维持正常生命活动必不可少的物质基础。

1. 酶的分类命名

酶的分类与命名的基础是酶的专一性。国际酶学委员会提出了酶的分类与命名方案。比较科学的分类命名方法是系统命名法。

系统命名法根据所催化的反应类型，将酶分为 6 大类。即第 1 类，氧化还原酶；第2类，转移酶；第3类，水解酶；第4类，裂合酶；第5类，异构酶；第6类，合成酶（或称为连接酶）。每一种酶都有其一定的系统编号。系统编号采用四码编号方法。第1个号码表示该酶属于6大类中的某一类，第2个号码表示该酶属于该类中的某一亚类，第3个号码表示属于该亚类中的某一小类，第4个号码表示这一具体的酶在该小类中的序号。每个号码之间用圆点（·）分开。如，葡萄糖氧化酶的系统编号为［EC1.1.3.4］。其中EC表示国际酶学委员会；第1个号码"1"表示该酶属于氧化还原酶类；第2个号码"1"表示属于氧化还原酶类中的第一亚类，该亚类所催化的反应系在供体的CH－OH基团上进行；第3个号码"3"表示该酶属于第一亚类中的第3小类，该小类的酶所催化的反应系以氧为氢受体的；第4个号码"4"就是该酶在小类中的特定序号。

2. 酶的特点

酶作为生物催化剂，它与化学催化剂存在共性，即在一定条件下仅能影响化学反应速度，而不改变化学反应的平衡点，并在反应前后本身不发生变化。而酶与一般催化剂相比又具有如下几个特点。

（1）专一性强这是酶的最重要的特性　酶的专一性是指一种酶只能催化一种或一类结构相似的底物进行某种类型的反应。而一般催化剂对底物专一性比较差，如金属镍和铂可催化一般的还原反应，对作用物无严格要求。

如果没有酶的专一性，在细胞中有秩序的物质代谢将不复存在，而且酶的应用将如同其他催化剂那样受到局限。酶的专一性对酶工程的发展具有重要意义。

如胰蛋白酶［EC3.4.31.4］选择性地水解含有赖氨酸或精氨酸的羰基的键。故此，凡是含有赖氨酸或精氨酸羰基的酰胺、酯和肽都能被该酶迅速地水解。

（2）催化效率高　酶的催化效率是一般无机催化剂的$10^6 \sim 10^{13}$倍。如，在$2H_2O_2 \longrightarrow 2H_2O + O_2$反应中，1mol过氧化氢酶在一定条件上可催化$5\times10^6$mol过氧化氢分解为水和氧，在同样的条件下，1mol的Fe只能水解6×10^{-4}mol过氧化氢，因此，这个酶的催化效率是Fe的10^{10}倍。

（3）反应条件温和　酶催化反应不像一般催化剂需要高温、高压、强酸、强碱等剧烈条件，而可在常温、常压下进行催化。

（4）酶的活性是受调节控制的　在生物体内，酶的调节和控制方式是多种多样的，体内有在不同的水平上来调节和控制酶的生成和降解；有在激素水平上调节修饰某些酶的共价结构，从而影响酶的活性；有通过酶原的激活调节酶的活性；还有通过同工酶、多酶体系等进行调节控制。

3. 酶的活力测定

在酶的生产及应用过程中，经常要进行酶的活力测定，以确定酶量的多少及其变化情况。酶活力是指在一定条件下，酶所催化的反应速度。反应速度越大，表明酶活力越高。

国际生化联合会规定：在特定条件下（温度可采用25℃或其他选用的温度；pH等条件均采用最适条件），每1min催化1μmol的底物转化为产物的酶量定义为1个活力单位。这个单位称为酶的国际单位（IU）。如，糖化酶活力测定时，在pH4.6，温度为40℃的条件下，每1min催化可溶性淀粉水解生成1μmol葡萄糖的酶量定义为1个活力单位。

为了比较酶制剂的纯度和活力的高低，常常采用比活力这一概念。酶的比活力指在特定的条件下，每1mg酶蛋白所具有的酶活力单位数。即：

酶比活力 = 酶活力（单位）/mg 酶蛋白

有时也采用每1mL酶液或每1g酶制剂的活力单位数表示酶的比活力。

酶活力测定方法多种多样。总的要求是快速、简便、准确。酶活力测定一般采用如下步骤：

（1）根据酶的专一性，选择适宜的底物，并配制成一定浓度的底物溶液。要求所使用的底物均匀一致，达到一定的纯度。

（2）确定酶促反应的温度、pH等条件。温度可选在室温（25℃），体温（37℃），酶反应最适温度。pH应是酶促反应的最适pH。反应条件一经确定，在反应过程中应尽量保持恒定不变。有些酶促反应，要求激活剂等其他条件，应适量添加。

（3）在一定的条件下，将一定量的酶液与底物溶液混合均匀，适时记下反应开始的时间。

（4）反应达到一定的时间，取出适量的反应液运用各种生化检测技术，测定产物的生产量或底物的减少量。为了准确地反映酶促反应的结果，应尽量采用快速、简便的方法，立即测出结果。若不能立即测出结果的，则要及时终止酶反应，然后再测定。

二、酶制剂

依据GB 2760—2014《食品安全国家标准　食品添加剂使用标准》，酶制剂是由动物或植物的可食或非可食部分直接提取，或由传统或通过基因修饰的微生物（包括但不限于细菌、放线菌、真菌菌种）发酵、提取制得，用于食品加工，具有特殊催化功能的生物制品。可用于食品加工中回收副产品、制造新的食品、提高提取的速度和产量、改进风味和食品质量等。

按生物化学的标准来衡量，食品加工中所用的酶制剂是一种粗制品，大多数酶制剂含有一种主要的酶和几种其他的酶。如木瓜蛋白酶制剂，除木瓜蛋白酶外，尚有木瓜凝乳蛋白酶、溶菌酶及纤维素酶等。

1. 酶应用于食品工业时的注意事项

对多数酶来说，它是一类具有专一性生物催化能力的蛋白质。对于酶的实际应用。

（1）要针对其应用目的选用正确的酶品种和剂型。

（2）还要根据各种酶与作用底物的特性，尽可能地创造能发挥酶最佳效能的条件，如适宜的酶添加量、底物浓度、作用温度、pH 环境以及避免抑制剂、添加激活剂、进行适当的搅拌等。

（3）当酶应用于食品工业时，除了要创造上述的一些基本作用条件外，还存在一些有别于应用于其他行业的特殊要求。主要表现在以下一些方面。

食品用酶制剂要达到食品添加剂的安全性要求。由于用于食品加工的酶类是直接添加到食品或食品原料中，或者与它们直接接触（如固化酶），因此食品用酶制剂本身的卫生安全性尤为重要。用于食品加工的酶制剂要遵循食品添加剂安全评价程序进行毒理学评估，通常需 FAO/WHO 食品添加剂委员会或 FDA 的认可。联合国食品添加剂专家委员会于第 21 届大会上作出如下规定：①凡从动植物可食部位的组织，或用食品加工传统使用菌种生产的酶制剂，可作为食品对待，不需进行毒理学试验，只需建立有关酶化学和微生物学的规格即可应用；②凡由非致病微生物生产的酶，除制定化学规格外，需作短期毒性试验，以确保无害，并分别评价，制订 ADI；③对于非常见微生物制取的酶，不仅要有规格，还要作广泛的毒性试验。得自于动植物的酶制剂一般不存在毒性问题。得自于酵母、乳杆菌、乳酸链球菌、黑曲霉、米曲霉等属，以及得自于非致病菌如大肠杆菌、枯草杆菌的酶制剂，一般也认为是安全的。FAO/WHO 在制订每种酶制剂的 ADI 值时，也规定该酶制剂的来源，如只有得自于米曲霉、黑曲霉、根曲霉、枯草杆菌和地衣形芽孢杆菌的酶制剂才可作为食品加工用酶制剂。

食品用酶制剂在生产使用时要遵循以下规定：①按照良好的制造技术生产酶制剂，必须达到食品级；②根据各种食品的微生物卫生标准，用酶制剂加工的食品必须不引起微生物总量的增加；③用酶制剂加工的食品必须不带入或不增加危害健康的杂质；④用于生产食品用酶制剂的工业菌种，必须是非致病性的，不产生毒素、抗生素、激素等生理活性物质，必须通过安全性试验，才能使用。

要做到以上规定，要注意以下几个方面：①用于制备食品用酶制剂的原料或培养基无污染。用于生产酶的原料或培养基不能被农药、除草剂、重金属等有毒物质所污染，否则可能污染酶制剂，最终进入食品中。此外，在生产过程中选择合理的酶提取工艺，尽量降低有毒物质的含量。注意酶提取工艺中尽量避免使用有毒的提取有机溶剂、吸附剂、沉淀剂等，同时减少生产设备可能带来的重金属污染；②酶制剂一般需用稳定剂稳定，粉末状酶制剂需用填充剂进行稀释，这些外加物质要卫生安全，同样达到食品添加剂的要求；③酶制剂是属于蛋白类物质，可能会受到致病菌的污染，因此其包装、保存要按食品添加剂的一些特殊要求进行。

2. 食品用酶制剂通用质量指标

对于大多数食品级酶制剂，由于主要用作对食品原料的降解，因此其酶的纯度并不是主要的，并不要求达到生化标准。

依据 GB 25594—2010《食品安全国家标准　食品工业用酶制剂》，食品级酶制剂理化指标和微生物指标：砷（As）≤3mg/kg；重金属≤40mg/kg；铅（Pb）≤5mg/kg；菌落总数≤50000CFU/g；大肠杆菌（25g）不得检出；沙门氏菌阴性（25g）不得检出。由基因重组技术的微生物生产的酶制剂不应检出生产菌。微生物来源的酶制剂不得检出抗菌活性。

3. 酶制剂工业发展趋势

由于生物技术应用研究的深入、酶的应用面不断拓展，以及世界经济全球化的不断渗透，当前国际酶制剂工业发展趋势可归纳为以下几个方面。

（1）大力研制新酶种和开发酶的新用途。以往酶制剂的应用领域集中在淀粉加工、食品加工和洗涤剂工业，目前已拓展到淀粉改良、植物油脂加工、焙烤食品、保健食品、调味品等领域。

（2）酶制剂的剂型趋向多样化。酶制剂的剂型不断向多品种、多剂型、功能性、专用性和复合性的方向发展。如以果胶酶为主，与纤维素酶、半纤维素酶、木聚糖酶等复配，可以开发出各种专用酶、复合酶，广泛用于果汁、果浆、果酒等的生产。以中性蛋白酶和碱性蛋白酶为主，与其他酶一起复配，开发出用于蛋白质水解、焙烤食品、酒精和啤酒等领域的酶制剂。

（3）高新技术应用于酶制剂生产的含量不断提高。如目前，世界上用于酶制剂生产的菌株约有 60% 是经过基因重组技术改造的。

项目二

常用酶制剂

食品用酶制剂及其来源名单列于 GB 2760—2014《食品安全国家标准　食品添加剂使用标准》表 C.3 中。

常用酶制剂见表 13－1。

1. 木瓜蛋白酶

木瓜蛋白酶亦称木瓜酶，属于植物性来源的酶。可由未成熟的木瓜果实，提取出乳液，经凝固、干燥得粗制品。

（1）性状　白色至浅棕黄色无定形粉末，有一定吸湿性，或为液体。溶于水和甘油，水溶液无色至淡黄色，有时呈乳白色，几乎不溶于乙醇。由木瓜制得的商品酶制剂中，含有木瓜蛋白酶、木瓜凝乳蛋白酶和溶菌酶。

木瓜蛋白酶活性部位中存在三个氨基酸残基：Cys25、His159 和 Asp25。当 Cys25 被氧化或与重金属离子结合时，酶的活性被抑制，而还原剂半胱氨酸（或亚

表 13-1　食品用酶制剂的主要性质与应用

种类	来源	最适 pH	最适温度/℃	其他性质	应用举例	参考用量范围/%
α-淀粉酶	谷类	5.0~6.0	50~65	钙离子能激活，受氧化剂抑制	制造饴糖、葡萄糖、各类粉末糊精；可增加体积，缩短发酵时间；酿造液淀粉分解（如啤酒、谷氨酸发酵等）；果汁中淀粉分解，中速过滤等	0.002~0.006
	黑曲霉	4.0	50	钙离子有保护活性作用		
	枯草杆菌	5.0~7.0	60~70	钙离子能提高活性		
	大麦芽	4.0~5.8	50~65	钙离子有保护活性作用		
β-淀粉酶	谷类	5.5	55	还原剂能提高活性	生产麦芽糖；糕点防老化；啤酒前发酵等	
	大麦芽	5.0~5.5	40~55			
	细菌性	5.0~7.0	60			
花青素酶	黑曲霉	30~9.0	50		水果罐头脱色	0.1~0.3
过氧化氢酶	黑曲霉	50~8.0	35	低酸稳定	稳定柑橘萜烯类物质；干酪、牛乳和蛋制品生产时除去过氧化氢等	—
	牛肝	7.0	45	碱性抑制		
纤维素酶	黑曲霉	5.0	45		啤酒酿造时水解细胞壁物质以助滤；咖啡干燥时裂解纤维素；保证果蔬汁萃取	0.0002~0.1
	根霉	4.0	45			
	木霉	5.0	55			
葡聚糖酶	青霉	5.0	55	产生异麦芽糖和异麦芽三糖	啤酒酿造时帮助过滤或澄清，提供补充糖	~0.1
α-葡萄糖苷酶	黑曲霉	4.5	65		生产葡萄糖	0.05~0.1
	酵母	5.0	50			
β-葡萄糖苷酶	黑曲霉	4.5	55			
	米曲霉	4.5	55			
	酵母	6.5	40			
β-葡聚糖酶	黑曲霉	5.0	60		啤酒酿造时帮助过滤或澄清，提供补充糖	~0.1
	枯草杆菌	7.0	50~60			

续表

种类	来源	最适 pH	最适温度/℃	其他性质	应用举例	参考用量范围/%
葡萄糖淀粉酶	泡盛曲霉	4~5	60		生产葡萄糖;葡萄酒酿造时清除混浊,改善过滤等	0.002
	黑曲霉	4~5	55~65			
	枯草杆菌	6~7	70~80	钙离子激活,螯合抑制		
葡萄糖异构酶	凝结芽孢杆菌	8.0	60	镁、钴可激活	生产果葡糖浆时葡萄糖异构成果糖	0.015~0.15
	链球菌	8.0	63			
	白链球菌	6.0~7.0	60~75			
葡萄糖氧化酶	黑曲霉	4.5	50		葡萄酒生产时除氧;软饮料生产时稳定柑橘萜烯类物质;果汁生产时除氧,蛋白制品除糖	10~200 葡萄糖单位/L
	点青霉	3.0~7.0	50			
蔗糖酶	假丝酵母	4.5	50		转化糖生产;或除去蔗糖	1~2(以糖干重计)
	酵母属	4.5	55			
三甘油酯酯解酶	黑曲霉	5.0	40		制备游离脂肪酸	~2(以干重计)
柚柑酶	青霉	3~5	40		柑橘产品脱苦	—
果胶酶	曲霉	2.5~6.0	40~60		葡萄酒净化、提高过滤效率;果汁净化澄清;提高果汁萃取率;蔬菜水解物制备等	0.01~0.1
	根霉	2.5~5.0	30~50			
胰凝乳蛋白酶	胰腺	8.0~9.0	35		干酪凝结	0.01~0.15
胰蛋白酶	胰腺	8.0~9.0	45		干酪凝结	0.015~0.15
木瓜蛋白酶	木瓜	5.0~7.0	65	氧化剂抑制,还原剂激活	啤酒澄清、肉的嫩化,饼干、糕点松化,水解蛋白生产等	0.001~0.004
无花果蛋白酶	无花果	5.0~7.0	65			
菠萝蛋白酶	菠萝	5.0~8.0	55			
胃蛋白酶	猪胃	1.8~2.0	40~60	受脂肪醇等抑制	鱼粉、水解蛋白、干酪生产等	—
凝乳酶	牛的刍胃	4.8~6.0	30~40		干酪凝结	0.015~0.15
单宁酶	黑曲霉	4.5	55		果汁脱色	—
	米曲霉	3.0~5.0	45			

硫酸）或 EDTA 能恢复其活力。

（2）性能　木瓜蛋白酶的主要作用是对蛋白质有极强的加水分解能力。最适作用温度和最适作用 pH 见表 13－1。另最适 pH 还会随底物的不同而变动，如以明胶作底物时为 5，以蛋清蛋白和酪蛋白为底物时则为 7。耐热性强，可在 50～80℃时使用，90℃时也不易失活。

除蛋白质外，木瓜蛋白酶对酯和酰胺类底物也表现很高的活力。它还有从蛋白质的水解物再合成蛋白质类物质的能力。这种活力有可能被用来改善植物蛋白质的营养价值或功能性质，如将蛋氨酸并入大豆蛋白质中。

（3）毒性　ADI 不作限制性规定。一般公认安全。

（4）应用　木瓜蛋白酶在食品工业中主要用于啤酒和其他酒类的澄清，肉类的嫩化，饼干、糕点的松化，水解蛋白质的生产等。

如啤酒在低温下（10℃以下）贮存时经常出现浑浊现象，在啤酒中加 0.0001%～0.0004% 木瓜蛋白酶（巴氏杀菌前加入）可减少浑浊。利用木瓜蛋白酶可控制蛋白的水解，使啤酒中保留部分蛋白，对稳定啤酒泡沫十分有利。

在肉制品加工中为了减少粗纤维和胶原蛋白对制品口感的影响，常用木瓜蛋白酶作为肉的嫩化剂，它可使蛋白纤维变短、加快胶原蛋白的溶解，使肉质松化、嫩滑。一般肉类嫩化剂由 2% 的木瓜蛋白酶、15% 的葡萄糖、2% 谷氨酸单钠和食盐（余量）组成。用量为 0.00005%～0.0005%。

在饼干、糕点生产中使用木瓜蛋白酶，可以使饼干成形性好，不收缩、花纹清晰、碎饼率降低，成品光泽度增加，饼干质地疏松。用量为 0.0001%～0.0004%。

2. α－淀粉酶

α－淀粉酶为液化型淀粉酶。我国大多是使用枯草杆菌 BF－7658 菌种用深层发酵生产。

（1）性状　α－淀粉酶为黄色粉末，含水量 5%～8%。在高浓度淀粉保护下 α－淀粉酶的耐热性很强，在适量的钙盐和食盐存在下，pH 为 5.3～7.0 时，温度提高到 93～95℃仍保持足够高的活力；为便于保藏，常加入适量的碳酸钙等作为抗结剂。

（2）性能　不同来源的 α－淀粉酶性能有所差异，见表 13－1 和表 13－2。α－淀粉酶作用于淀粉的 α－1，4 糖苷键，不能作用于支链淀粉的 α－1，6 糖苷键，因此分解淀粉时产生麦芽糖、葡萄糖和异麦芽糖。α－淀粉酶作用开始阶段，迅速地将淀粉分子切断成短链的寡糖，使淀粉液黏度迅速下降，淀粉与碘呈色反应消失，这种作用称为淀粉液的液化作用，故又称其为液化淀粉酶。

表 13-2　　α-淀粉酶的其他性质

来源	淀粉水解限度/%	主要水解产物	碘反应消失时的水解度/%	热稳定性（15min）/℃	钙离子保护作用	淀粉吸附性
麦芽		G_2		≤70	+	−
淀粉液化	40	G_5、G_2（13%）	13	65~80	+	+
芽孢杆菌	35	G_6、G_3	13	95~110	+	+
地衣芽孢杆菌	35	G_6、G_7、G_2、G_5	13	55~70	+	−
米曲霉	48	G_2（50%）、G_3	16	55~70	+	−
黑曲霉	48	G_2（50%）、G_3	16			

注：G_2、G_3、G_5、G_6、G_7 表示葡萄糖的聚合度。

α-淀粉酶分子中含有一个结合得相当牢固的钙离子，这个钙离子不直接参与酶-底物络合物的形成，其功能是保持酶的结构，使酶具有最大的稳定性和活性。工业生产的耐热性 α-淀粉酶通常指最适反应温度为 90~95℃，热稳定性在 90℃以上的 α-淀粉酶比中等耐热性 α-淀粉酶高 10~20℃，与一般 α-淀粉酶相比具有以下优点：①在 90℃以上高温液化淀粉，反应快，液化彻底，可避免淀粉分子胶束重排形成难溶性的团粒，因此易过滤，且节省能源；②对钙离子依赖性小，液化时不需添加钙离子，减少精制费用，降低成本；③酶的稳定性好，因此在淀粉糖生产及发酵工业中，一般细菌淀粉酶逐步被耐热性淀粉酶所取代。各种耐热性 α-淀粉酶的特性见表 13-3。

表 13-3　　各种耐热性 α-淀粉酶的特性

来源	最适温度/℃	最适 pH	pH 稳定性	相对分子质量	备注
脂肪嗜热芽孢杆菌	65~73	5~6	6~11	48000	超离心法
地衣芽孢杆菌	90	7~9	7~11	62650	SDS-PAGE 法
枯草杆菌	95~98	6~8	5~11	—	
嗜热芽孢杆菌	70	3.5	4~5.5	66000	SDS-PAGE 法
梭状芽孢杆菌	80	4.0	2~7	—	

（3）毒性　ADI 无限制性规定。一般公认安全。

（4）应用　α-淀粉酶是酶制剂中用途最广、消费量最大的一种。主要用于面包生产中的面团改良，可降低面团黏度、加速发酵、增加糖含量、缓和面包老化等；用于水解淀粉制造饴糖、葡萄糖和果葡糖浆等；用于生产糊精、啤酒、黄酒、酒精、酱油、醋、果汁和味精等；婴儿食品中用于谷类原料预处理；此外还用于蔬菜加工中。添加量以枯草杆菌 α－淀粉酶（6000U/g 计），约为 0.1% 或按生产实际的需要。

3. 固定化葡萄糖异构酶

固定化葡萄糖异构酶也称为不溶性葡萄糖异构酶。由密苏里放线菌、锈棕色链霉菌、橄榄色链霉菌、紫黑链霉菌、凝结芽孢杆菌等微生物中的一种受控发酵后所生成的酶经固定化而成。

（1）性状　粒状固体，不结块，无臭味。不溶于水。最适作用温度和 pH 与葡萄糖异构酶有些差异，但比较接近。

（2）性能　商品固定化葡萄糖异构酶酶活力≥2000U/g，其酶活力一般要低于葡萄糖异构酶。但固定化葡萄糖异构酶生产效率、使用周期和操作方便性均优于葡萄糖异构酶。如常见固定化葡萄糖异构酶在果葡糖浆生产中，1kg 酶制剂可生产 3～11t 的果葡糖浆产品，酶活半衰期为 20～165d。

（3）毒性　由紫黑链霉菌和凝结芽孢杆菌生产的 ADI 未作规定；由制法中其他菌生产的规定为允许使用。一般公认安全。

（4）应用　固定化葡萄糖异构酶主要应用于果葡糖浆生产中将葡萄糖异构为果糖。酶柱可连续使用约 800h。

4. 糖化酶

糖化酶亦称葡萄糖淀粉酶、1，4－α－D－葡聚糖－葡糖水解酶。由黑曲霉变种受控发酵后的培养基中分离而得。

（1）性状　近白色至浅棕色无定形粉末，或为浅棕色至深棕色液体，可分散于食用级稀释剂或载体中，也可含有稳定剂和防腐剂。溶于水，几乎不溶于乙醇。

（2）性能　它除了能从淀粉链的非还原性末端切开 α－1，4－糖苷键外，也能切开 α－1，6－糖苷键和 α－1，3－糖苷键，但三种键的水解速度不同。因此，它常与液化淀粉酶配合使用于将直链淀粉和支链淀粉转化成葡萄糖。其他特性请参见表 13－1。

（3）毒性　ADI 无限制性规定。

（4）应用　糖化酶的使用请参见表 13－1。

糖化酶常用于淀粉糖浆、葡萄糖、酒精、果汁和干酪的制造，还常与 α－淀粉酶一起用于谷氨酸等发酵工艺中。

作为淀粉糖化剂，使用量为 100U/g 干淀粉，也可根据生产需要添加。在白酒、酒精生产中，若为液态法酿酒时，可将糖化酶直接加入。而在固态法酿酒中，则将糖化酶与成熟酒母混匀后加入。白酒、酒精生产中，酶用量为 180U/g 原料。

5. 果胶酶

果胶酶一般用霉菌，如镰刀霉菌属、宇佐美曲霉或黑曲霉在含有豆粕、苹果渣、橘皮、蔗糖等的固体培养基中培养，然后用水抽提，用有机溶剂使之沉淀、分离、干燥、粉碎而成。

(1) 性状　果胶酶为灰白色或微黄色粉末，也可以棕黄色液体存在。存在于高等植物和微生物中。其主要性质见表 13 – 1。

(2) 性能　果胶酶制剂中主要有 3 种有效成分酶：一种是果胶甲酯酶（简称 PE），主要作用为催化甲酯果胶以脱去甲酯基，产生聚半乳糖醛酸苷键和甲醇；一种是聚半乳糖醛酸酶（简称 PG），其作用是使果胶中以 α – 1，4 – 键结合的半乳糖醛基水解成为还原糖；另一种是果胶裂解酶（简称 PL），可使果胶断裂而得寡糖。

(3) 毒性　ADI 不作特殊规定（由黑曲霉制成）。一般公认安全。

(4) 应用　果胶酶使用请参见表 13 – 1。

果胶酶主要用于果汁澄清、提高果汁得率、提高果汁过滤速率、降低果汁黏度，防止果泥和浓缩果汁胶凝化，以及用于果蔬脱内皮、内膜和囊衣等。

如在澄清苹果汁生产时使用果胶酶，便于果汁的提取和果汁中悬浮物的分离。苹果汁加果胶酶澄清过程，是将果胶酶溶于水或果汁后加于浑浊果汁中，不断搅拌，其黏度逐渐下降，果汁中的细小颗粒聚结成絮凝物而沉淀下来，进行分离。苹果汁澄清，果胶酶用量最高可达 3%。

果汁澄清时果胶酶的用量和作用条件，因果实的种类、品种、成熟程度，以及酶制剂的种类和活力不同而不同。葡萄汁用 0.2% 的果胶酶在 40 ~ 42℃ 放置 3h，即可完全澄清。

使用果胶酶脱除莲子内皮、蒜内膜、橘子囊衣时，通常将其放入 pH3 的酶液中，在温度低于 50℃ 下搅拌 1h 左右即可。橘子经脱囊衣后果味浓郁，品质提高。

6. β – 葡聚糖酶

β – 葡聚糖酶可由青霉、曲霉、轮霉、黑曲霉、双歧杆菌等制得。

(1) 性状　β – 葡聚糖酶为灰白色无定形粉末或液体，可加有载体和稀释剂。溶于水，基本不溶于乙醇。

(2) 性能　β – 葡聚糖酶使高分子的黏性葡聚糖分解成低黏度的异麦芽糖和异麦芽三糖。使 β – D – 葡聚糖中的 1，3 – β – 和 1，4 – β – 糖苷键水解为寡糖和葡萄糖。作用的适宜 pH 和温度等性质请参见表 13 – 1。

(3) 毒性　ADI 0 ~ 0.5mg/kg 体重（木霉制得者）；0 ~ 1mg/kg 体重（由黑霉制得者）。

(4) 应用　β – 葡聚糖酶的使用参见表 13 – 1。木霉制得品可用于葡萄酒的制备；黑曲霉制得品可用于果汁、啤酒和干酪的制备。

思考题

1. 酶作为生物催化剂，它与化学催化剂有哪些异同点？
2. 食用酶制剂有哪些理化指标和微生物指标？
3. 简述国内外酶制剂工业品种、在食品工业的应用和发展概况。
4. 简介木瓜蛋白酶的作用特性及使用。
5. 简介α-淀粉酶和β-葡聚糖酶的作用特性及应用。
6. 简介果胶酶的作用特性及应用。
7. 固定化葡萄糖异构酶在实际应用中有何优缺点？

实训内容

实训一 果胶酶在果汁澄清中的应用

一、实训目的

掌握酶制剂的作用特性，加强酶制剂在果汁澄清中应用的感性认识。

二、实训材料

1. 仪器

家用榨汁机、恒温水浴箱、真空抽滤装置、721分光光度计、煮锅、电炉。

2. 原料

果胶酶，硅藻土，碳酸氢钠，柠檬酸（均为食用级），精密pH试纸，滤纸，苹果，草莓。

三、实训步骤

1. 粗果汁制备

（1）粗苹果汁　将苹果洗净，去皮、核，切成小块，于不锈钢煮锅中沸水热烫2~5min，冷却后于榨汁机中取汁，取少量清水洗果渣，用纱布取汁，与原果汁会合，用pH试纸测定其酸度（合适pH3.5~5.0），必要时用酸、碱将其pH调整到合适范围，待用。至少制备2L粗果汁。

（2）草莓果汁　将草莓洗净，取净果可食部分于榨汁机中取汁，用少量清水洗果渣，用纱布取汁，与原果汁会合，用pH试纸测定其酸度（合适pH3.5~5.0），必要时用酸、碱将其pH调整到合适范围，待用。至少制备2L粗果汁。

2. 酶解净化处理

分别将两种粗果汁分成四份，每份500mL，于两种粗果汁中分别添加0%、0.2%、0.3%、0.5%的果胶酶制剂，于45~50℃恒温保温酶解2h，其间要适当搅拌。结束后于冷水浴中冷却。

3. 澄清处理

分别在酶解后的果汁样品中添加0.5%的硅藻土，搅拌均匀，分别进行抽滤，抽滤过程中控制相同抽滤真空度，记录每个样品抽滤所用的时间。然后，用分光光度计将每个抽滤后的果汁测定其660nm处的E值（以蒸馏水为参比）。

4. 结果分析

将实训结果填入表13-4，并对结果进行效果分析。

表13-4　　实训结果

测定指标	苹果汁果胶酶添加量/%				草莓汁果胶酶添加量/%			
E值（660nm）	0	0.2	0.3	0.5	0	0.2	0.3	0.5
抽滤时间/min								
澄清效果								

四、思考题

（1）酶制剂的作用特性有哪些？

（2）对结果进行效果分析。

实训二　澄清芹菜汁的制作

一、实训目的

进一步掌握酶制剂的作用特性，加强酶制剂在食品工业中应用的感性认识。

二、实训材料

1. 仪器

家用榨汁机、恒温水浴箱、真空抽滤装置、721分光光度计、煮锅、电炉。

2. 原料

果胶酶，碳酸氢钠，柠檬酸（均为食用级），精密pH试纸，滤纸，芹菜。

三、实训步骤

1. 粗芹菜汁制备

选择新鲜、无变色、健壮的市售芹菜，去除根与其杂物，保留芹菜叶，用流动的清水冲洗，将芹菜清洗干净，切成小段，于不锈钢煮锅中沸水热烫2~5min，冷却后加入0.1%抗坏血酸于打浆机中打浆。于榨汁机中取汁，取少量清水洗果渣，用纱布取汁，与原果汁会合，用pH试纸测定其酸度（合适pH3.5~5.0），必要时用酸、碱将其pH调整到合适范围，待用。至少制备2L粗汁。

2. 酶解澄清处理

分别将粗芹菜汁分成4份，每份500mL，于两种粗果汁中分别添加0%、0.02%、0.05%、0.1%的果胶酶制剂，于45℃恒温保温酶解80 min，其间要适当搅拌。结束后于冷水浴中冷却。酶解后的芹菜汁样分别进行抽滤。

3. 测定 E 值

用分光光度计将每个抽滤后的芹菜汁测定其660nm 处的 E 值（以蒸馏水为参比）。

4. 结果分析

对结果进行效果分析。

四、思考题

（1）加入果胶酶对芹菜汁有什么作用?

（2）对实训结果进行效果分析。

模块十四

食品加工助剂

学习目标与要求

了解食品加工助剂的种类、性能；掌握食品加工助剂使用规定；脱皮剂、脱色剂，溶剂的应用。

学习重点与难点

重点：常用脱皮剂、脱色剂，溶剂的应用。

难点：脱皮剂、脱色剂，溶剂的性能。

学习内容

项目一 食品加工助剂种类和使用规定

一、 食品加工助剂种类

除上述各模块介绍的食品添加剂外，在食品加工中还使用一些食品工业用加工助剂。依据 GB 2760—2014《食品安全国家标准　食品添加剂使用标准》，食品工业用加工助剂是有助于食品加工能顺利进行的各种物质，与食品本身无关。如助滤、澄清、吸附、脱模、脱色、脱皮、提取溶剂等。

二、 食品加工助剂使用规定

按 GB 2760—2014《食品安全国家标准　食品添加剂使用标准》，食品工业用加工助剂（简称“加工助剂”）使用规定列在附录 C。

1. 食品加工助剂的使用原则

（1）加工助剂应在食品加工过程中使用，使用时应具有工艺必要性，在达到预期目的前提下应尽可能降低使用量。

（2）加工助剂一般应在制成最终成品之前除去，无法完全除去的，应尽可能降低其残留量，其残留量不应对健康产生危害，不应在最终食品中发挥功能作用。

（3）加工助剂应该符合相应的质量规格要求。

2. 可在各类食品加工过程中使用，残留量不需限定的加工助剂

可在各类食品加工过程中使用，残留量不需限定的加工助剂有：氨水、甘油（又名丙三醇）、丙酮、丙烷、单，双甘油脂肪酸酯、氮气、二氧化硅、二氧化碳、硅藻土、过氧化氢、活性炭、磷脂、硫酸钙、硫酸镁、硫酸钠、氯化铵、氯化钙、氯化钾、柠檬酸、氢气、氢氧化钙、氢氧化钾、氢氧化钠、乳酸、硅酸镁、碳酸钙（包括轻质和重质碳酸钙）、碳酸钾、碳酸镁（包括轻质和重质碳酸镁）、碳酸钠、碳酸氢钾、碳酸氢钠、纤维素、盐酸、氧化钙、氧化镁（包括重质和轻质）、乙醇、乙酸、冰乙酸（又名冰醋酸）、植物活性炭。

3. 需要规定功能和使用范围的加工助剂

需要规定功能和使用范围的加工助剂，如阿拉伯胶为葡萄酒加工工艺用的澄清剂；凹凸棒黏土为油脂加工工艺用脱色剂；巴西棕榈蜡为焙烤食品加工工艺；钯为催化剂，发酵工艺用的脱模剂；白油（液体石蜡）为薯片的加工工艺、油脂加工工艺、糖果的加工工艺、粮食加工工艺（用于防尘）用的消泡剂、脱模剂；不溶性聚乙烯聚吡咯烷酮（PVPP）为啤酒、葡萄酒、果酒、黄酒、配制酒的加工工艺和发酵工艺用的吸附剂；丁烷为提取工艺用的提取溶剂；高岭土为葡萄酒、果酒、黄酒、配制酒的加工工艺和发酵工艺用的澄清剂、助滤剂；乙醚为配制酒的加工工艺用的提取溶剂等。

项目二

常用食品加工助剂

一、 溶剂

溶剂又称溶媒，能溶解其他物质的物质称为溶剂。食品工业中常用的溶剂有丙二醇、甘油、乙醇、溶剂油等。

1. 丙二醇

丙二醇是1，2-丙二醇的别名，分子式 $C_3H_8O_2$，相对分子质量76.10。

（1）性状　丙二醇为无色透明状黏稠液体，无臭，有微苦感的甜味。能与水、乙醇混溶。对光、热稳定，有燃性。150℃以上易氧化，常温下稳定。

（2）性能　丙二醇可溶解水溶性香料、色素、防腐剂、维生素、树脂及其他难溶于水的有机物。

（3）毒性　小鼠经口 LD_{50}22~23.9mg/kg 体重。ADI 值为 0~25mg/kg 体重，一般公认安全。

（4）应用　依照 GB 2760—2014《食品安全国家标准　食品添加剂使用标准》，丙二醇列在附录表 C2 中，需要规定功能和使用范围的加工助剂，可作为冷却剂、提取溶剂，用于啤酒加工工艺、提取工艺。防腐剂、色素、抗氧化剂、食用香精等食品添加剂中难溶于水的物质可先用少量丙二醇将其溶解，然后再添加到食品中。

丙二醇列在表 A1 中，可作为稳定剂和凝固剂、抗结剂、消泡剂、乳化剂、水分保持剂、增稠剂。其使用范围和最大使用量/（g/kg）：生湿面制品（如面条、饺子皮、馄饨皮、烧卖皮）1.5；糕点 3.0。

2. 甘油

甘油又名丙三醇，分子式 $C_3H_8O_3$，相对分子质量92.10。

（1）性状　无色透明或微黄色的糖浆状液体。无臭，有甜味。

（2）性能　甘油可与水、乙醇混溶。甘油具有吸湿性，易吸收空气中的水分，其水溶液呈中性，与强氧化剂接触可能爆炸。

（3）毒性　小白鼠经口 LD_{50}32000mg/kg 体重；一般公认安全。

（4）应用　依照 GB 2760—2014《食品安全国家标准　食品添加剂使用标准》，甘油列在附录 C1，可在各类食品加工过程中使用，残留量不需限定的加工助剂。甘油列在表 A2，用作水分保持剂、乳化剂，可在各类食品中按生产需要适量使用。

如对于难溶于水的防腐剂、抗氧化剂、色素等，在添加于食品前，使用甘油作为溶剂。食用香精，除用乙醇作香精原料的溶剂外，有时也配合使用甘油，一些食用水溶性香精中约配用5%的甘油。

二、脱皮剂、脱色剂

1. 脱皮剂

在食品加工中还使用一些加工助剂，有助于果蔬脱皮。脱皮剂如月桂酸、氢氧化钠等；其中使用较多的是氢氧化钠。

氢氧化钠亦称苛性钠、烧碱，分子式 NaOH，相对分子质量40.00。

（1）性状　氢氧化钠的纯品为无色透明结晶，无臭；工业品为白色不透明固体，有块状、片状、棒状和粉末状等；易吸湿而潮解，暴露于空气中吸收二氧化碳和水分逐渐转变为碳酸钠；易溶于水且放出强热，水溶液呈强碱性；可溶于甘油、乙醇。

（2）性能　氢氧化钠呈强碱性，对有机物有腐蚀作用，能使大多数金属盐形成氢氧化物或氧化物而沉淀。

（3）毒性　兔经口 LD_{50}0.5g/kg 体重。ADI 不作限制性规定。一般公认安全。但是氢氧化钠对皮肤有强腐蚀性，入眼有失明的危险。

（4）应用　依照 GB 2760—2014《食品安全国家标准　食品添加剂使用标准规定》，氢氧化钠作为食品加工助剂，列在附录 C1，可在各类食品加工过程中使用，残留量不需限定。如用于中和、去皮、脱色、脱臭和洗涤等工序中；又如用于柑橘、桃去皮。在生产谷氨酸和化学酱油时也有使用氢氧化钠。

2. 脱色剂

在食品加工中还需要使用一些加工助剂进行脱色；脱色剂如活性炭、凹凸棒黏土、膨润土、活性白土、离子交换树脂、食用单宁等。下面以活性炭为例介绍。

一切含碳物质都可以用来制造粉状活性炭，常用的原材料有煤、果壳、木材、石油焦、合成树脂、纸浆等。

（1）性状　活性炭为暗黑色，化学稳定性好，耐酸碱，不溶于水和有机溶剂，能经受水浸，高温和高压的作用，失效后可以再生。

（2）性能　活性炭是有良好吸附性能的吸附剂。活性炭有孔隙结构和很大的比表面积，因此，使它具有很大的吸附能力。随原材料的不同和加工工艺的不同使粉状活性炭的性能有一定差异，果壳炭有发达的微孔容积，灰分低，且灰分中有害物质较少。木质炭有较多的中孔，对较大分子有很好的吸附能力。

焦糖吸附值（或称焦糖脱色率、糖蜜吸附率）是反映活性炭对具有较高相对分子质量的有色物质的吸附性能，性能良好的活性炭，此值达到 100～110。

有一类称为“糖用活性炭”的产品，它可用于糖厂，也可以用在其他类似的行业，如葡萄糖溶液及味精溶液的精制脱色等。这种活性炭的焦糖吸附值比较高。

（3）毒性　一般公认安全。尤其是植物活性炭。

（4）应用　依照 GB 2760—2014《食品安全国家标准　食品添加剂使用标准》，植物活性炭作为食品加工助剂，列在附录 C1，可在各类食品加工过程中使用，残留量不需限定。

三、二氧化碳

二氧化碳，分子式 CO_2，相对分子质量 44.01。

（1）性状　二氧化碳为无色、无臭、无味、无毒气体。溶于水，水溶液呈酸性。

在20℃时将二氧化碳加压至5978.175kPa，即可液化；液体二氧化碳冷却至-21.1℃,压力为415kPa形成固体。固体二氧化碳又称为干冰，干冰吸热可直接升华为气体，溶于乙醇。

(2) 性能　饮用含二氧化碳的饮料，可使体内的热量随二氧化碳气体排出，产生清凉爽快的感觉，还能刺激口感；降低pH有防腐功能。

(3) 毒性　ADI不作特殊规定。一般公认安全。但亦有胃溃疡病人因饮用二氧化碳水而导致胃穿孔的报道。吸入二氧化碳气体量达5%～6%时因刺激呼吸中枢，使呼吸深而快；吸入量达10%以上时，发生头昏、出汗、呼吸困难，痉挛乃至死亡。

(4) 应用　依照GB 2760—2014《食品安全国家标准　食品添加剂使用标准》，二氧化碳是列在附录C1，可在各类食品加工过程中使用，残留量不需限定的加工助剂。二氧化碳还列在表A1可作为防腐剂，用于除胶基糖果以外的其他糖果、饮料类、其他发酵酒类（充气型），按生产需要适量使用。

思考题

1. 食品工业用加工助剂的使用原则有哪些?
2. 举例说明可在各类食品加工过程中使用，残留量不需限定的加工助剂。
3. 举例说明溶剂的性能和在食品中的应用。
4. 举例说明脱皮剂的性能和在食品中的应用。
5. 举例说明脱色剂的性能和在食品中的应用。
6. 简述二氧化碳的性能；举例说明其在食品中的应用。

实训内容

实训一　无花果干加工

一、实训目的

了解食品漂白剂漂白机理；熟悉食品漂白剂、脱皮剂的使用。

二、实训原理

新鲜无花果加工成干制品，其果肉含多酚类物质，加工过程易于生成褐色。为了取得色泽浅黄无褐变的成品需进行漂白；具体见模块五中项目二食品漂白剂。为使无花果干口感更佳，需要对无花果进行脱皮处理，具体见本模块中项目二常用加工助剂。

三、实训材料

1. 仪器

电炉、烘箱。

2. 原料

4%氢氧化钠，1%盐酸，0.1%亚硫酸氢钠；无花果。

四、实训步骤

1. 工艺流程

鲜果→挑选→清洗→切片→上烘盘→烘干→卸盘→分级→成品。

2. 操作步骤

（1）脱皮　采用个大、肉厚、刚熟而不过熟的无花果，用碱液脱皮，用不锈钢锅把无花果放于4%氢氧化钠溶液中加热到90℃保持1min，捞起无花果于水槽中用大量清水冲洗，并不断揉搓滚动，果皮脱落，并加入1%盐酸中和碱性，脱皮的无花果沥干水待用。

（2）护色　脱皮后无花果用0.1%亚硫酸氢钠浸果6~8h。

（3）烘制　护色后无花果于烘箱中进行鼓风干燥，温度60~65℃，时间16~18h；烘制到含水量14%~15%；室温1~2d覆盖回软。

（4）包装　采用塑料袋密封包装。

3. 注意事项

脱皮操作过程中要戴手套，避免碱液对皮肤腐蚀。

五、思考题

（1）阐述食品漂白剂漂白机理。

（2）实训中使用了哪种食品漂白剂？其最大使用量为多少？

（3）实训中使用了哪种脱皮剂？什么条件进行水果脱皮？

实训二　肉桂油的提取

一、实训目的

了解用水蒸气蒸馏法从肉桂皮中提取肉桂油。溶剂的作用。

二、实训材料

1. 原料

肉桂皮（食用级）；乙醚、无水硫酸钠、盐酸氨基脲、无水乙酸钠、95%乙醇。

2. 仪器

水蒸气蒸馏装置。

三、实训步骤

在250mL的二颈（或三颈）烧瓶上分别接上水蒸气导入管（其另一端接水蒸气发生器）和蒸馏装置，成为一套水蒸气蒸馏装置。

置10g磨碎的肉桂皮于二颈烧瓶中，加入60mL热水。加热水至蒸气发生器使蒸气平稳地输入烧瓶中，注意管道的堵塞和蒸气进入的量，收集白色乳液至馏出液澄清为止，大约收集40mL馏出液。

将馏出液转移至分液漏斗中，用10mL乙醚萃取2次，弃去下层水相，有机相用少量无水$NaSO_4$干燥，将溶液滤出，在60℃热水浴蒸馏回收大部分溶剂至蒸不出为止。

将精油的乙醚溶液转移至事先称重的试管中，将试管放于水浴中小心加热浓缩至无溶剂为止，揩干试管外壁，称重，计算提取得率。

四、思考题

（1）实训中使用了哪种溶剂？起什么作用？

（2）适合采用水蒸气蒸馏进行分离的有机物要求具备什么条件？

模块十五

食品营养强化剂

学习目标与要求

了解营养强化剂的使用意义和特点、强化措施和方法，各种营养强化剂性能；掌握各种营养强化剂的应用。

学习重点与难点

重点：各种营养强化剂的应用；

难点：各种营养强化剂性能。

学习内容

项目一 营养强化剂的使用意义和特点

GB 2760—2014《食品安全国家标准　食品添加剂使用标准》将食品营养强化剂调整为由其他相关标准进行规定。现行的为 GB 14880—2012《食品安全国家标准　食品营养强化剂使用标准》。营养强化剂是为了增加食品的营养成分而加入到食品中的天然或人工合成的营养素和其他营养成分。

营养素是指食物中具有特定生理作用，能维持机体生长、发育、活动、繁殖以及正常代谢所需的物质，包括蛋白质、脂肪、碳水化合物、矿物质、维生素等。

其他营养成分是指除营养素以外的具有营养和（或）生理功能的其他食物成分。

一、营养强化剂的主要目的和使用要求

1. 营养强化的主要目的

（1）弥补食品在正常加工、贮存时造成的营养素损失。

（2）在一定的地域范围内，有相当规模的人群出现某些营养素摄入水平低或缺乏，通过强化可以改善其摄入水平低或缺乏导致的健康影响。

（3）某些人群由于饮食习惯和（或）其他原因可能出现某些营养素摄入量水平低或缺乏，通过强化可以改善其摄入水平低或缺乏导致的健康影响。

（4）补充和调整特殊膳食用食品中营养素和（或）其他营养成分的含量。

2. 使用营养强化剂的要求

（1）营养强化剂的使用不应导致人群食用后营养素及其他营养成分摄入过量或不均衡，不应导致任何营养素及其他营养成分的代谢异常。

（2）营养强化剂的使用不应鼓励和引导与国家营养政策相悖的食品消费模式。

（3）添加到食品中的营养强化剂应能在特定的储存、运输和食用条件下保持质量的稳定。

（4）添加到食品中的营养强化剂不应导致食品一般特性如色泽、滋味、气味、烹调特性等发生明显不良改变。

（5）不应通过使用营养强化剂夸大食品中某一营养成分的含量或作用误导和欺骗消费者。

3. 可强化食品类别的选择要求

（1）应选择目标人群普遍消费且容易获得的食品进行强化。

（2）作为强化载体的食品消费量应相对比较稳定。

（3）我国居民膳食指南中提倡减少食用的食品不宜作为强化的载体。

4. 营养强化剂的使用规定

（1）营养强化剂在食品中的使用范围、使用量应符合 GB 14880—2012《食品安全国家标准　食品营养强化剂使用标准》附录 A 的要求，允许使用的化合物来源应符合 GB 14880—2012 附录 B 的规定。对大多数营养素而言，均提供了一种以上的化合物来源供生产单位选择。

（2）特殊膳食用食品中营养素及其他营养成分的含量按相应的食品安全国家标准执行，允许使用的营养强化剂及化合物来源应符合 GB 14880—2012《食品安全国家标准　食品营养强化剂使用标准》附录 C 和（或）相应产品标准的要求。

二、 采取合理的强化措施和方法

1. 采取合理的强化措施

有些强化剂极不稳定，如维生素 C 及氨基酸等遇光、热等易被氧化，被破坏损失；而有些强化剂会与食品中的其他成分结合，导致强化剂的损失。因此应选择合适的添加方法和强化载体，采取合理的强化措施以保证强化的有效性和稳定性。一般可采用以下几种方法：

（1）强化剂的改性　在不影响营养价值的前提下对强化剂进行适度的物理、化学和生物改性以提高强化剂的稳定性。如改性大豆卵磷脂是通过羟基化反应改性的，用于冰淇淋的生产，提高乳化性，防止冰晶的生成。

（2）添加各种稳定剂　用螯合剂、抗氧化剂等作为保护剂来减少强化剂的损失；例如血红素铁是卟啉铁的形式，其吸收率比离子铁高，可在面粉制品中应用。

（3）加强食品的食用指导　对于添加了强化剂的食品，应组织相应的指导以避免由于饮食习惯的不当造成的损失，如添加碘盐的食盐应在起锅后添加，添加了水溶性维生素的挂面应以食用汤面为宜。

2. 采取适宜的强化方法

食品的营养强化，除应根据不同的食品选取适当的营养强化剂之外，还应根据食品种类的不同，采取不同的强化方法。通常有三种方法：

（1）在食品原料中添加　如对大米及小麦面粉进行强化，预先将部分大米或少量面粉（或淀粉）用强化剂制成强化米（面粉），然后按一定比例与普通米（面粉）进行混合，制成强化米或强化面粉。这种方法操作简单，但强化剂在食品加工、贮存期间易于损失，如在淘米或蒸煮过程中造成损失。因此，需对强化工艺进行改进如强化米涂膜等。

（2）在加工过程中添加　这是最普遍采用的方法，其易使所添加的营养素分布均匀，但由于食品加工多离不开热、光及与金属接触，因而不可避免地使强化剂受到一定的损失，特别是对热敏感的强化剂维生素 C 等。因此应注意添加的时机及工艺，并适当增大强化剂量，以保证成品中留存所需一定量的强化剂。

（3）在成品中添加　为减少强化剂在加工过程中被破坏，对于某些产品可以采用在加工的最后工序或在成品中混入的方法。这种方法对强化剂的保存最为有效。但由于各种食品加工方法各异，如罐装食品和某些糖果、糕点等，则只能在杀菌、焙烤之前加入，因而并非所有的强化食品均能采用此法。

各种营养素为生命所必需，但切不可滥用，一定要以 GB 14880—2012《食品安全国家标准　食品营养强化剂使用标准》为依据。

项目二

氨基酸类强化剂

一、 氨基酸类强化剂特性

人体摄食蛋白质是为取得所需的各种氨基酸，然后利用它们作为原料合成机体所需的各种蛋白质和生命活性物质。因此，氨基酸是肌肉、皮肤、血液以及酶、激素等机体组成不可缺少的物质。食物蛋白质中，按照人体的需要及其比例关系相对不足的氨基酸称为限制氨基酸，这些氨基酸限制着机体对蛋白的利用，并决定了蛋白质的质量。一般限制氨基酸的分析值与标准组成的氨基酸值相比，其百分率在100%以下，限制氨基酸中百分率最小的称为第一限制氨基酸。食物中最主要的限制氨基酸为赖氨酸和蛋氨酸。赖氨酸在谷类蛋白质及一些其他植物蛋白质中含量很少，蛋氨酸在大豆、牛乳、花生及肉类蛋白质中含量相对较低。因此，在一些焙烤食品，特别是以谷类为基础的婴、幼儿食品中常常添加适量的赖氨酸予以强化，提高营养价值。此外，小麦、大麦、燕麦和大米还缺乏苏氨酸，玉米缺乏色氨酸。对食品进行氨基酸强化，对于充分利用蛋白质和提高食品质量有着重要作用，并且对人体健康有着直接关系。

在氨基酸的强化过程中，必须以营养要求和氨基酸相互间的平衡比值增添氨基酸；在添加过程中，需考虑氨基酸的特性，特别是它的稳定性。表15－1所示为部分氨基酸的稳定性。

表15－1　　部分氨基酸的稳定性

种类＼因素	pH＝7	酸性	碱性	氧气	光	热	烹调加工损失/%
异亮氨基酸	s	s	s	s	s	s	0～10
亮氨酸	s	s	s	s	s	s	0～10
赖氨酸	s	s	s	s	s	u	0～40
蛋氨酸	s	s	s	s	s	s	0～10
苯丙氨酸	s	s	s	s	s	s	0～5
苏氨酸	s	u	u	s	s	u	0～20
色氨酸	s	u	s	s	u	s	0～15
缬氨酸	s	s	s	s	s	s	0～10

注：s—稳定；u—不稳定。

二、 主要的氨基酸类强化剂

1. L－赖氨酸

赖氨酸是蛋白质的重要组分之一，为成年人8种必需氨基酸之一，人体内不能合成，是谷类食物中的第一限制氨基酸。常用的赖氨酸强化剂为L－赖氨酸。

游离的L－赖氨酸极易潮解，因而具有游离氨基酸而易发黄变质，并有刺激性腥味，难于长期保存。允许使用的营养强化剂L－赖氨酸的化合物来源是L－盐酸赖氨酸和L－赖氨酸天门冬氨酸盐。L－盐酸赖氨酸则比较稳定，不易潮解，便于保存，故一般商品都是以L－盐酸赖氨酸形式出售。用L－赖氨酸天门冬氨酸盐须经折算，L－赖氨酸天门冬氨酸盐1.529g相当于L－盐酸赖氨酸1g。

L－盐酸赖氨酸，分子式$C_6H_{14}N_2O_6 \cdot HCl$，相对分子质量182.65。

（1）性状　L－盐酸赖氨酸为无色结晶，几乎无臭，性质稳定，在高湿度下易结块，并稍有着色，水分活性在60%以下时稳定，在60%以上时形成二水合物易溶于水和甘油，几乎不溶于乙醇。与维生素C或维生素K共存时易着色，在碱性及有还原糖存在时，加热易分解为戊二胺和二氧化碳，人体摄入残留在食品中的戊二胺有不适感觉。

（2）性能　L－盐酸赖氨酸具有增强胃液分泌和造血机能，使白细胞、血红细胞和丙种球蛋白增加，有提高蛋白质利用率、保持代谢平衡、增强抗病能力等作用。人体缺乏L－赖氨酸，容易发生蛋白质代谢障碍和机能障碍，成人每日最低需要量约为0.8g。如在谷类中添加可提高蛋白质效价。

（3）毒性　大鼠LD_{50}10.75g/kg体重。一般公认安全。摄入过多赖氨酸除引起其他必需氨基酸失调外，大量赖氨酸分解还造成尿素增加，引起氨中毒。

（4）应用　依照GB 14880—2012《食品安全国家标准　食品营养强化剂使用标准》，L－赖氨酸的使用范围和使用量（g/kg）为：大米及其制品、小麦粉及其制品、杂粮粉及其制品、面包1～2。

L－赖氨酸用于罐头中还有除臭保鲜的作用。

2. 牛磺酸

牛磺酸即氨基乙基磺酸，别名牛胆碱、牛胆素。分子式为$C_2H_7NO_3S$，相对分子质量125.15。

（1）性状　牛磺酸为白色结晶粉末，无臭味，微酸，对热稳定，溶于水，不溶于乙醇和乙醚。

（2）性能　牛磺酸具有清热、镇静、解毒和消炎作用，牛磺酸与婴儿发育关系密切，它可促进人脑神经细胞的成熟和分化过程，维持脊椎动物视网膜正常形态和生理功能，通过维持淋巴细胞活力而提高机体的免疫力，并通过调整心肌细胞膜离子通透性，对抗心律失常等作用，也有清除体内过氧化物的作用。作为营养强化剂，在使牛奶和奶粉母乳化方面发挥着重要作用。

（3）毒性　无毒副作用。

（4）应用　依照GB 14880—2012《食品安全国家标准　食品营养强化剂使用标准》规定，牛磺酸使用范围和使用量（g/kg）为调制乳粉、豆粉、豆浆粉、果冻0.3~0.5；豆浆0.06~0.1；含乳饮料、特殊用途饮料0.1~0.5；风味饮料0.4~0.6；固体饮料类1.1~1.4。

项目三

矿物质类强化剂

矿物质（又称无机盐），是人体内无机物的总称；一般多指钙、镁、钾、磷、硫、氯等元素构成的、重要的营养物质。它们维持着体内的酸碱平衡、细胞渗透压，调节神经兴奋和肌肉的运动，维持机体的某些特殊的生理功能。在人体内主要以离子形式存在。

一、　矿物质类的强化

矿物质在食物中的分布很广，一般可满足机体需要，只有少数如婴幼儿、青少年、孕妇和乳母，钙、铁、碘比较缺乏。在食品中强化矿物质，一般采用把其均匀混合于原料中的方法。这类强化剂比较稳定，一般加工条件对它们的特性影响不大。

1. 确定矿物质强化时应注意的问题

（1）实际效果　在食品强化过程中要考虑是否真正使消费者获益。例如在国外用铁质强化面包、谷物和面粉已有40年历史，但仍有很多人患缺铁性贫血。

（2）强化剂对食品风味的影响　添加矿物质往往会影响食品的风味和色泽，因此应注意矿物质对强化食品的各种影响。例如葱头含有一种物质叫黄酮素，黄酮素遇铁铝等金属会生成棕色、蓝色、黑色等铬合物，使加工的葱头不透亮，影响色泽。

（3）强化剂对产品形态的影响　强化剂的添加可能会导致食品发生凝固、pH改变、溶解性降低等不足。如凡使用抗氧化剂的食品最好不用铁强化剂。因为抗氧化剂可与铁离子反应而着色。

（4）添加量和摄入量　食品中的矿物质对人体虽然非常重要，但含量超过一定范围后会发生毒害作用。例如儿童发生慢性锌缺乏时，主要表现为生长停滞，青少年除生长停滞外还会出现性器官及第二性征发育不全为特征的性幼稚型。缺锌还会使伤口愈合慢，机体免疫力降低。但是大量地服用锌补品，超过人体的负载能力，导致锌中毒。过量的锌会阻断人体对铜的吸收，降低体内铜的含量，导致心肌变性。高剂量锌可能还会降低血液中对人体有益的HDL的浓度。过多的锌还可以抑制肠道对铁的吸收。

（5）确定强化的食品　在食品的强化中，要注意食品中的成分对强化剂的影响，同时选择定量食用的食品作为载体，以避免出现过多摄入或不足的缺点。如添加碘的食盐。

2. 常用的矿物质类强化剂

常用的矿物质类强化剂有钙、铁、碘、锌、硒强化剂等。

二、钙强化剂

1. 钙强化剂分类

目前市场上的钙强化剂主要可以分为三种类型：即无机钙强化剂、生物钙强化剂和有机钙强化剂；此外还有钙酸复合物。

（1）无机钙强化剂　无机钙强化剂有：碳酸钙、磷酸氢钙、氯化钙等。其主要特点是：价廉、含钙量高。缺点是溶解性差，在机体内需消耗胃酸，吸收利用率低。其中钙元素含量：如碳酸钙40%，磷酸氢钙（含2结晶水）23%，磷酸氢钙（含5结晶水）17.7%。

（2）生物钙强化剂　生物钙强化剂的成分本质是碳酸钙与活性钙（如贝壳粉、珍珠粉）或磷酸钙与磷酸氢钙（如动物骨粉），如牦牛等骨粉、蛋壳粉、生物活性离子钙、生物碳酸钙、贝壳粉、珍珠粉。这类钙强化剂主要特点是：价廉、含钙量较高；同样具有溶解度较低和难于吸收利用的缺点，而且卫生安全性也较低。由于动物自身的饮食卫生差，导致动物从食物中摄取的重金属量增加，由于重金属几乎不能被机体代谢出体外而最终富集在动物的骨骼中，同时由于海洋污染日趋严重，许多重金属离子同样可以富集、沉积在贝壳和珍珠上，造成生物钙强化剂中的重金属超标。这些生物体的骨骼和贝壳中的钙主要以无机盐的形式存在，不具有真正的生物活性（生物活性必须具备生物吸收和生物利用的选择性）。

（3）有机强化剂　有机钙强化剂有：乳酸钙、醋酸钙、葡萄糖酸钙、柠檬酸钙、甘油磷酸钙等。有机钙强化剂主要特点是：溶解性较好，较易吸收利用；但价贵，含钙量低。其中钙元素含量：如葡萄糖酸钙9%，柠檬酸钙（含4结晶水）21%，乳酸钙13%，乙酸钙22.2%。也有认为醋酸钙（$LD_{50}<5g/kg$体重）容易发生肾结石和心脏痉挛。

因此在采用钙制剂对食品进行强化时要考虑钙制剂的特点及其与食品的相互作用。

（4）钙酸复合物　如柠檬酸一苹果酸钙（简写CCM）是钙、柠檬酸和苹果酸按一定比例反应的复合物的总称。其组成成分柠檬酸和苹果酸是体内三羧酸循环（TCA循环）的中间代谢产物，可以随其在体内的氧化而缓慢释放出钙离子。CCM

作为钙强化剂具有如下特点：高溶解性，高吸收利用性，减轻铁吸收阻碍的影响，良好的风味。

2. 对钙强化剂的要求

从钙的吸收机理和食物成分等角度考虑，一种好的钙强化剂应具有如下特点：①保证钙离子在溶液中主要以络合状态存在，不易形成难溶性化合物，能够缓慢地释放钙离子；②有较好的水溶性，这是钙能够在肠道吸收的前提；③有适中的脂溶性，以保证较容易地穿透细胞膜。

依据 GB 14880—2012《食品安全国家标准　食品营养强化剂使用标准》，钙的使用范围和使用量（mg/kg）为：豆粉、豆浆粉 1600 ~ 8000；大米及其制品、小麦粉及其制品、杂粮粉及其制品、面包 1600 ~ 3200；藕粉 2400 ~ 3200；即食谷物，包括辗轧燕麦（片）2000 ~ 7000；西式糕点、饼干 2670 ~ 5330；其他焙烤食品 3000 ~ 15000；肉灌肠类 850 ~ 1700；肉松类 2500 ~ 5000；肉干类 1700 ~ 2550；脱水蛋制品 190 ~ 650；醋 6000 ~ 8000；饮料类 160 ~ 1350，但是果蔬汁（肉）饮料（包括发酵型产品等）1000 ~ 1800，固体饮料类 2500 ~ 10000；果冻 390 ~ 800。

依据 GB 14880—2012，允许使用的营养强化剂钙的化合物来源是：碳酸钙、葡萄糖酸钙、柠檬酸钙、乳酸钙、L – 乳酸钙、磷酸氢钙、L – 苏糖酸钙、甘氨酸钙、天门冬氨酸钙、柠檬酸苹果酸钙、醋酸钙（乙酸钙）、氯化钙、磷酸三钙（磷酸钙）、维生素 E 琥珀酸钙、甘油磷酸钙、氧化钙、硫酸钙、骨粉（超细鲜骨粉）。

3. 常用钙强化剂

（1）乳酸钙　分子式为 $C_6H_{10}O_6Ca \cdot 5H_2O$，相对分子质量为 308. 3。

乳酸钙为白色颗粒或粉末，几乎无臭，基本无味。在水中缓慢溶解为透明或微混浊的溶液，易溶于热水，几乎不溶于乙醇，在空气中稍风化，加热到150℃则成无水物。

由于人体对乳酸钙的吸收率较好，因此适合作幼儿和学龄儿童的营养强化剂。

依据 GB 14880—2012《食品安全国家标准　食品添加剂使用标准》，乳酸钙除作钙强化剂外，还可用作酸度调节剂、抗氧化剂、乳化剂、稳定剂和凝固剂、增稠剂。其使用范围和最大使用量（g/kg）为：加工水果、糖果按生产需要适量使用；蔬菜罐头（仅限酸黄瓜产品）1. 5；果冻（如用于果冻粉，以冲调倍数增加使用量）6. 0；复合调味料（仅限油炸薯片调味料）10. 0；固体饮料类 21. 6。

但乳酸钙在补钙同时给体内引入使人体容易疲劳的乳酸，所以不宜长期服用。

（2）葡萄糖酸钙　分子式为（$C_6H_{11}O_7$）$_2$Ca · H_2O，相对分子质量为 448. 4。

葡萄糖酸钙为白色结晶或颗粒粉末，无臭，无味，在空气中稳定，在水中缓缓溶解。易溶于热水，水溶液的 pH 为 6 ~ 7。不溶于乙醇。其含钙量低（理论含钙量为 9. 16%）。一般可与乳酸钙混合使用，这种混合物溶解度高且风味平和。

葡萄糖酸钙是婴儿补钙的常用钙源，能降低毛细血管渗透性，增加毛细血管壁的致密度、改善组织细胞膜的通透性。但葡萄糖酸钙不宜于糖尿病患者服用。

三、 铁强化剂

铁是人体中最丰富的微量元素，在体内参与氧的运转，交换和组织呼吸过程，人体如果缺铁，则产生缺铁性贫血和营养性贫血。

一般，凡容易在胃肠道中转变为离子状态的铁易于吸收，二价铁比三价铁易于吸收，而植酸盐和磷酸盐可降低铁的吸收，抗坏血酸和肉类可增加铁的吸收。铁的良好来源为动物肝脏、蛋黄、豆类及某些蔬菜。铁化合物一般对光不稳定，抗氧化剂可与铁离子反应而着色，使用时应注意。

依据 GB 14880—2012《食品安全国家标准　食品营养强化剂使用标准》，铁的使用范围和使用量（mg/kg）为：调制乳 10 ~ 20；调制乳粉（儿童用乳粉和孕产妇用乳粉除外）60 ~ 200；调制乳粉（仅限儿童用乳粉）25 ~ 135；调制乳粉（仅限孕产妇用乳粉）50 ~ 280；豆粉、豆浆粉 46 ~ 80；除胶基糖果以外的其他糖果 600 ~ 1200；大米及其制品、小麦粉及其制品、杂粮粉及其制品、面包 14 ~ 26；即食谷物，包括辗轧燕麦（片）35 ~ 80；西式糕点 40 ~ 60；饼干 40 ~ 80；其他焙烤食品 50 ~ 200；酱油 180 ~ 260；果冻、饮料类 10 ~ 20，但是固体饮料类 95 ~ 220。

允许使用的营养强化剂铁的化合物来源是：硫酸亚铁、葡萄糖酸亚铁、柠檬酸铁铵、富马酸亚铁、柠檬酸铁、乳酸亚铁、氯化高铁血红素、焦磷酸铁、铁卟啉、甘氨酸亚铁、还原铁、乙二胺四乙酸铁钠、羰基铁粉、碳酸亚铁、柠檬酸亚铁、延胡索酸亚铁、琥珀酸亚铁、血红素铁、电解铁。

各种铁盐中铁元素含量不同，如：硫酸亚铁（含 7 个结晶水）20% 乳酸亚铁（含 3 个结晶水）19. 39% 柠檬酸铁（含 5 个结晶水）16. 67% 富马酸亚铁 32. 9% 葡萄糖酸亚铁 12% 柠檬酸铁铵 16. 3% 铁源也可采用猪血中提取的血红素铁，强化时以铁元素计。

下面介绍常用的两种。

1. 柠檬酸铁

柠檬酸铁分子式 $FeC_6H_5O_7$；相对分子质量 244. 94。

柠檬酸铁为红褐色透明小片或褐色粉末；在冷水中逐渐溶解，极易溶于热水，水溶液呈酸性；不溶于乙醇，可被光或热还原。

2. 葡萄糖酸亚铁

葡萄糖酸亚铁分子式 $C_{12}H_{22}O_{14}Zn$，相对分子质量 455. 67。

葡萄糖酸亚铁为黄灰色或浅绿黄色细粉或颗粒。稍有焦糖似的气味。水溶液加葡萄糖可使其稳定。易溶于水，5% 水溶液呈酸性；几乎不溶于乙醇。

葡萄糖酸亚铁生物利用率高，在水中溶解性好，风味平和无涩味。广泛应用于谷物制品、乳制品、婴幼儿食品、饮料、保健食品等。

四、锌强化剂

锌参与多种酶的组成和各种细胞代谢，具有重要的生理功能。鉴于营养性缺锌对人体健康的影响，可在食品中强化锌，防治缺锌症的发生。选择锌强化剂必须从生物利用率、加入后食物的色香味和稳定性以及添加成本等几方面来考虑。一般认为，小分子有机锌络合物具有易吸收、生物利用率高等特点。

食品强化锌必须进行锌剂的适当选择，另外，锌强化的载体也应进行选择，在面粉、食盐、酱油等主副食品中进行，可取得良好的强化效果。

依据 GB 14880—2012《食品安全国家标准　食品营养强化剂使用标准》，锌的使用范围和使用量（mg/kg）为：调制乳 5 ~ 10；调制乳粉（儿童用乳粉和孕产妇用乳粉除外）30 ~ 60；调制乳粉（仅限儿童用乳粉）50 ~ 175；调制乳粉（仅限孕产妇用乳粉）30 ~ 140；豆粉、豆浆粉 29 ~ 55. 5；大米及其制品 10 ~ 40；小麦粉及其制品、面包、杂粮粉及其制品 10 ~ 40；即食谷物，包括辗轧燕麦（片）37. 5 ~ 112. 5；西式糕点、饼干 45 ~ 80；饮料类 3 ~ 20 ，但是固体饮料类 60 ~ 180；果冻 10 ~ 20 。

允许使用的营养强化剂锌的化合物来源是：硫酸锌、葡萄糖酸锌、甘氨酸锌、氧化锌、乳酸锌、柠檬酸锌、氯化锌、乙酸锌、碳酸锌。各种锌盐中锌元素含量如：硫酸锌 22. 7% 葡萄糖酸锌 14% 乳酸锌（含 3 结晶水）22. 2% ，还可采用氯化锌 48% 、氧化锌 80% 、乙酸锌 29. 8% ，强化时均以元素锌计。下面介绍常用的两种。

1. 葡萄糖酸锌

葡萄糖酸锌，分子式 $C_{12}H_{22}O_{14}Zn$，相对分子质量 455. 67。

葡萄糖酸锌白色或类似白色颗粒或结晶粉末，含有三分子结晶水或无水物。易溶于水，极难溶于乙醇。

可用于谷类粉、乳制品、固体饮料等。

2. 乳酸锌

乳酸锌，分子式 $C_6H_{10}O_6Zn \cdot 3H_2O$，相对分子质量 297. 38。

乳酸锌为白色颗粒或结晶粉末，无味，易溶于热水，水溶性好，性能稳定。

可用于果汁、软饮料等。

五、硒强化剂

全世界有 40 余国家缺硒，我国有约 70% 的人口在缺硒地区生活。微量元素硒的缺乏已严重危害人们的健康，如与癌症发病率有关，缺硒导致肌肉营养不良，还有以心肌坏死为重要症状的特异性心脏病——克山病。因此生活在低硒地区的人应补硒。

依据 GB 14880—2012《食品安全国家标准　食品营养强化剂使用标准》，硒的使用范围和使用量（μg/kg）为：大米及其制品、小麦粉及其制品、杂粮粉及其制品、面包 140 ~ 280；饼干 30 ~ 110；含乳饮料 50 ~ 200。

允许使用的营养强化剂硒的化合物来源是：亚硒酸钠、硒酸钠、硒蛋白、富硒食用菌粉、L－硒－甲基硒代半胱氨酸、硒化卡拉胶（仅限用于含乳饮料）、富硒酵母（仅限用于含乳饮料）。

如富硒酵母为淡黄色粉末；一般含硒 300 ~ 1000mg/kg，其中有机硒含量在 95% 以上，与蛋白质（胱胺酸）结合的占有机硒量的 83%；对重金属还有拮抗解毒作用。

项目四

维生素类强化剂

一、维生素类的强化

维生素是调节人体各种新陈代谢过程必不可少的营养素，它几乎不能在人体内产生，必须从体外不断摄取。当膳食中长期缺乏某种维生素时会引起代谢失调，生长停滞，以致进入病理阶段，因此维生素强化剂在强化食品中占有重要地位。其中维生素 C 由于用途不断拓宽，增长较快。天然提取的维生素 E 生物活性优于合成维生素。

在食品中强化维生素有多种方法，一般是采用纯维生素或含维生素丰富的物质对食品进行强化。如奶粉、饮料等可直接添加，这样可避免维生素在加工过程中的损失。一般说来，在谷类食品中添加维生素 B_1、维生素 B_2、维生素 B_6、维生素 B_{12}、烟酸、叶酸，在婴儿食品中配用维生素 A、维生素 D、维生素 K 及维生素 E，在果蔬制品中维生素的强化主要是维生素 C，可加入抗氧化剂作保护，还可同时强化 B 族维生素和维生素 A，在调味品中强化维生素 B_1 和维生素 B_2。

维生素的强化要注意其稳定性，影响维生素稳定性的主要因素是水、氧化、加热、酶作用、酸、碱、金属盐类、高压等。对不耐热的维生素应在加工的最后阶段用喷、涂、浸的方法来强化。表 15－2 列出了各种因素对维生素的影响情况。

维生素虽然重要，但对维生素强化的品种和剂量应慎重选择和判定。维生素按其效果可分为生理剂量、药理剂量和中毒剂量。生理剂量为满足绝大多数人生理需要且不缺乏的量，药理剂量为生理剂量的 10 倍，可用来治疗缺乏症，中毒剂量为生理剂量的 100 倍，可引起不适或中毒。

表 15 -2　维生素的影响因素

维生素	影响因素					附注
	热	氧	光	酸	碱	
维生素 A	+	+ +	+ +	+ +	−	对热敏感，尤其有氧存在
维生素 D	−	+	+	+	−	
维生素 E	−	+ +	+ +	−	−	
维生素 K	+	+ +	+ +	+ +	+ +	
维生素 B_1	+ +	+ +	−	−	+ +	
维生素 B_2	+	+	+ +	−	−	存在氧和碱存在时对热敏感
烟酸	−	−	−	−	−	
维生素 B_c	−		+ +	−	−	加热时对氧和碱敏感
泛酸	−	−	−	+ +	+ +	
叶酸	+ +	−		−	−	在酸溶液中对热敏感
维生素 B_{12}	−	+ +	+ +	−	−	
维生素 C	+ +	+ +	+ +	−	+ +	有氧时对热敏感，有重金属时可氧化，对酸较稳定

注：+ +敏感；+有些敏感；－稳定。

二、主要的维生素类强化剂

(一) 维生素 A

维生素 A 的化学名为视黄醇，包括维生素 A_1（反式视黄醇）和维生素 A_2（3－脱氢视黄醇）两种，维生素 A_1 分子式 $C_{20}H_{30}O$，相对分子质量为 286。维生素 A_2 分子式 $C_{20}H_{28}O$，相对分子质量为 284。A_1 主要存在于海产鱼类肝脏中，维生素 A_2 主要存在淡水鱼肝脏中。维生素 A 的基本形式是维生素 A_1，维生素 A_2 的生理活性仅为维生素 A_1 的 40%。

（1）性状　维生素 A 为淡黄色片状结晶或粉末，不溶于水，易溶于油脂或有机溶剂，易受紫外线与空气中的氧所破坏而失去效力，对热比较稳定，在碱性条件下亦稳定，但在酸性条件下不稳定。

还有维生素 A 油（油性维生素 A 脂肪酸酯），为微黄色至微红橙色的液体，或微黄色结晶与油的混合物，有特异的鱼腥臭，不溶于水，微溶于乙醇，可与脂肪等任意混合，在空气中易氧化，遇光易变质。

（2）应用　依照 GB 14880—2012《食品安全国家标准　食品营养强化剂使用标准》，维生素 A 的使用范围和使用量（μg/kg）为：调制乳、果冻 600 ~ 1000；

调制乳粉（儿童用乳粉和孕产妇用乳粉除外）3000～9000；调制乳粉（仅限儿童用乳粉）1200～7000；调制乳粉（仅限孕产妇用乳粉）2000～10000；植物油4000～8000；人造黄油及其类似制品4000～8000；冰淇淋类、雪糕类、大米、小麦粉600～1200；豆粉、豆浆粉3000～7000；豆浆600～1400；即食谷物，包括辗轧燕麦（片）2000～6000；西式糕点、饼干2330～4000；含乳饮料300～1000；固体饮料类4000～17000；膨化食品600～1500。

β－胡萝卜素：固体饮料类3～6mg/kg。

允许使用的营养强化剂维生素A的化合物来源是：醋酸视黄酯（醋酸维生素A）、棕榈酸视黄酯（棕榈酸维生素A）、全反式视黄醇；β－胡萝卜素。

维生素A添加量可以视黄醇当量计算，2.1μg视黄醇当量＝1μg视黄醇＝3.33I.U维生素A 。如用β－胡萝卜素强化可折成维生素A来表示，4.1μg β－胡萝卜素＝0.167μg视黄醇。如长期、大量、连续使用维生素A则可在体内蓄积引起过剩症。

（二）B族维生素

通常用于强化的B族维生素包括维生素B_1、维生素B_2、维生素B_6和维生素B_{12}。

1. 盐酸硫胺素

盐酸硫胺素（维生素B_1），分子式为$C_{12}H_{17}ON_4ClS \cdot HCl$，相对分子质量37.27。

（1）性状　白色针状结晶或结晶性粉末，有微弱的米糠似特异臭，味苦，干燥品在空气中易吸湿，极易溶于水，略溶于乙醇。在酸性条件下对热较稳定，而在中性及碱性溶液中则易分解。氧化或还原作用均可使其失去活性。

（2）应用　依照GB 14880—2012《食品安全国家标准　食品营养强化剂使用标准》，维生素B_1的使用范围和使用量（mg/kg）为：调制乳粉（仅限儿童用乳粉）1.5～14；调制乳粉（仅限孕产妇用乳粉）3～17；豆粉、豆浆粉6～15；豆浆1～3；胶基糖果16～33；大米及其制品、小麦粉及其制品、杂粮粉及其制品、面包3～5；即食谷物，包括辗轧燕麦（片）7.5～17.5；西式糕点、饼干3～6；含乳饮料1～2；风味饮料2～3；固体饮料类9～22；果冻1～7 。

制面包、饼干时可在和面时加入，使之分散均匀。使用于酱类时可在制曲米时添加，或混在盐中加入，也可溶于菌种水中加入。

允许使用的营养强化剂维生素B_1的化合物来源是：盐酸硫胺素、硝酸硫胺素。

盐酸硫胺素稳定性较差，损失亦较大且可被亚硫酸盐与硫胺分解酶所破坏。而硝酸硫胺素的稳定性比盐酸硫胺素高，添加于面包等食品中效果比盐酸硫胺素好。而丙酸硫胺素效果持久，排泄慢，口服吸收良好，作用比盐酸硫胺素强1倍，且不会受到硫胺分解酶的破坏，不足是风味稍差。因此在对食品进行强化时应按食品的形态选用适宜的维生素B_1衍生物。

2. 核黄素

核黄素（维生素 B_2），分子式 $C_{17}H_{20}O_6N_4$，相对分子质量376.37。

（1）性状　核黄素为黄至黄橙色的结晶性粉末，微臭，味微苦，仅微溶于水，略溶于乙醇。对酸和热比较稳定但在碱性溶液中则易被破坏，特别是易受紫外线所破坏，对还原剂也不稳定。

（2）应用　依照GB 14880—2012《食品安全国家标准　食品营养强化剂使用标准》，维生素 B_2 的使用范围和使用量（mg/kg）为：调制乳粉（仅限儿童用乳粉）8～14；调制乳粉（仅限孕产妇用乳粉）4～22；豆粉、豆浆粉6～15；豆浆1～3；胶基糖果16～33；大米及其制品、小麦粉及其制品、杂粮粉及其制品、面包3～5；即食谷物，包括辗轧燕麦（片）7.5～17.5；西式糕点、饼干3.3～7.0；含乳饮料1～2；固体饮料类9～22；果冻1～7。

允许使用的营养强化剂维生素 B_2 的化合物来源是：核黄素、核黄素－5′－磷酸钠。

（三）烟酸和烟酰胺

烟酸，分子式 $C_6H_5O_2N$，相对分子质量为123.11；烟酰胺（尼克酰胺、维生素PP）分子式 $C_6H_5N_2O$，相对分子质量为122.13；

（1）性状　烟酸为白色或淡黄色的结晶或结晶性粉末，无臭或稍有微臭，味微酸，易溶于热水、热乙醇及碱水中，有升华性，无吸湿性，对酸、碱及热稳定。

烟酰胺为白色结晶粉末，无臭或几乎无臭，味苦，易溶于水和乙醇，溶解于甘油，对热、光及空气极稳定，在碱性溶液中加热则成烟酸。

（2）应用　依照GB 14880—2012《食品安全国家标准　食品营养强化剂使用标准》，维生素 B_2 的使用范围和使用量（mg/kg）为：调制乳粉（仅限儿童用乳粉）23～47；调制乳粉（仅限孕产妇用乳粉）42～100；豆粉、豆浆粉60～120；豆浆10～30；大米及其制品、小麦粉及其制品、杂粮粉及其制品、面包40～50；即食谷物，包括辗轧燕麦（片）75～218；饼干30～60；饮料类3～18，但是固体饮料类110～330；

成人一日摄入烟酸超过75mg则有颜面潮红、发汗、头晕等暂发性副作用。

允许使用的营养强化剂烟酸的化合物来源是：烟酸、烟酰胺。

（四）维生素C类

维生素C其性状等，参见模块三抗氧化剂项目三、水溶性抗氧化剂。

依据GB 14880—2012《食品安全国家标准　食品营养强化剂使用标准》，维生素C的使用范围和使用量（mg/kg）为：风味发酵乳120～240；调制乳粉（儿童用乳粉和孕产妇用乳粉除外）300～1000；调制乳粉（仅限儿童用乳粉）140～800；调制乳粉（仅限孕产妇用乳粉）1000～1600；水果罐头200～400；果泥50～

100 豆粉、豆浆粉 400 ~ 700；胶基糖果 630 ~ 13000；除胶基糖果以外的其他糖果 1000 ~ 6000；即食谷物，包括辗轧燕麦（片）300 ~ 750；果蔬汁（肉）饮料（包括发酵型产品等）250 ~ 500；含乳饮料 120 ~ 240；水基调味饮料类 250 ~ 500；固体饮料类 1000 ~ 2250；果冻 120 ~ 240。

允许使用的营养强化剂维生素 C 的化合物来源是：L－抗坏血酸、L－抗坏血酸钙、维生素 C 磷酸酯镁、L－抗坏血酸钠、L－抗坏血酸钾、L－抗坏血酸－6－棕榈酸盐（抗坏血酸棕榈酸酯）。

（五）维生素 D 类

维生素 D 中以维生素 D_2（麦角钙化醇）和维生素 D_3（胆钙化醇）较重要。用于强化的主要也是这两种。人体内的 7－脱氢胆固醇经紫外线照射即可转变为维生素 D_3，但因接触阳光不足，合成不够，则必须予以补充。

维生素 D_2，又名麦角钙化醇，分子式 $C_{28}H_{44}O$，相对分子质量为 396.66。

维生素 D_3，又名胆钙化醇，分子式 $C_{27}H_{44}O$，相对分子质量为 384.65。

（1）性状　维生素 D_2 为白色针状结晶或白色结晶性粉末，无臭，无味，不溶于水，略溶于植物油但易溶于乙醇。在空气中易氧化，对光不稳定，对热稳定，溶于植物油时相当稳定，但有无机盐存在时迅速分解。

维生素 D_3，为无色针状结晶或白色结晶性粉末，无臭，无味，在空气或日光下均发生变化，在乙醇中极易溶解，在植物油中略溶，在水中不溶。

（2）应用　依照 GB 14880—2012《食品安全国家标准　食品营养强化剂使用标准》，维生素 D 的使用范围和使用量（μg/kg）为：果蔬汁（肉）饮料（包括发酵型产品等）2 ~ 10；含乳饮料、果冻 10 ~ 40；风味饮料 2 ~ 10；固体饮料类 10 ~ 20；膨化食品 10 ~ 60。

允许使用的营养强化剂维生素 D 的化合物来源是：麦角钙化醇（维生素 D_2）、胆钙化醇（维生素 D_3）。

若大量连续摄取维生素 D 则可造成过剩症，可引起食欲不振、呕吐、腹泻以及高血钙等症状。在食品中常与维生素 A 并用。

思考题

1. 营养强化剂的主要目的和使用要求有哪些？
2. 结合所学知识，谈谈强化钙应注意些什么？几种不同的钙制剂各有什么特点？
3. 维生素类强化剂的稳定性如何？举例说明。
4. 应用氨基酸类强化剂时应注意什么？举例说明。

实训内容

实训一 运动饮料的制作

一、实训目的

了解运动饮料的作用、制作方法。

二、实训原理

如氨基酸运动饮料。运动时宜饮含糖量5%以下并含有钾、钠、钙、镁等无机盐的碱性饮料。一般纯水中去除了矿物质，因此运动时单饮纯水是不合适的。本制品味浓厚，风味好，在体内吸收后，氨基酸等营养直接在血液中运送到各个器官，供给肌肉的需要，提高肌肉运动的机能。

又如水果运动饮料。水果可以采用龙眼与三华李等，龙眼与三华李是典型的亚热带水果。龙眼营养丰富，历来是药食两用物，具有开胃健脾补虚益智的作用；现代药理研究表明龙眼具有抗衰老、抗癌、免疫调节和促进智力发育的作用。三华李味甘酸、性凉，具有清肝涤热、生津液、利小便、防止动脉硬化、抗衰老等功效。用龙眼汁与三华李汁添加其他辅料复配生产的运动饮料色泽鲜红、酸甜可口、果香浓郁、风味独特，具有营养丰富、生津止渴、调节免疫、健脾补虚的作用。能有效地促进运动员身体健康和提高竞技能力。

三、实训材料

1. 仪器

酸度计，不锈钢槽，溶糖锅，灭菌机，过滤器，灌装机，喷淋冷却机。

2. 实训材料和配方

(1) 水果运动饮料　龙眼汁30%，三华李汁20%，蔗糖2%，果葡糖浆，柠檬酸，氯化钠（均为食品级）。

(2) 氨基酸运动饮料　白砂糖25g、限制氨基酸10g、卵磷脂8g、B族维生素、维生素C各0.5g和氯化钾、氯化钠、葡萄糖酸钙、硫酸镁等矿物质各0.5g、钠酪蛋白35g（均为食品级）。

四、实训步骤

1. 水果运动饮料的制作

(1) 溶解、过滤　将蔗糖在溶糖锅中溶解，按比例加入柠檬酸、氯化钠等辅料搅拌均匀并用过滤器过滤除去辅料中的杂质后泵入贮液罐。

(2) 调配　将“配方1”辅料溶液、混合果汁、饮料用水泵入调配缸搅拌均匀。

(3) 灭菌　将调配好的饮料泵入灭菌设备进行灭菌，灭菌温度为121℃，灭菌时间为3~6s。

(4) 灌装　灭菌好的饮料进入灌装封口机。

(5) 倒瓶杀菌　对灌装密封后的饮料倒瓶1min，利用饮料的高温对瓶盖进行杀菌。

（6）喷淋冷却　经倒瓶杀菌后的饮料，立即经过喷淋冷却设备进行三级冷却，温度分别为70℃—50℃—30℃。

2. 氨基酸运动饮料

将上述“配方2”物料混合，用纯水配成1L溶液，加入柠檬酸调整pH至6.4~7.0，置于121℃蒸馏缸中杀菌4min，装瓶即可。

五、思考题

（1）请选择你认为可制作运动饮料的其他水果等，说明理由。

（2）在你制作的运动饮料中包含有哪些营养强化剂？

实训二　儿童饮料的制作

一、实训目的

了解儿童饮料的效用、制作方法。

二、实训原理

采用新鲜水果、蔬菜为原料，制作儿童饮料，营养丰富；能有效地促进儿童身体健康。如鲜藕梨汁适合有痰热、鼻衄、小便赤黄症状的儿童，具有调理作用；小白菜、冬瓜饮料清淡，富含儿童发育成长需要的各种营养素。

三、实训材料

1. 仪器

不锈钢锅，捣碎机，加热器。

2. 实训材料和配方

（1）鲜藕250g，鸭梨200g，冰糖25g，营养强化剂适量，水200mL。

（2）小白菜250g，冬瓜250g，冰糖50g，营养强化剂适量，水200mL。

四、实训步骤

1. 鲜藕梨汁

去掉鲜藕和鸭梨不可食的部分，把两种原料用捣碎机捣碎；用干净的筛网过滤；得到鲜汁，放入锅中，小火炖煮2min左右，加入适量冰糖营养强化剂适量。即可取汤饮用。

2. 小白菜冬瓜汤

把洗净的小白菜去根，切成小段；冬瓜去皮洗净，切成小片；将水、小白菜和冬瓜放入锅中，小火炖煮5min左右，加入适量冰糖，营养强化剂适量，即可取汤饮用。

五、思考题

（1）请选择你认为可制作儿童饮料的其他水果、蔬菜，说明理由。

（2）在你制作的儿童饮料中可以加入哪些营养强化剂？说明理由。

附录一

食品添加剂卫生管理办法

第一章 总 则

第一条 为加强食品添加剂卫生管理，防止食品污染，保护消费者身体健康，根据《中华人民共和国食品卫生法》制定本办法。

第二条 本办法适用于食品添加剂的生产经营和使用。

第三条 食品添加剂必须符合国家卫生标准和卫生要求。

第四条 卫生部主管全国食品添加剂的卫生监督管理工作。

第二章 审 批

第五条 下列食品添加剂必须获得卫生部批准后方可生产经营或者使用：

（一）未列入《食品添加剂使用卫生标准》或卫生部公告名单中的食品添加剂新品种；

（二）列入《食品添加剂使用卫生标准》或卫生部公告名单中的品种需要扩大使用范围或使用量的。

第六条 申请生产或者使用食品添加剂新品种的，应当提交下列资料：

（一）申请表；

（二）原料名称及其来源；

（三）化学结构及理化特性；

（四）生产工艺；

（五）省级以上卫生行政部门认定的检验机构出具的毒理学安全性评价报告、连续三批产品的卫生学检验报告；

（六）使用微生物生产食品添加剂时，必须提供卫生部认可机构出具的菌种鉴定报告及安全性评价资料；

（七）使用范围及使用量；

（八）试验性使用效果报告；

（九）食品中该种食品添加剂的检验方法；

（十）产品质量标准或规范；

（十一）产品样品；

（十二）标签（含说明书）；

（十三）国内外有关安全性资料及其他国家允许使用的证明文件或资料；

（十四）卫生部规定的其他资料。

第七条 申请食品添加剂扩大使用范围或使用量的，应当提交下列资料：

（一）申请表；

（二）拟添加食品的种类、使用量与生产工艺；

（三）试验性使用效果报告；

（四）食品中该食品添加剂的检验方法；

（五）产品样品；

（六）标签（含说明书）；

（七）国内外有关安全性资料及其他国家允许使用的证明文件或资料；

（八）卫生部规定的其他资料。

第八条 食品添加剂审批程序：

（一）申请者应当向所在地省级卫生行政部门提出申请，并按第六条或第七条的规定提供资料；

（二）省级卫生行政部门应在30天内完成对申报资料的完整性、合法性和规范性的初审，并提出初审意见后，报卫生部审批；

（三）卫生部定期召开专家评审会，对申报资料进行技术评审，并根据专家评审会技术评审意见作出是否批准的决定。

第九条 进口食品添加剂新品种和进口扩大使用范围或使用量的食品添加剂，生产企业或者进口代理商应当直接向卫生部提出申请。申请时，除应当提供本办法第六条、第七条规定的资料外，还应当提供下列资料：

（一）生产国（地区）政府或其认定的机构出具的允许生产和销售的证明文件；

（二）生产企业所在国（地区）有关机构或者组织出具的对生产者审查或认证的证明材料。

进口食品中的食品添加剂必须符合《食品添加剂使用卫生标准》。不符合的，按本办法的有关规定获得卫生部批准后方可进口。

第三章　生产经营和使用

第十条　食品添加剂生产企业必须取得省级卫生行政部门发放的卫生许可证后方可从事食品添加剂生产。

第十一条　生产企业申请食品添加剂卫生许可证时，应当向省级卫生行政部门提交下列资料：

（一）申请表；

（二）生产食品添加剂的品种名单；

（三）生产条件、设备和质量保证体系的情况；

（四）生产工艺；

（五）质量标准或规范；

（六）连续三批产品的卫生学检验报告；

（七）标签（含说明书）。

第十二条　食品添加剂生产企业应当具备与产品类型、数量相适应的厂房、设备和设施，按照产品质量标准组织生产，并建立企业生产记录和产品留样制度。

食品添加剂生产企业应当加强生产过程的卫生管理，防止食品添加剂受到污染和不同品种间的混杂。

第十三条　生产复合食品添加剂的，各单一品种添加剂的使用范围和使用量应当符合《食品添加剂使用卫生标准》或卫生部公告名单规定的品种及其使用范围、使用量。

不得将没有同一个使用范围的各单一品种添加剂用于复合食品添加剂的生产，不得使用超出《食品添加剂使用卫生标准》的非食用物质生产复合食品添加剂。

第十四条　企业生产食品添加剂时，应当对产品进行质量检验。检验合格的，应当出具产品检验合格证明；无产品检验合格证明的不得销售。

第十五条　食品添加剂经营者必须有与经营品种、数量相适应的贮存和营业场所。销售和存放食品添加剂，必须做到专柜、专架，定位存放，不得与非食用产品或有毒有害物品混放。

第十六条　食品添加剂经营者购入食品添加剂时，应当索取卫生许可证复印件和产品检验合格证明。

禁止经营无卫生许可证、无产品检验合格证明的食品添加剂。

第十七条　食品添加剂的使用必须符合《食品添加剂使用卫生标准》或卫生部公告名单规定的品种及其使用范围、使用量。

禁止以掩盖食品腐败变质或以掺杂、掺假、伪造为目的而使用食品添加剂。

第四章　标识、说明书

第十八条　食品添加剂必须有包装标识和产品说明书，标识内容包括：品名、产地、厂名、卫生许可证号、规格、配方或者主要成分、生产日期、批号或者代号、保质期限、使用范围与使用量、使用方法等，并在标识上明确标示“食品添加剂”字样。

食品添加剂有适用禁忌与安全注意事项的，应当在标识上给予警示性标示。

第十九条　复合食品添加剂，除应当按本办法第十八条规定标识外，还应当同时标示出各单一品种的名称，并按含量由大到小排列；各单一品种必须使用与《食品添加剂使用卫生标准》相一致的名称。

第二十条　食品添加剂的包装标识和产品说明书，不得有扩大使用范围或夸大使用效果的宣传内容。

第五章　卫生监督

第二十一条　卫生部对可能存在安全卫生问题的食品添加剂，可以重新进行安全性评价，修订使用范围和使用量或作出禁止使用的决定，并予以公布。

第二十二条　县级以上地方人民政府卫生行政部门应当组织对食品添加剂的生产经营和使用情况进行监督抽查，并向社会公布监督抽查结果。

第二十三条　食品卫生检验单位应当按照卫生部制定的标准、规范和要求对食品添加剂进行检验，作出的检验和评价报告应当客观、真实，符合有关标准、规范和要求。

第二十四条　食品添加剂生产经营的一般卫生监督管理，按照《食品卫生法》及有关规定执行。

第六章　罚　则

第二十五条　生产经营或者使用不符合食品添加剂使用卫生标准或本办法有关规定的食品添加剂的，按照《食品卫生法》第四十四条的规定，予以处罚。

第二十六条　食品添加剂的包装标识或者产品说明书上不标明或者虚假标注生产日期、保质期限等规定事项的，或者不标注中文标识的，按照《食品卫生法》第四十六条的规定，予以处罚。

第二十七条　违反《食品卫生法》或其他有关卫生要求的，依照相应规定进行处罚。

第七章　附　则

第二十八条　本办法下列用语的含义:

食品添加剂是指为改善食品品质和色、香、味，以及为防腐和加工工艺的需要而加入食品中的化学合成或天然物质。

复合食品添加剂是指由两种以上单一品种的食品添加剂经物理混匀而成的食品添加剂。

第二十九条　本办法由卫生部负责解释。

第三十条　本办法自2002年7月1日起施行。1993年3月15日卫生部发布的《食品添加剂卫生管理办法》同时废止。

附录二

GB 2760—2014《食品安全国家标准 食品添加剂使用标准》（节选）

前 言

本标准代替 GB 2760—2011《食品安全国家标准 食品添加剂使用标准》。

本标准与 GB 2760—2011 相比，主要变化如下：

——增加了原卫生部 2010 年 16 号公告、2010 年 23 号公告、2012 年 1 号公告、2012 年 6 号公告、2012 年 15 号公告、2013 年 2 号公告，国家卫生和计划生育委员会 2013 年 2 号公告、2013 年 5 号公告、2013 年 9 号公告、2014 年 3 号公告、2014 年 5 号公告、2014 年 9 号公告、2014 年 11 号公告、2014 年 17 号公告的食品添加剂规定；

——将食品营养强化剂和胶基糖果中基础剂物质及其配料名单调整由其他相关标准进行规定；

——修改了 3.4 带入原则，增加了 3.4.2；

——修改了附录 A“食品添加剂的使用规定”：

a）删除了表 A.1 中 4 - 苯基苯酚、2 - 苯基苯酚钠盐、不饱和脂肪酸单甘酯、茶黄色素、茶绿色素、多穗柯棕、甘草、硅铝酸钠、葫芦巴胶、黄蜀葵胶、酸性磷酸铝钠、辛基苯氧聚乙烯氧基、辛烯基琥珀酸铝淀粉、薪草提取物、乙萘酚、仲丁胺等食品添加剂品种及其使用规定；

b）修改了表 A.1 中硫酸铝钾、硫酸铝铵、赤藓红及其铝色淀、靛蓝及其铝色淀、亮蓝及其铝色淀、柠檬黄及其铝色淀、日落黄及其铝色淀、胭脂红及其铝色淀、诱惑红及其铝色淀、焦糖色（加氨生产）、焦糖色（亚硫酸铵法）、山梨醇酐单月桂酸酯、山梨醇酐单棕榈酸酯、山梨醇酐单硬脂酸酯、山梨醇酐三硬脂酸酯、山梨醇酐单油酸酯、甜菊糖苷、胭脂虫红的使用规定；

c）在表 A.1 中增加了 L（+）- 酒石酸、dl - 酒石酸、纽甜、β - 胡萝卜素、

β-环状糊精、双乙酰酒石酸单双甘油酯、阿斯巴甜等食品添加剂的使用范围和最大使用量，删除了上述食品添加剂在表 A.2 中的使用规定；

d）删除了表 A.1 中部分食品类别中没有工艺必要性的食品添加剂规定；

e）表 A.3 中增加了“06.04.01 杂粮粉”，删除了“13.03 特殊医学用途配方食品”；

——修改了附录 B 食品用香料、香精的使用规定：

a）删除了八角茴香、牛至、甘草根、中国肉桂、丁香、众香子、莳萝籽等香料品种；

b）表 B.1 中增加“16.02.01 茶叶、咖啡”；

——修改了附录 C 食品工业用加工助剂（以下简称“加工助剂”）使用规定：

a）表 C.1 中增加了过氧化氢；

b）表 C.2 中删除了甲醇、钯、聚甘油聚亚油酸酯品种及其使用规定；

——删除了附录 D 胶基糖果中基础剂物质及其配料名单；

——修改了附录 F 食品分类系统：

a）修改为附录 E 食品分类系统；

b）修改了 01.0、02.0、04.0、08.0、09.0、11.0、12.0、13.0、14.0、16.0 等类别中的部分食品分类号及食品名称，并按照调整后的食品类别对食品添加剂使用规定进行了调整。

——增加了附录 F“附录 A 中食品添加剂使用规定索引”。

参 考 文 献

1. 李江华．食品添加剂使用卫生标准速查手册．北京：中国标准出版社，2011.

2. 刘程．食品添加剂实用大全．北京：北京工业大学出版社，2004.

3. 高彦祥．食品添加剂，北京：中国轻工业出版社，2011.

4. 凌关庭．食品添加剂手册．北京：化学工业出版社，2008.

5. 刘志皋，高彦祥．食品添加剂基础．北京：中国轻工业出版社，2008.

6. 刘钟栋．食品添加剂原理及应用技术．北京：中国轻工业出版社，2001.

7. 彭珊珊，石燕，靳桂敏等．食品添加剂知多少．北京：中国轻工业出版社，2006.

8. 万素英、赵亚军、李琳等．食品抗氧化剂．北京：中国轻工业出版社，2000.

9. 郭勇．酶工程．北京：科学出版社，2004.

10. 彭志英．食品生物技术导论．北京：中国轻工出版社，2008.

11. 贾士儒．生物防腐剂．北京：中国轻工业出版社，2009.

12. 黄来发主编，食品增稠剂（第二版）．北京：中国轻工业出版社，2009.

13. 胡国华．食品添加剂应用基础．北京：化学工业出版社，2005.

14. 姚焕章．食品添加剂．北京．中国物资出版社，2001.

15. 汪建军．食品添加剂应用技术．北京：科学出版社，2010.

16. 侯振建．食品添加剂及其应用技术．北京：化学工业出版社，2008.

17. 郝利平．食品添加剂．北京：中国农业出版社，2010.